本书得到北京市科技创新暨首都师范大学文化研究院2015年度
重大项目资助（项目编号ICS-2015-A-03）

空间正义

与

城市规划

上官燕 王彦军 姚云帆 张杰 ◎ 著

中国社会科学出版社

图书在版编目(CIP)数据

空间正义与城市规划／上官燕等著．—北京：中国社会科学出版社，
2017.6

ISBN 978 – 7 – 5203 – 0523 – 5

Ⅰ.①空… Ⅱ.①上… Ⅲ.①城市规划—研究

Ⅳ.①TU984

中国版本图书馆 CIP 数据核字(2017)第 135671 号

出 版 人　赵剑英
责任编辑　李炳青
责任校对　王　龙
责任印制　李寡寡

出　　　版　中国社会科学出版社
社　　　址　北京鼓楼西大街甲 158 号
邮　　　编　100720
网　　　址　http://www.csspw.cn
发 行 部　010 – 84083685
门 市 部　010 – 84029450
经　　　销　新华书店及其他书店

印　　　刷　北京明恒达印务有限公司
装　　　订　廊坊市广阳区广增装订厂
版　　　次　2017 年 6 月第 1 版
印　　　次　2017 年 6 月第 1 次印刷

开　　　本　710 × 1000　1/16
印　　　张　16. 25
字　　　数　271 千字
定　　　价　68. 00 元

目　　录

导论　空间正义、乌托邦与城市的权利

城市的历史源远流长，然而直到 19 世纪才出现了现代意义上的大都市，在某种程度上，城市的快速发展和大规模扩张是现代社会的一个突出特质。到了 20 世纪，尤其是第二次世界大战结束后，随着大规模的城市重建和改造，西方国家的城市开始进入高速发展阶段，与此相适应的是，早已确立的政治、经济和文化实践以各种不同的新形式被选择性地解构和大规模地重组。20 世纪 60—70 年代，伦敦、巴黎等世界主要城市的人口密度逐年增大，城市区域面积不断扩张，城市建设在满足人们需求的同时，也深刻改变了城市空间。城市空间不再是传统意义上一个中立的物理场所，不再是各个阶层和群体和谐共生的背景环境，城市空间改造的背后是权力的介入、资本的渗透和利益的竞争，城市中各个利益主体或各种利益集合体逐渐意识到城市空间可以成为构成社会行动的某种要素，从而纷纷力求在这个特殊的空间中获取最大利益，其结果引发了复杂尖锐的社会矛盾。随着社会矛盾的日益激化和城市危机的陆续爆发，非正义和不公平的地理问题逐渐浮出水面。与此同时，第二次世界大战后福特—凯恩斯主义的资本主义经济运行模式陷入了危机，大规模生产及消费、大规模郊区化和大范围国家干预所导致的国家治理危机触发了新的空间意识的觉醒，与社会发展和社会意识一样，空间发展和空间生产也引起了人们的重视。随着富裕的中产阶级陆续迁往郊区，城市中心逐渐成为下层阶级和产业工人的聚集之地，当空间隔离和贫民窟等问题引发一系列城市纷争的时候，人们开始认识到城市空间的非正义已经成为社会压迫的源头之一，由此促使空间抗争进入了寻求更大范围社会正义的社会运动中。20 世纪 80 年代，福特—凯恩斯主义的倒塌引发了严重的城市危机，在巴黎、伦敦及纽约等西方各主要城市中，社会—经济不平等和空间不平等的问题更为突出，空间两极分化日益凸显，在城市这个有限空间内，对公共空间、生活空间和交通空间等空间资源的争夺日益激烈，空间不公正不仅成为经济剥削、文化统治以及个人压迫的一部分，也因此增强了城市群众尤其是城市边缘群体渴求空间正义的意识，引发了旨在争取空间正义权利的都市社会运动的出现。由此，社会运动进入了寻求空间正义的重要阶段。

事实上，空间正义运动虽然发轫于西方，但已经伴随全球化进程成为一种世界现象，引发了国内外学术界关于空间正义深入的思考，成为学术研究的一个热点领域。索亚（Edward W. Soja，1941— ）曾经指出，空间正义可以作为"一个理论概念，一个经验分析的焦点，一个社会和政治行动的靶子"，对索亚而言，"正义"具有地理性或者空间性，这种地理性或者空间性内在于正义自身，"是正义和非正义如何被社会化建构以及如何随时间演变的关键因素"①。由此，在某种程度上，寻求正义就是寻求一种空间正义，或者，按照赛义德（Edward W. Said，1935—2003）的理解，寻求正义就是为地理而战。那么，什么是正义？什么又是空间正义呢？

对正义概念的理解可以追溯到古希腊时期柏拉图的《理想国》（*The Republic*）。在《理想国》一书中，色拉叙马库斯（Thrasymachus）声称"正义是强者的利益"②。对此，柏拉图（Plato，公元前 427—前 347）并不认同，借苏格拉底（Socrates，公元前 469—前 399）之口，柏拉图表明正义是特殊化的理想。在有关城邦的论述中，柏拉图讨论了正义原则，"有个人的正义，也有整个城邦的正义"③。在此，个人的正义被视为小写的正义，即个人伦理的导向，城邦的正义被视为大写的正

---

① Soja, Edward W. , *Seeking Spatial Justice*. Minneapolis：University of Minnesota Press, 2010，p. 1. Soja 在国内学术界译为索亚或者苏贾，本书采用国内通用的译法将其译为索亚。

② ［古希腊］柏拉图：《理想国》，郭斌和、张竹明译，商务印书馆 1986 年版，第 18 页。

③ 同上书，第 57 页。

义，即城邦赖以建立的原则。在某种程度上，柏拉图《理想国》的终极目标就是建立一个正义之城，在他看来，城邦的正义是理想国家的前提和条件，而所谓正义的城邦，则是大写的正义与小写的正义，或者说，是城邦正义与个人正义的相互匹配。其后的亚里士多德则将比例平等视为正义的普遍形式。到了中世纪，正义成为与神学息息相关的概念，上帝之处即为正义所在，对上帝的服从即是正义。启蒙运动时期，对正义的讨论开始与公共福利、契约精神、国家法律、等级特权和民主政治等联系起来。近现代以来的正义则更多地与人有关，成为解决人与社会发展中所面临的政治、经济和文化问题时需要考虑的重要原则。罗尔斯（John Bordley Rawls，1921—2002）在其具有里程碑意义的《正义论》（*A Theory of Justice*）中讨论了分配正义（distributive justice），该理论着眼于个人的当时条件，强调了自由和平等的价值。在罗尔斯看来，每个人都有获得基本自由的平等权利，所谓正义就是人们对一些如自由、平等和权利等先在的、确定不移的价值原则的普遍认可，并能进一步以这些价值原则为基础达成高度的政治共识，从而将这些价值原则作为支配整个社会结构和政治法律制度的核心。其后，大卫·哈维（David Harvey，1935—　）[①] 在《社会正义与城市》（*Social Justice and the City*）一书中试图从罗尔斯的正义论里找到分析城市问题的视角，在未能找到满意答案之后转向马克思。运用马克思主义的立场、观点和方法，哈维在地理学领域发展了正义这一概念，通过关注社会和空间的不公正对城市发展及收入分配的影响，哈维力图证明社会发展的非正义是资本主义功能的基础。由此，哈维对罗尔斯的正义理论进行了批判性的重构。在哈维看来，正义不是"某种永恒的正义和道德"，而是"社会进程中某种偶发的事物"[②]，正义产生的过程远远比正义的结果更值得关注，非正义的产生源自资本积累实践中经济和政治权利的不对称，正是因为这样的不对称，才导致城市中的不平等，所以解决城市不平等的途径就是重组社会阶层结构的生产、消费和分配模式。

---

① 　David Harvey 在国内学术界译为大卫·哈维或者戴维·哈维，本书采用国内通用的译法将其译为大卫·哈维。

② 　Harvey, David. *Social Justice and the City*. Oxford：Basil Blackwell. 1988，p. 15.

不同于罗尔斯和哈维的正义思想，哈贝马斯（Jürgen Habermas，1929—　）更为重视语篇与社会关系，突出话语伦理的重要性，强调理想话语情境和协商民主概念，提倡构建民主话语理论的"理想话语情境"（ideal speech situation）。在哈贝马斯（1985）这里，理性、说实话和民主概念被引入其正义思想，正义成为具体并可供选择的对象，人们可以在平等的理想话语情境中进行理性对话、交流和协商，进而在正义上达成共识。由此，哈贝马斯的正义观强调的是正义得以产生的途径，或者说，强调途径在正义形成过程中的作用，而不是正义所涉及的具体内容。其后，随着后现代主义对宏大叙事的挑战，对正义形成过程的关注引起了人们更大的兴趣，对于交际城市规划实践学派而言，话语民主手段即是通向正义终点的路径。①

在正义概念的变更中，我们无法决定哪个正义概念最具有普遍性和代表性，正如马克思主义对正义所做的描述一样，不存在绝对的正义，不同的历史阶段，正义表现为不同的形式，原始社会的正义表现为在食物分配上优先照顾老幼，封建社会的正义表现为宗族继嗣的血统继承，自由资本主义时期表现为机会均等，垄断资本主义阶段表现为福利国家的兴起。作为一个概念，正义是相对的、特殊的和历史的。同时，在某种意义上，正义既是一个有意义的概念，也是一种途径。

长久以来，我们一直在竭力探索正义、表述正义，因为正如哈维所言："我们不能没有正义的概念，原因很简单，因为不公平感历来就是驱动所有人追求社会变革的最有力的温床。"② 从柏拉图开始，当正义成为人们关注的对象之后，正义的意义也反复被人们探讨，"正义的意义需要持久讨论，因为虽然正义不是美好城市的唯一因素，但是它毫无

---

① 交际城市规划实践学派的观点受到了众多批评，批评方认为该学派未能认识到在政治经济不平等的背景下不可能创造理想的语言情景，理论的最终意义是要看实践结果。

② ［美］大卫·哈维、卡兹·波特：《正义之城的权利》，载彼得·马库塞等主编《寻找正义之城》，贾荣香译，社会科学文献出版社 2016 年版，第 52 页。

疑问是最核心的、人们最易违背的因素之一"①。在对正义的探索中，人们一直倾向于采用社会和历史视角，直到 20 世纪，空间视角和空间意识才开始用于探讨正义问题。事实上，一直以来，主流社会的理论和实践将历史和时间置于优先考虑的位置，一种中肯的批判性空间视角或者说一种全新的空间性探索无疑有助于在社会、历史和空间这三种视角中形成一个平衡，因为在这三种视角中，并没有更加有力的证据足以说服人们某一种视角更加优于其他两种视角。

1968 年，英国威尔士的社会规划师布莱迪恩·戴维斯（Bleddyn Davies）在其作品《本地服务中的社会需求和资源》（*Social Needs and Resources in Local Services*）中提出领地正义（Territorial Justice）② 的思想，即地方政府和区域规划师的行为目标要考虑公众服务和社会需求，这被认为是空间正义（Spatial Justice）思想的滥觞。根据索亚的考证③，在英语世界中，空间正义的首次使用见于美国政治地理学者约翰·奥拉夫林（John O'Laughlin）在 1973 年撰写的有关美国黑人选民的种族和空间歧视的博士论文中。不过，奥拉夫林关注的重点不在空间正义，而是与选区有关的政治、地理等因素。十年后南非地理学家皮里（G. H. Pirie）在《论空间正义》（1983）一篇小文中论述了"从社会正义和领地社会正义的概念中塑造空间正义概念的必要性和可能性"④。他认为如果将空间作为社会过程中的一个容器，那么空间正义仅仅是"空间中的社会正义"。同时，深受南非种族隔离影响的皮里还指出各种形式的非正义在空间化过程中的表现方式，并逐步认识到空间可以成为对抗非正义的政治场所（site of politics）。⑤

---

① ［美］苏珊·S. 费恩斯坦：《规划与正义之城》，载彼得·马库塞等主编《寻找正义之城》，贾荣香译，社会科学文献出版社 2016 年版，第 24—25 页。

② Territorial Justice 在国内学术界译为领地正义或者区域正义，本书采用国内通用的译法将其译为领地正义。

③ 参阅 Soja, Edward W., *Seeking Spatial Justice*. Minneapolis：University of Minnesota Press, 2010, pp. 80 - 81。

④ Pirie, G. H. "On Spatial Justice." *Environment and Planning A*, 15（1983）：p. 472. 此处的领地一词强调的是不带任何指向性的地区。

⑤ Pirie, G. H. "On Spatial Justice." *Environment and Planning A*, 15（1983）：pp. 465, 471.

　　此后，诸多学者批判地发展了这一概念。建筑评论家和地理学家弗拉斯特（Steven Flusty, 1994）分析了洛杉矶建筑环境中空间正义所遭到的侵蚀，指出洛杉矶出现了越来越多的不公正地理情况，这一分析代表了城市范围内有关空间正义理论探讨和实践研究的新轨迹。城市规划理论家费恩斯坦（Susan S. Fainstein, 1999, 2000）发现城市规划活动的正义需求往往不为人重视，由此，费恩斯坦围绕正义城市进行了相关的规范研究，提出了空间正义与城市权利的平行话语，试图探索行之有效的正义理论在制定城市政策时的意义，并将阿姆斯特丹视为正义之城的有效模式。穆斯塔法·戴安科（Mustafa Dikeç, 2001）认为空间和正义具有辩证关系，在此基础上，他强调了非正义的空间性与空间性的非正义这一对辩证元素，提出了非正义的空间辩证法，探讨了非正义如何体现在空间之中以及非正义如何通过空间形成并得以维持。戴安科认为，非正义的空间性意味着正义或非正义有一个空间维度，例如，"从物理/区位到更抽象的维系非正义生产的社会和经济关系空间"，所以可以通过空间角度辨别空间的非正义，空间性的非正义指"消除政治反应形成的可能性"①，主要考虑空间性的非正义性可能产生的种种后果。戴安科非正义的空间辩证法不仅丰富了空间正义的内容，也揭示了空间生产如何可以持久地维系正义或者非正义的结果。

　　都市研究后现代取向的洛杉矶学派（Los Angeles School 或 L. A. School）以哈维②等学者的理论为基础，指出特定的空间文化属性极大影响了现代人对城市空间的选择。对于已经广为人知的社会正义，该学派代表理论家索亚强调了批判性空间视角的应用。索亚以洛杉矶为案例，对空间理论与实践进行了探讨，认为社会构成了空间，社会也为空间所建构，空间正义包括正义的社会性、历史性和空间性，空间性则构成了社会关系、社会发展和社会进程，并不存在绝对的空间正义，唯有不断修正既有的空间非正义。基于工业资本主义城市的芝加哥学派

---

① Dikeç, Mustafa. "Justice and the Spatial Imagination." *Environment and Planning A*, 33 (2001): p. 1792.

② 哈维几乎没有明确使用过空间正义一词，在他那里，空间正义更多指向的是社会正义。

（Chicago School）用人文生态学的理论范式对城市现象和问题展开研究，该学派认为城市与人类息息相关，包含人类的本质特征，城市的本质是人性的产物，城市是由空间分布特性而决定的人类社会关系的表现形式。城市是"一个实验室，或诊疗所"①，城市变迁过程与自然生态过程类似，城市空间的扩张是社会群体在生存竞争的自然法则下为适应城市环境进行竞争和选择的自然结果。随着众多学科空间意识的觉醒，不少跨学科的学者也介入空间正义的讨论，其中具有代表性的有政治哲学家艾利斯·马瑞恩·扬（Iris Marion Young），艾利斯·马瑞恩·扬在其《正义与政治差异》（*Justice and the Politics of Difference*）中从社会结构而非个人开始论证，把正义研究的重心从结果转移到过程，重视和强调差异，呼吁人们把注意力放在社会结构所产生的不平等和不公正上，提倡社会学的正义城市规划需要通过机制把多样性纳入决策过程，她认为："社会正义……并不需要差异的融合，而是需要没有压迫，能促进种族间的尊重和差异延续的机构。"②

在漫长的历史长河中，与正义和空间正义思想同时萌发的是一种乌托邦（Utopia）的情愫，这一情愫的起源可以追溯到柏拉图的"理想国"，其高峰期在18世纪下半叶。18世纪下半叶，英国的圈地运动使大批农民流离失所，苦难的社会现实催生了思想家的乌托邦理想。19世纪，空想社会主义者莫尔（St. Thomas More，1478—1535）的"乌托邦"通过轮流劳动制实现城乡平等，傅立叶（Charles Fourier，1772—1837）的"法郎吉"通过所有成员参与工业和农业生产实现了城乡融合，欧文（Robert Owen，1771—1858）的"共产村"力图用公社制度解决城市与乡村、工业与农业、体力劳动与脑力劳动之间的差异与不平等，这些已经体现了正义原则。封闭的社区共同体虽然在很多城市规划细节上尽量做到了尽善尽美，但是由于排除了商品交换的基础，注定无法在市场经济中长期存活，这些追求正义的乌托邦实践最终都归

---

① ［美］帕克等：《城市社会学——芝加哥学派城市研究文集》，宋俊岭等译，华夏出版社1987年版，第47页。

② Young, Iris Marion. *Justice and the Politics of Difference*. Princeton, N. J.：Princeton University Press，1990，p. 47.

于失败。如果说寻求正义只是追求一种乌托邦，那么这样的乌托邦并非是毫无用处的幻想，它让人们开始注意到了整个社会制度和社会改造的必要性，从而有了追求的目标。由此，乌托邦成为一种可以对现状进行批判的参照物，一种可供选择的方案。对此，哈贝马斯宣称："决不能把乌托邦（Utopia）与幻想（Illusion）等同起来。幻想建立在无根据的想象之上，是永远无法实现的；而乌托邦则蕴含着希望，体现了对一个现实完全不同的未来的向往，为开辟未来提供了精神动力。乌托邦的核心精神是批判，批判经验现实中不合理、反理性的东西，并提出一种可供选择的方案。它意味着，现实虽然充满缺陷，但应相信现实同时也包含了克服这些缺陷的内在倾向。"[1]

欧文等有关乌托邦城市的探索在霍华德（Ebenezer Howard，1850—1928）这里发展为"田园城市"[2]理论。彼时的英国处于工业革命后期，城市人口剧增，居民生活环境不断恶化，贫困和环境污染问题让改革迫在眉睫。1898 年，霍华德出版《明日：一条通向真正改革的和平道路》（Tomorrow: A Peaceful Path to Real Reform），该书名在 1902 年发行第二版时改为《明日的田园城市》（Garden Cities of Tomorrow）。霍华德提出，城市生活和乡村生活并不是唯一的两个选择，存在的第三个选择即一种全新的城乡一体结构形态可以"把一切最生动活泼的城市生活的优点和美丽，愉快的乡村环境和谐地组合在一起"[3]。由此，霍华德提出要消灭土地私有制，逐步实现土地社区所有制，土地要在人民手中，不是按个人的利益，而是按全社区的真正利益来管理土地，要消灭大城市，建立城乡一体化，建设田园城市。霍华德的田园城市理论不仅对追求乌托邦的探索意义重大，也开启了英国力图在世纪之交摆脱拥挤

---

① ［德］尤尔根·哈贝马斯、米夏埃尔·哈勒：《作为未来的过去》，章国峰译，浙江人民出版社 2001 年版，第 122—123 页。

② 根据 1919 年田园城市和城市规划协会与霍华德的协商，田园城市的定义为：田园城市是为安排健康的生活和工业而设计的城镇；其规模要有可能满足各种社会生活，但不能太大；被乡村带包围；全部土地归公众所有或者托人为社区代管。参见［英］埃比尼泽·霍华德《明日的田园城市》，金经元译，商务印书馆 2000 年版，第 18 页。

③ ［英］埃比尼泽·霍华德：《明日的田园城市》，金经元译，商务印书馆 2000 年版，第 6 页。

不堪的城市生活的新城运动（New Town Movement）。1903 年，霍华德开始建设莱奇沃思田园城市，更确切地说，社会城市，即后来美国著名规划师克拉伦·斯坦（Claren Stein，1882—　）所称的区域城市（Regional City）。霍华德不仅强调了城市之间的政治联盟，也突出了文化协作，在他看来，用高速公共交通连接 10 个各为 3 万人口的小城市，让这些城市形成政治上的联盟和文化上的协作，这样就能享受一个 30 万人口的大城市才可能提供的一切设施和便利，同时又避免了大城市的效率低下。

在某种程度上，空间正义所关涉的内容主要指向城市公共空间领域，作为政府重要的公共行政和公共服务职能的城市规划是公共空间生产的重要表现方式，势必成为空间正义诉求的主要对象。但是真正将空间正义与城市规划纳入学术视野的研究源自西方马克思主义理论与城市现实问题的结合。

20 世纪 70 年代以来，西方国家城市规划领域所关注的热点发生了重大转变，不同于第二次世界大战到 20 世纪 60 年代对物质形态规划的重视，70 年代之后的城市规划实践行为把关注点从物质形态的空间转移到了对空间利益的争夺和归属上，即空间背后的内容。由此，追求效率、利润和理性的城市规划理论已经无法应对城市危机，面对这个现实，西方学者们从各个不同的角度、站在不同的立场重新深入马克思主义内部，力图从中获取用来解剖现实的思想和理论资源，对城市规划理论进行必要的修补。作为现代社会的一种诠释典范，马克思主义的标准形象是一种历史理论，在马克思主义者看来，历史诞生于时间之中，历史界定了人类的存在、发展和变化。不过，马克思（Karl Marx，1818—1883）和恩格斯（Friedrich Engels，1820—1895）并没有忽视空间问题，他们对于生产方式的分析直接涉及城市和空间，恩格斯的《英国工人阶级状况》（*The Condition of the Working Class in England*）、《论住宅问题》（*On Housing Problem*），马克思的《资本论》（*Capital*），以及他们合作的《德意志意识形态》（*The German Ideology*）、《共产党宣言》（*Communist Manifesto*）等经典文本都直接涉及资本主义生产方式下城市生活的变迁，聚焦于支持这一变迁的资本积累过程，而且运用了大量共时性研究，这种共时性分析典型地代表了空间分析的视角。

与此同时，伴随 20 世纪 60—70 年代西方批判社会理论出现的"空间转向"（spatial turn），一种批判性的空间视角及一种全新的空间意识进入了学术界，并由此延伸到其他领域，尤其是许多在过去没有被充分关注的领域。"空间转向"仿佛是一扇新开的窗户，让人们意识到存在既是时间的，是历史的，也是空间的，从而"结束了空间思维从属于历史思维的时代，开启了万事万物的空间维度与历史维度从此进入平等且相互影响的时代"①。列斐伏尔（Henri Lefebvre，1901—1991）发表了一系列有关城市和空间的著作，将对空间的分析带入马克思主义中，强调了空间的政治维度，认为意识形态控制着城市规划的领域。所以，在某种程度上，空间理论的发展源于一种对正统马克思主义补充的期待视野。作为一位致力于城市理论研究的哲学家，列斐伏尔认为城市是人类创造力最伟大、最具代表性的物质成果，他关于城市的所有著作贯穿着一个主题：对当代城市的批判，他尤其关注城市权利，在他看来"城市化的权利不能简单地当作一项稍纵即逝的权利，或向传统城市的回归，只能将其理解为城市生活权利的一种变革了的形式"②，其中，反对公共空间私有化以及保持大都会的异质性是城市权利的核心。对此，戴安科表示："列斐伏尔的城市权利概念是号召推进所有的城市居住者能不受歧视通过城市空间参与政治斗争。"③

列斐伏尔的学生和同事卡斯特（Manuel Castells）于 1973 年出版了《城市问题》（*The Urban Question*），其中，卡斯特严厉批评了芝加哥学派，认为其本质是在维护资本主义现状的城市意识形态。卡斯特将阿尔都塞的结构马克思主义的基本方法应用于城市研究领域，探讨了城市作为某个空间区域集体消费中心的特性，进而以集体消费的结构性矛盾重

---

① Soja, Edward W., *Seeking Spatial Justice*. Minneapolis：University of Minnesota Press, 2010，p. 15.

② ［法］列斐伏尔：《城市化的权利》，见汪民安、陈永国、马海良主编《城市文化读本》，北京大学出版社 2008 年版，第 23 页。

③ Dikeç, Mustafa. "Justice and the Spatial Imagination." *Environment and Planning A*, 33 (2001)：p. 1790.

构了马克思的资本主义危机理论和无产阶级革命理论。与此同时，深受列斐伏尔影响的哈维在其《社会正义和城市》中探讨了社会正义的原理在城市和领地规划中的应用。这些著作的问世意味着当代城市问题开始进入了西方马克思主义视角。

与列斐伏尔一样，福柯（Michel Foucault，1926—1984）不仅认识到空间的重要性，还发现空间具有无与伦比的塑造力。20 世纪 80 年代，福柯发表了《另类空间》（Of Other Spaces），他指出 19 世纪后半期，时间的运动以及空间的静止这类观点已经极大影响了人们的思维，诞生于时间之中的历史远远比空间更能获得人们的青睐，人们也更加熟悉从历史的角度去思考和阐释社会问题，但是 20 世纪预示着一个空间时代的到来，空间成为一切权力运作的基础。在福柯那里，批判性空间思维化身为"异质拓扑学"（heterotopology）。福柯声称，每一个空间都是异质的，是一个对抗得以消除、冲突得以解决的现实和想象的空间，这个空间不仅充满了不公平和压迫，也充满了无数的解放潜能，更具体地说，空间之中，乌托邦与反乌托邦、正义与非正义、压迫与反压迫同时并存。由此，异质拓扑学成为一种可以观察和解释包括城市空间在内的所有空间以及它们所产生影响的途径。①

2006 年 4 月 11 日，"寻找正义之城"的会议在哥伦比亚大学召开，该会议围绕费恩斯坦（Susan S. Fainstein）的正义之城（The Just City）的概念重点探讨了分配正义与程序正义，对空间正义的涉及相对较少，对正义空间发展的物理形式也几乎没有涉及，但是该次会议围绕"正义之城"的主题形成了非常值得重视的成果《寻找正义之城》（Searching for the Just City：Debates in Urban Theory and Practice），该文集于 2016 年在中国出版。2007 年秋季，洛杉矶当代展览中心举办了一个关于"正义空间"（Just Space/s）的展览，此次展览是为了回应加州大学洛杉矶分校的城市规划杂志《批判性规划》（Critical Planning）有关"论空间正义"特辑的出版，以期促进形成空间正义的行动实践。2008

---

① 关于福柯对于空间的理解以及关于乌托邦与异托邦、异托邦与第三空间的联系与区别，参阅本书第二章第二节。

年 3 月，以 "正义与非正义的空间" （Justice et Injustice Spatiales） 为主题的会议在列斐伏尔曾经任教过的南泰尔 （Nanterre） 的巴黎第十大学召开，这是第一届空间正义会议，这次会议对空间正义以及与其相关的多个议题进行了热烈讨论，并促成了《正义空间/空间正义》（Justice Spatiale/ Spatial Justice） 这份杂志的诞生。这些都极大地促进了空间正义研究的深化。

2010 年索亚发表了《寻求空间正义》（Seeking Spatial Justice），这一成果是索亚在《后现代地理学》（Postmodern Geographies：The Reassertion of Space in Critical Social Theory，1989）、《第三空间》（Third space：Journeys to Los Angeles and Other Real-and-Imagined Places，1996） 和 《后大都市》（Postmetropolis：Critical Studies of Cities and Regions，2000） 基础上对空间视角话题的推进，索亚在该书中强调了社会正义形成的空间性，凸显了社会空间辩证法，表明正义/非正义的空间性影响了社会和社会生活，寻求空间正义也即是需要采用一种批判性的空间视角来看待正义的问题。该书的出版也是西方马克思主义批判精神在空间正义与城市规划结合领域的最新延续。

在中国，自 20 世纪 90 年代中期以来，中国城市规划领域的公平问题日益凸显，国内学者们开始关注城市规划中的空间建设问题。2006 年，任平指出，"所谓空间正义，就是存在于空间生产和空间资源配置领域中的公民空间权益方面的社会公平和公正"①，这是国内学者从中国国情出发首次对空间正义这一概念做出解读。在 2007 年的中国城市规划年会上，多位专家围绕 "社会公平视角下的城市规划" 进行了自由讨论，讨论结果以《社会公平视角下的城市规划》为题发表于当年《城市规划》杂志第 11 期上，这是国内最早对社会公平与城市规划进行深刻讨论的文章。此后国内学术界对空间正义的兴趣日益浓厚，其中有代表性的文章有钱振明的《走向空间正义：让城市化的增益惠及所有人》（2007）、陈忠的《空间辩证法、空间正义与集体行动的逻辑》

---

① 任平：《空间的正义——当代中国可持续城市化的基本走向》，《城市发展研究》2006 年第 5 期，第 1—4 页。

（2010）、曹现强和张福磊撰写的《空间正义：形成、内涵及意义》（2011）、李春敏的《大卫·哈维的空间正义思想》（2012）、刘红雨的《论马克思恩格斯空间正义思想的三个维度》（2013）等。2015 年 4 月，由张天勇与杨蜜合作撰写的《城市化与空间正义》由首都师范大学文化研究院资助出版，该著述借助马克思主义理论、空间理论和我国传统文化中的空间正义思想，从哲学的视域对城市化与空间正义的关系进行了深入细致的挖掘。与此同时，胡毅与张京祥所著的《中国城市住区更新的解读与重构——走向空间正义的空间生产》以南京为例，用空间生产理论分析了中国城市空间更新运动，这两部著作代表了该领域国内研究的最新进展。2015 年 11 月，由首都师范大学文化研究院主办的"空间正义与城市规划"会议吸引了 70 位城市规划和文史哲等诸多学科的专家学者参会，参会人员就城市规划、空间正义与空间生产等问题进行了讨论，在此次会议上，陶东风教授明确指出，空间正义是政治学上的正义原则在空间生产、分配和空间资源配置中的体现。

综上所述，目前国外的空间正义研究成果较为丰富，城市规划正潜在地沿着空间正义的轨迹发展，空间资源的重要性已经被提升到了前所未有的高度，空间正义与城市权利已经交织在了一起，越来越难以区分。在国内，从空间正义的角度切入到城市规划的研究已经开始起步，城市规划中空间正义意识也已经开始萌发，城市权利也已经受到一定的重视。

作为一个政治概念，城市权利是列斐伏尔首先提出的。列斐伏尔认为："城市权，以差异权和知情权作为补充，可以改善作为城市居民和城市多项服务使用者的公民权，使之具体化及切合实际。一方面，城市权肯定了使用者对城市中活动空间和时间发表观点的权利，另一方面，它也涵盖了使用中心地区和特权领域的权利，而不是只涵盖了针对被驱逐到隔都的（工人、移民、边缘人甚至是特权阶层）权利。"[①] 不难发现，列斐伏尔这一原创性的概念是指在城市语境中的人权，这一概念的

---

① Lefebvre, Henri. *Writings on Cities*. Trans. & Ed. Eleonore Kofman and Elizabeth Lebas. Oxford: Blackwell, 1996, p. 34.

提出确立了寻求正义、民主和平等的城市基础。在当今时代，城市环境发生了变化，但是城市权利依然"是为了全社会谋求福利（要牺牲眼前和表面的利益），尤其是为了给那些社会居民谋福"①。或者说，城市权利不仅仅是占有现有城市空间的物理存在，也指充分满足城市居民需求、提供城市居民有尊严的生活空间。在理论层面，寻求空间正义与追求城市权利的斗争息息相关，或者说，追求空间正义正是追求城市权利的同义词。在现实层面，空间正义和城市权利问题都是实实在在的日常生活，正如列斐伏尔所言："只需擦亮眼睛看看周围，人们从家里奔向或远或近的车站、拥挤的地铁、奔向办公室或工厂，再在晚上沿原路返回，在家休息一夜，第二天再继续重复头一天的生活。这种普遍的无意义人生的悲剧被掩盖在'知足'的假象之下，正是这种假象使得人们对自己的人生没有足够清醒的认识，而满足于模式化的生活。"② 从2000年开始，城市权利的概念开始引起学术界的广泛关注。2005年，《世界城市权利宪章》（*The World Chart for the Right to the City*）颁布，这一宪章吸收了列斐伏尔在《城市化的权利》（Le Droit à la Ville/ The Right to the City）一文中的观点，将全球范围内的正义运动置于城市权利之中，是全球范围内追求空间正义的一个证明。

在当今社会，有一种普遍的认知，即"城市规划中将会考虑法律基础。规划问题的合法途径与正义标准对照，从根本上判断规划决策，并定义这些标准应该是什么"③。对于今天的城市规划，正义由法律来衡量，或者说，正义在法律实践中决定实施奖惩的行为。现行法律在很大程度上实现着正义原则，如果在规划活动中出现了不公正的事件，通常的做法是依法处理，用金钱作为赔偿。而当现行法律实现不了规划活动中应该实现的正义原则时，正义规划的局限性就出现了，那么现行法律也就到了应该改变的时候，以便我们能够更加接近正义规划。由此，

---

① ［法］列斐伏尔：《城市化的权利》，载汪民安、陈永国、马海良主编《城市文化读本》，北京大学出版社2008年版，第24页。

② 同上。

③ ［美］彼得·马库塞：《从正义规划到共享规划》，载彼得·马库塞等主编《寻找正义之城》，贾荣香译，社会科学文献出版社2016年版，第115页。

在这个实用主义和模式化的时代，思考空间正义、乌托邦和城市权利非常重要，从空间维度去思考正义城市和正义规划则更为重要，因为"空间思维不仅能丰富我们对于任何一种对象的理解，也能增加我们将实践知识变成有效行动的潜能，以此让世界变得更加美好"①。费恩斯坦曾坦言："尽管迄今为止城市规划活动仍然存在理论质疑、执行困难、结果不公等种种问题，但是通过规划建设一个有活力、无地域偏见、正义、民主的城市的理想依然没有消失。……即使这种远景似乎永远显得有些虚幻，但它依旧是人们的潜在理想。"② 重新面对空间正义、乌托邦和城市权利的关系，不仅有利于人们对自己的人生有清醒的认识，也有利于强化城市规划的标准性，同时也意味着在城市的范围内，将政治、经济和文化对正义的理解结合起来，从政治、经济和文化的层面去丰富城市正义运动的维度。

就此而言，在理论研究上，寻求正义的城市有助于实现城市理论的转变，对空间正义与城市规划的关注，有助于深化对空间正义理论的综合性研究。空间正义是在对西方资本主义城市空间中的不正义问题的讨论中形成和发展起来的，但是作为一种批判空间视角下的正义讨论，它可以在全球所有的空间范围内进行观察、分析和应用。对空间正义概念的探讨不仅可以丰富对正义的理论探索，发展马克思主义理论，而且它把空间放到首要位置加以强调，以弥补之前人们对正义空间性的忽视，从而促进一种空间洞察力的形成。此外，从空间正义视角介入到城市规划研究，有助于辨识和厘清城市规划领域的空间公平观念，构建体现空间正义的城市规划框架结构。

从现实意义来看，本书可以为中国的城市规划提供新的思考范式和实现目标的路径。在中国，随着城市化进程的加快和城市问题的凸显，城市规划中的公平问题也成为研究的热点。城市规划不仅仅是工程技术问题，它与政府、市场和社会三者也息息相关，受到三者相互制约的综

---

① Soja, Edward W., *Seeking Spatial Justice*. Minneapolis：University of Minnesota Press, 2010, p. 2.

② ［美］苏珊·S. 费恩斯坦：《规划与正义之城》，载彼得·马库塞等主编《寻找正义之城》，贾荣香译，社会科学文献出版社 2016 年版，第 24 页。

合影响。一个成熟的城市规划方案往往能反映出规划者内心深处的立场和价值观。然而，在今天的中国城市规划中，部分地区多是在政府权力和市场资本主导下进行，身处政府机构和资本流动所组成的网络之中，社会力量较弱，公众参与不够。在这样的背景下，容易造成城市规划中正义价值的缺失和空间正义原则的损害，导致城市空间的不公问题，例如，空间的剥夺与隔离、弱势群体的边缘化以及公共空间的过度资本化，等等。不正义的城市空间规划还带来了严重的社会后果，由拆迁引发的一系列社会矛盾和问题突出，影响了社会的和谐。罗伯特·达尔（Robert Dahl）在 1967 年曾经论及中国盒子问题（Chinese box problem），他指出社区层面的民主最容易实现，但是这一层面享有权力的机会最少；决策层面越往上，权力越大，但是民众的影响力却会逐渐减弱。① 城市只是整个管理等级制度中的一个层面，在这个层面上民主和正义的实现需要其他层面的支持，对民主和正义的渴望可能引发城市革命，并可能诱发社会转型。由此，把空间正义作为规划前提进行分析，在城市规划中关注空间正义问题并进行探索，有助于空间正义从理论层面的话语生成走向实践层面的操作模式，有助于更加有效地影响政府决策，有助于更加广泛地引起民众关注，有助于在城市规划过程中更好地协调城乡的空间利益，有助于解决城市贫困、社会排斥等问题，从而促进城市和谐和可持续发展。

本书将借助马克思主义理论和当代西方理论，围绕城市规划中的空间问题展开论述，一方面将空间正义这一理论术语应用、分析和解读中西方历史上经典的城市规划案，如 19 世纪巴黎城市规划，以及当代具有代表性的城市规划实践如当代天津文化中心规划等，力图把抽象的理论与具体的案例相关联，在规划实践中探索正义的概念；另一方面将空间正义内化为一种批判视野和思考理路，强调其对中西方城市规划实践结果的检验和反思，提高政府和规划者为所有城市居民创造一个功能性、包容性和参与性更好的城市的意识。本书不仅引证了客观的科学数

---

① 参阅 Dahl, Robert A. "The City in the Future of Democracy." *The American Political Science Review* 61, 4 (1967): pp. 953 – 970。

据，也引证了众多中西方经典文学作品、古文典籍，尤其是其中各种与城市和城市中空间正义/非正义体验相关的描述，这一灵感不仅来自本雅明的《拱廊计划》和哈维的《巴黎城记》，也来自司马相如受命所作的《上林赋》以及张衡为讽谏所作的《二京赋》。事实上，在悠久的文学史中，在众多的作品中，个性迥异的人物、纷争不断的事件和新颖独特的体验往往赋予了城市多姿多彩的面貌，特殊的文学体裁如"赋"的发展也记录了城市规划的原则，在某种程度上，文学不再是现实生活的折射而是其真实的写照，引证文学作品和古文典籍的用意也在于将这一问题的讨论引入新的层面，以法兰克福学派所强调的"整体"为基础，把政治、经济、文化和文学融为一个体系，同时以辩证的视野去厘清诸如"空间正义"与"空间非正义"、"乌托邦"与"异托邦"、"异托邦"与"第三空间"等概念之间的联系，以此找出城市规划中空间正义产生所需要的条件。在城市规划中，空间正义原则形式多样，在中西方政治、经济和文化各个层面中表现的内容大相径庭，由此，本书将把空间正义原则置于具体的历史背景之中，通过考察其在城市规划中所处的政治、经济和文化语境，揭示城市规划中的空间正义问题以及空间正义视域下的城市规划，从而为城市规划的发展提供有益的借鉴，或者，借用戴安科的观点，期待在未来获得一种"概念机制"（a conceptual apparatus）①，其规范内容用来引导都市空间的实际生产实践。

本书分为导论、本论四章、参考文献及后记共七个部分。

导论 本部分以建立空间正义价值观为目的，探讨正义、乌托邦和城市权利的关系，分析自柏拉图以来有关正义概念的内涵变迁，讨论正义概念的空间维度和与之伴生的乌托邦情愫，梳理马克思、恩格斯以及西方各理论家有关空间正义的理论脉络，重点关注空间正义的起源、发展和实质以及与城市权利的关系。

第一章 本章将以批判性的空间视角审视城市规划史上的经典案例"19 世纪巴黎城市改造"，关注巴黎生活的日常实践，解析巴黎城市空

---

① Dikeç, Mustafa. "Justice and the Spatial Imagination." *Environment and Planning A*, 33 (2001): p. 1803.

间更新的背景、历程、经验与教训，探讨空间更新对巴黎的政治、经济和文化生活中以及巴黎人的生活体验所造成的影响，重点关注巴黎改建中由于空间非正义所导致的不平等现象以及由此所产生的冲突和矛盾，试图对规划与反规划的关系做出更具普遍性的描述，以此探寻城市改造的空间正义路径。

第二章　本章探讨空间政治正义与城市规划的关系。空间政治正义是空间正义在政治领域的再现形式，在东西方各文明中，出于对"政治"这一人类社会—文化实践领域的不同理解，东西方各国形成了不同的空间政治正义模式，产生了差异甚大的城市空间规划实践。以安全、利益和权利为核心的西方现代空间政治正义概念，成为现代城市规划所依赖的核心政治理念，其优越性和弊端同样对当代中国的城市规划产生了重要影响。

第三章　本章探讨空间经济正义与城市规划的关系。空间经济正义是将正义的价值原则应用到经济领域中。城市的出现和发展是社会经济发展的必然产物，作为经济活动展开的重要场所，城市赋予了经济活动的空间性特征。本章从城市发展史和经济理念变迁史的综合视角，探寻城市与经济在历史演变中的相互影响。对城市资源的争夺本质上就是对城市经济资源的争夺，包括对城市空间本身的争夺。是否拥有城市经济权是引导人们追求空间经济正义的重要路径。

第四章　本章探讨空间文化正义与城市规划的关系。空间文化正义主要基于两个维度，首先，文化的各种存在形式应该是平等的，不分阶级、民族、地域等差异；其次，充分保证文化资源分配的公平公正性与文化享有的可实现性。本章将文化正义问题置于城市规划的框架内，体现出较强的现实针对性与批判性。在索亚等学者的空间正义、城市权等诸多理论基础之上，本章分别择取文化中心建筑群、公园作为个案，深入探讨追求空间文化正义的重要路径。

第一章　空间非正义与巴黎神话

——以奥斯曼的巴黎城市改造为例

毫无疑问，作为城市规划史上的经典案例，19世纪中期由奥斯曼（Baron Georges-Eugene Haussmann，1809—1891）主持的巴黎城市改造不仅打造出了现代大都市神话，也代表城市规划史进入了崭新的时代。如果说城市规划源于对美好城市的憧憬，那么奥斯曼对于巴黎城的"创造性破坏"（creative destruction）无疑开启了一种独特的城市规划理念，这一历史上最奢侈的城市改造案例直至今日仍被视为现代实用型城市的原型，在这场规模庞大、持续时间长达十几年的城市改造工程中，拿破仑三世（Napoleon Ⅲ，Charles Louis Napoléon Bonaparte，1808—1873）的影响力不可低估。然而，为这场城市改造工程确定改造风格、进行整体部署和具体操作的幕后首脑则是奥斯曼，一位"人文功能与城市空间的规划师和组织家"①。从1853年到波拿巴政府被推翻的前几个月，作为巴黎城市改造的总负责人，奥斯曼的名字一直与法兰西第二帝国的巴黎密切相连，甚至在他下台之后，人们仍然使用奥斯曼主义或者奥斯曼化作为巴黎现代化的代名词。虽然奥斯曼推行的有关巴黎规划的种种想法并非原创，但是"如果城市规划者意味着将克服和解决城市建设中的所有意外事件，形成强烈且容易辨识的城市特色，从而满足时代要求，那

---

① ［美］刘易斯·芒福德：《城市发展史：起源、演变和前景》，宋俊岭、倪文彦译，中国建筑工业出版社2005年版，第184页。

么从这一角度来说，奥斯曼可被视为伟大的城市规划者"①。

虽然人们经常猜测巴黎改建的背后动机，或是为了城市的整洁和美丽，或是为了发达资本主义时代的实用性，或是为了将工人阶级驱逐出市中心。但是，不可否认，在某种程度上，渴望现代性是巴黎神话构成的基础，正是对现代性的渴望赋予了巴黎城市规划者们无尽的想象力，短短十几年，法兰西第二帝国的奥斯曼就让一座普通的城市变身为与众不同的现代化大都市，让巴黎在 19 世纪末拥有了与以往全然不同的面貌，使之获得了一个崭新响亮的名称——现代性之都，开始了它让世界为之瞩目的巴黎神话。

那么何为巴黎神话呢？按照斯特劳斯（Claude Lévi-Strauss，1908—2009）的观点，巴黎神话是一种想象的结构，它将各种矛盾冲突和难以理解的因素结合在了一起，呈现令人惊诧的异质性和丰富性。或者，按照巴特（Roland Barthes，1915—1980）的观点，巴黎神话是有关巴黎现代性起源和发展的叙事，然而，这个叙事展示给我们的却是一种貌似真实的虚假画面，其目的是遗忘历史。就此看来，无论是前者想象的物化还是后者人为的现实，巴黎神话都是一种目的性的结果，或者说是一种神秘化的产品。正如福柯（Michel Foucault，1926—1984）对于历史所做的谱系学考察所发现的那样，一些人们视为理所当然的辉煌成就，诸如被誉为"城市之美"缩影的 19 世纪中期奥斯曼的巴黎改造，"很难被视为完完全全的正面之举"②。这一经典案例不仅花费了大量人力、物力和文化成本，而且也是权力争夺、资本运作以及社会控制的结果，由此引发了本雅明、哈维和索亚这些城市理论家的反思和批判。

第一节　从卢特提亚到巴黎神话

对巴黎的认识最早可追溯到罗马皇帝朱利安的记载，在他的记忆中，巴黎是一个叫卢特提亚的小镇，其罗马名字是巴黎，那里阳光明

---

① ［美］史蒂芬·柯克兰：《巴黎的重生》，郑娜译，社会科学文献出版社 2014 年版，第 301 页。

② 同上书，第 8 页。

媚，盛产美酒。如果说启蒙运动之前的巴黎平淡无奇、籍籍无名，那么启蒙运动后的巴黎则在理性之光的照耀下焕发出勃勃生机，并逐渐声名远播。

从 17 世纪中期开始，巴黎成为欧洲的政治和时尚中心，此时的君主成为国家的象征，君主与政府的关系密不可分，巴黎不再遭受外敌入侵的威胁，城市四周的碉堡被清除，首批林荫大道现身巴黎。① 与此同时，巴黎的市民按照职业、阶层或者志趣选择聚集的区域，由此诞生了"城区"（quartier）的观念，"城区"一词开始被广泛使用，用来描述巴黎城的一些区域。在这期间，巴黎城市规划者们开始着手绘制巴黎地图。根据《巴黎秘史》的记录："从 17 世纪末到 1789 年大革命，有 100 多张地图问世，远远多于预期。"②然而，由于巴黎城发展过快，加之绘图者人为放大了城市街道的宽度，导致绘制的地图并不精确。直至 1785—1790 年，埃德梅·威尔尼凯（Edmé Verniquet）才首次绘制出精确的巴黎地图。这些地图为巴黎未来的城市建设提供了重要的参考。

18 世纪初期，巴黎仍然在不断发展，然而城市气息还不是非常浓厚，直到 1749 年巴黎才成为欧洲大陆最为繁华的大都市。然而，繁华的巴黎并不优雅，这里不仅是个藏污纳垢之所，而且"空气污染，饮用水不安全，交通混乱而危险"③。作为巴黎的土生子，伏尔泰④（François-Marie Arouet，1694—1778）是较早体会到这一点的作家。他虽然热爱自己的故乡，却也难以容忍故乡糟糕的状况。这位著名的启蒙哲学家在《美化巴黎》（On the Beautification of Paris）中表明："需要能够喷水的喷泉、整齐的人行横道和演出大厅；我们需要拓宽狭窄肮脏的街道，发掘不为人所见的遗迹，建设新的名胜供人参观。"⑤ 在

---

① 法语中的林荫大道来源于德语中的壁垒。
② ［英］安德鲁·哈塞：《巴黎秘史》，邢利娜译，商务印书馆 2012 年版，第 177 页。
③ ［美］史蒂芬·柯克兰：《巴黎的重生》，郑娜译，社会科学文献出版社 2014 年版，第 12 页。
④ 伏尔泰 1694 年出生于巴黎。
⑤ Voltaire. "Des Embellissements de Paris". *Oeuvres complètes de Voltaire*, Vol. 38. Paris：Delangle Frères，1827，p. 43.

伏尔泰看来，筹措资金改造巴黎意义重大，不仅可以给国人提供大量的就业机会，而且"可以在 10 年以内将巴黎打造为世界奇迹"①。由此，伏尔泰呼吁："让上天赐予我们一个积极重建城市的人吧，赐予我们一个能够严格坚持到底的灵魂，赐予我们一个开悟的心灵来制订计划，使他具备成功所需要的一切条件吧！"伏尔泰的呼声并未被当政的路易十五（Louis XV）采纳，反而被其视为是典型的疯言疯语。在路易十五的授意下，伏尔泰被逐出巴黎去了柏林。1778 年，当 83 岁的伏尔泰回到巴黎时，路易十五已经去世四年，然而巴黎的状况并没有得到好转。巴黎富人们时尚品位越来越高，巴黎城里的污水和垃圾也越来越多。

路易 - 塞巴斯蒂安·梅尔西埃（Louis-Sébastien Mercier，1740—1814）是另一位深受启蒙价值观影响的法国作家，他在 1782—1788 年间发表了多卷本小说《巴黎的景象》（*Tableau de Paris*），这部作品涉及话题之广令人称道，其中对于巴黎日常生活的描写给后世观察巴黎提供了极其独到的视角。在梅尔西埃看来，巴黎的生活介于光明与黑暗之间，既是"疾速呼啸的旋风"，到处弥漫着做生意的现代商业气息，同时也是"所有罪恶和邪恶堆积的地方""厚重的恶臭空气构成的无底洞"，而久居于此的巴黎人则对于"潮湿的雾气、讨厌的蒸汽和恶臭的污泥早就习以为常了"。② 梅尔西埃作品中的巴黎生机勃勃却也动荡不安，社会、经济和政治矛盾犹如一片乌云，预示着一场摧毁君主制的大变革即将到来。

1774 年路易十五去世时，因财政、外交等多方面的失利，君主与巴黎民众之间的沟壑变得越来越大。1786 年，路易十六（Louis XVI）意识到了巴黎改造的必要性，拨款 3000 万法郎用于巴黎改造。然而，随着财政危机的加重，巴黎改造没有按照需求逐步进行，路易十六也因

---

① Voltaire. "Des Embellissements de Paris". *Oeuvres complètes de Voltaire*, Vol. 38. Paris: Delangle Frères, 1827, p. 50.

② Mercier, Louis-Sébastien. *Tableau de Paris*. Hamburg: Virchaux et Compagnie, 1781, pp. 57 – 60.

法国大革命①的爆发被推上了协和广场②的断头台。1789 年的法国大革命使法国成为启蒙运动的中心、现代世纪的中流砥柱，使法国民众见证了巴黎神话的建立，或者说，"自 1789 年以来，法国大革命赋予每一代巴黎人③激进和叛逆的历史角色，以及一种自然会实现的预言；1789 年后的每一次暴乱，部分原因就是为了完成扮演这一角色的任务"④。

毫无疑问，法国大革命彻底地改变了巴黎的地位，巴黎因 1789 年革命享有了前所未有的荣耀和重大的象征意义。然而，这一重大的历史事件并没有改变巴黎城市的模样，这段时间巴黎城市建设进展缓慢，资金匮乏，18 世纪巴黎杂乱不堪的状态让人们萌发了一种对巴黎进行改造的渴求。

1799 年，年轻的拿破仑·波拿巴（Napoléon Ⅰ，Napoléon Bonaparte，1769—1821）上台，承诺给民众稳定和安全的生活。拿破仑深受巴黎市民爱戴并被黑格尔评价为"世界的灵魂"⑤，他胸怀大志，酷爱秩序和纪律，对巴黎有着深厚的情感，"他是首位将巴黎视作政治中心和荣耀统治体现的国家元首"⑥。1804 年拿破仑正式启动了建设伟大巴黎的城市改造计划，塞纳河两岸筑起的河堤取代了河岸，新建的五座桥梁让巴黎的交通更为便捷有序，修建的乌尔克运河（Canal d'Ourcq）让巴黎的饮用水供应得到了解决，巴黎西入口处开始修建一座巨大的地

---

① "大革命"一词在文艺复兴早期就已经在法国和欧洲其他语言中被广泛使用，最初是作为科学词汇，最常用来描述星星的运动，或在几何学中用来描述圆柱体围着轴旋转。16 世纪用来指社会的变迁，或在观察世界的过程中的一个突然变化。直至 1789 年法国大革命，该词才被赋予了真正的内涵，民众发自内心的愤怒成为大革命最原始的动机。参见［英］安德鲁·哈塞《巴黎秘史》，邢利娜译，商务印书馆 2012 年版，第 216 页。

② 路易十五广场，又叫革命广场，后来才被称为协和广场。

③ 巴黎人在很长一段时间被认为是麻烦鬼的代名词。

④ ［英］安德鲁·哈塞：《巴黎秘史》，邢利娜译，商务印书馆 2012 年版，第 215 页。

⑤ 1806 年 10 月 12 日晚，黑格尔在给朋友尼塔麦（F. I. Niethammer）的信件中表明了对拿破仑征服德国的态度，并这样评价拿破仑："我看见拿破仑，这个世界的灵魂，在巡视全城。看到这样的一个人真是极大的享受，这样一个跨在马背上的世界精神，穿越并征服了整个世界。"黑格尔认为历史是一种叙事，其意义由肩负伟大历史使命的时代英雄所主宰，而拿破仑就是这种伟大力量的化身。参见［德］黑格尔《通信集》，荷夫麦斯特本第 1 卷，1952 年版，第 119 页。

⑥ ［美］史蒂芬·柯克兰：《巴黎的重生》，郑娜译，社会科学文献出版社 2014 年版，第 23 页。

标建筑——凯旋门（始建于 1806 年，1835 年竣工），56 座装饰用的喷泉的水来自运河，既实用又颇具诗意，市内新建和拓宽的街道达到 60 多条。到 1814 年拿破仑一世的法兰西第一帝国垮台的时候，巴黎改建虽然没有获得显著的成就，但是其面貌已经开始发生了改变。

在其后的波旁王朝复辟之时，法国开始了从农业社会向工业社会的转型，随着工业化的开始，法国也进入了现代性的萌芽阶段，现代意义上的城市开始形成。对于波旁王朝的这段历史，马克思做过这样的评价："1814 年拿破仑第一帝国垮台后，代表大土地贵族利益的波旁王朝复辟，它竭力恢复封建专制统治，压制资本主义的发展，限制言论出版自由，加剧了资产阶级同贵族地主的矛盾，激起了人民的反抗。"[①] 人民的反抗最终酿成了 1830 年巴黎三天的暴乱，也就是历史上"光荣的三天"（les trios glorieuses），即 1830 年 7 月 27—29 日推翻波旁王朝的最后一位国王查理十世（Charles X）的暴乱。在 1830 年的炎炎夏日，巴黎人再次砌起了街垒（barricade）。[②] 自由、革命和街垒成为巴黎的一道街景，80 多万块的鹅卵石筑成的大约 4054 道街垒并由此打造出大革命的神话。1830 年以后，鹅卵石成为巴黎革命精神的象征，这一象征在 1968 年 5 月事件爆发后被摧毁，当时拉丁区的鹅卵石被悉数清理，沥青永久地代替了铺路的鹅卵石。雨果（Victor Hugo，1802—1885）曾将铺路的鹅卵石视为"典型的民众精神"[③]——你可以一直践踏它，直到有一天它砸到你头上为止。工人阶级暴乱者在巴黎狭窄的道路上与军队展开了游击战。由于街道不能通行，军队明显处于劣势，加上许多军人开始同情工人，战斗很快以工人阶级取胜而结束。巴黎的下层阶级庆祝着他们摆脱了世袭君主，取得了大革命的真正胜利。

1830 年的法国资产阶级革命虽然迎来了"资产阶级君王"路易·

---

① ［德］马克思、恩格斯：《共产党宣言》，中央编译局译，人民出版社 1997 年版，第 73 页。

② 街垒（barricades）来自 barriques 一词，源于装满泥土的"大桶"，这些大桶在 16 世纪同盟战争时代被用来当作防御墙。参阅 Higonnet, Patrice. *Paris*：*Capital of the World*. Trans. Arthur Goldhammer. Cambridge, MA：Harvard University Press, 2002, p. 51。

③ 参阅 Higonnet, Patrice. *Paris*：*Capital of the World*. Trans. Arthur Goldhammer. Cambridge, MA：Harvard University Press, 2002, pp. 60, 61。

菲利普（Louis Philippe，1773—1850），摧毁了巴黎城中所有与波旁王朝有关的皇家象征，但是却并没有造就资产阶级所梦想的共和国。在来自奥尔良家族的路易·菲利普为首的七月王朝统治下，金融资产阶级攫取了社会当权地位，中产阶级的自由主义价值观成为公共道德的最高准则，王朝的命运在新的国王手中得以延续，尽管新国王尽其所能证明自己拥护共和且对复辟旧王朝毫无兴趣。除了奥尔良公爵路易·菲利普，巴黎也许可以称得上是这场暴乱的另一位受益者，它因为帮助路易·菲利普建立了七月王朝而获得了王室的青睐，国王不仅盛赞在"光荣的三天"中英勇战斗的巴黎战士，还公开宣布巴黎是他的故乡。巴黎，在1830年的革命激流中已经成为名副其实的世界革命之都。

路易·菲利普在其统治期间采用了多种措施力图减弱巴黎的革命色彩，其中之一就是用木砖替代鹅卵石，或许，在他看来，修建街垒时木砖会远远不及鹅卵石坚固耐用。然而，此时的巴黎仍然充满着暴力和冲突，1834年一名狙击手袭击了特朗诺南大街（rue Transnonain），这一充斥了暴力和鲜血的恐怖事件在福楼拜（Gustave Flaubert，1821—1880）的《情感教育》（L'Éducation Sentimentale）、司汤达（Stendal，1783—1842）的《吕西安·勒文》（Lucien Leuwen）以及雨果的《悲惨世界》（Les Misérables）中都有记录。1842—1843年，欧仁·苏（Eugène Sue，1804—1857）创作的一些关于贫民窟的故事同样记录了当时巴黎真实的日常生活：冲突、暴乱和无休止的内战。

1817年巴黎人口增加到70万人，1844年增加到100万人，彼时的巴黎经历着政治和社会的巨大变迁，然而巴黎城的面貌并没有发生多大变化。19世纪20年代，一股投资热潮开始兴起，在巴黎边缘地区的投资让投资商们获利颇丰，投资商们在巴黎周边地区开始投资房地产，设想着在这些地方建设舒适的居住地，最终一个叫"新雅典"的地方在远离市中心的地方建成，人们趋之若鹜，作家乔治·桑（George Sand，1804—1876）和大仲马（Alexandre Dumas，1802—1870）成为该地区的首批居民。1833年，七月革命的领导人之一克洛德－菲利贝尔·贝特洛·郎布托伯爵（Count Claude-Philibert Barthelot de Rambuteau）被任命为塞纳省省长，负责巴黎及其周边地区，执政时间长达15年。

1837 年夏天，法国第一条客运铁路线建成，在轰鸣声中，火车驶出巴黎，这个事件不仅给车厢的乘客带来了全新的体验，也意味着法国工业革命已经走向了飞速发展的道路。

19 世纪 30—40 年代，巴黎出现了"迁移"的现象，原先居住在市中心的精英开始从脏乱不堪的市中心向巴黎西部和西北部迁移。为了缓解这种状态，郎布托省长开始着手改善巴黎面貌的举措，他在城市中心修建了一条新的主干道，这条老城区最宽敞的街道就是现在人们所说的"郎布托街"。此外，郎布托通过增加人行道、启用煤气灯公共照明系统、引入绿地、建造公共花园等举措让巴黎的面貌得到了改善，也为巴黎的城市改建打下了良好的基础。虽然 19 世纪 30 年代的巴黎是欧洲无可争议的文化和艺术之都，是德国诗人海涅（Heinrich Heine，1797—1856）眼中足以治愈"一个人心里的任何恐惧"[1] 的地方，是俄国作家尼古拉·果戈里（Nikolai Gogol，1809—1852）心中"最后的天才藏身之处"[2]。然而对于巴黎这座城市的市容市貌，这些外来游客却极少会持赞赏的态度。从巴黎回到圣彼得堡后的果戈里这样记录巴黎："关于巴黎，我不知道该说些什么。巴黎的污泥特别多，走路都无从下脚。"[3]

1848 年路易·菲利普退位，路易·拿破仑·波拿巴的法兰西第二共和国成立。在巴黎的城市发展史上，1848 年是一个极为重要的年代。在这一年爆发的二月革命推翻了七月王朝的统治并导致了路易·菲利普的下台。当路易·拿破仑·波拿巴于 1848 年 12 月当选为法兰西第二共和国总统之后，他马上为自己的雄图伟略展开了大规模的行动，其中一项最为重要的计划就是巴黎改造和现代化，将之变成欧洲帝国的首都。对于实用主义者和理想主义者拿破仑三世而言，巴黎是一座可以实现它远大抱负的理想城市，他不仅渴望把巴黎改造成最实用的现代城市，更期待这座未来的世界之都能够体现出完美的理想秩序与现代原则。在这个意义上，波拿巴不仅掌管了路易·菲利普在巴黎的政权，也接手了七

---

① Aufenanger, Jörg. *Heinrich Heine in Paris*. Munich：Deutscher Taschenbuch Verlag, 2005, p. 40.

② Vila, Marie-Christine. *Paris Musique*. Paris：Parigramme, 2007, pp. 134, 135.

③ Léger, Louis. *Nicolas Gogol*. Paris：Bloud et Cie, 1914, p. 30.

月王朝对巴黎的更新计划。波拿巴极为重视普通民众的需求和社会福利问题，一方面是因为刚刚上台的他在巴黎少有政治支持者，其同盟者只是视他为傀儡，另一方面是因为他认识到与民众紧密团结对执政的重要性，他要竭尽全力获得工人阶级和农民的支持，他不仅写过一篇《贫困的消失》的文章，其中表明雇用计划是减少贫困的一种方法，还于1849年在巴黎建造了拿破仑城——一个价格合理、设施齐全的现代工人住房模型，虽然这个住房模型因为刻板的作息时间并不受工人阶级的欢迎。

　　1850年12月，波拿巴在巴黎市政厅发表演讲，他明确表示："要全力美化巴黎并改善巴黎市民的居住环境。……将开辟新的道路，并且改善人口密集区空气和光线缺乏的问题，我们要让阳光照射到全城每个角落，正如真理之光启迪我们的心智一般。"① 1851年，波拿巴计划将里沃利街延长800米，建成了东西向贯穿巴黎市中心的第一条新的主干道，这个实用型的大胆举措虽然违背了法国城市建筑布局的构图美学，却有效平息了巴黎建筑师关于新街道的选址而引发的激烈争论，标志着波拿巴在城市规划方面的首次胜利。1851年12月，为了争取连任，波拿巴发动政变，次年12月称帝，成功地将法兰西第二共和国变为法兰西第二帝国，从此他成为拿破仑三世国王。

　　拿破仑三世对巴黎改造的想法延续了郎布托的理念，他计划修建新的街道将城市入口与市中心相连，将主要的公共建筑、广场和车站相连，以此让整个城市成为一个内部相互贯通的有机体。这正如柯克兰（Stephane Kirkland）发现的那样："拿破仑一世的项目在地图上只是零星的几个点，在这里建一座楼，在那里建一座纪念碑，而拿破仑三世拥有综合性愿景，将整个城市作为一个整体来考虑。他不仅痴迷于建设纪念碑，还计划建设多条新街道，用于连接、灌溉和开放整个城市。"② 在某种程度上，可以说，拿破仑三世在巴黎改建正式实施之前已经按照

---

　　① ［美］大卫·哈维：《巴黎，现代性之都》，黄文煜译，群学出版社2007年版，第122页。

　　② ［美］史蒂芬·柯克兰：《巴黎的重生》，郑娜译，社会科学文献出版社2014年版，第74页。

自己的想法完成了有关巴黎改建的规划，他所构筑的巴黎规划①的框架只需要一个合适的人选克服所有障碍，落实总体计划以及与之相关的财政计划。

1853年6月23日，大权在握的拿破仑三世撤换了没有恰当理解他意图的塞纳省省长让－雅克·伯格（Jean-Jacques Berger），任命忠心耿耿、精力充沛、意志坚定的奥斯曼②就任新的塞纳省省长，并命其按计划改造巴黎，以此打造一段全新的帝国历史。从这时开始一直到1870年普法战争爆发后法兰西第二帝国（1852—1870）灭亡和法兰西第三共和国（1870—1940）成立，巴黎城经历了最为辉煌的变革时期，走向了通往巴黎神话的道路。

然而，奥斯曼一手打造的巴黎神话采用了与老巴黎一刀两断的做法，他视巴黎城为"白板"（tabula rasa），"并且在完全不指涉过去的状况下，将新事物铭刻在上面——如果在铭刻的过程中，发现有过去横阻其间，便将过去的一切予以抹灭"③。奥斯曼最终成功地从地图上抹去了老巴黎的所有痕迹，其中就包括虽然狭窄但具有鲜明的地方色彩和意象特征的巴黎老街。由此，在现代巴黎神话被创造出来的同时，反巴黎神话也开始萌芽，这一萌芽首先是从文学界开始并逐渐蔓延到文化界和其他领域。④ 1830年雨果的出现可以视为崇拜老巴黎的开端。的确，在巴黎的历史上没有哪位作家像雨果那样将自己和巴黎融为一体，倾尽所有的精力去描写让人难以忘怀的巴黎，在他眼中，"这个1830年的老

---

① 规划后的巴黎城可以被视为同心圆城市型，在这样一种城市规划类型中，空间正义原则的作用体现为权力中心的辐射性影响，越接近这样权力中心的城市区域，在权利、利益和安全上越获得更多的保障。同心圆城市规划类型，十分容易造成城市空间中的特权集中和财富分化，导致无权阶级为争取城市空间权利而进行的激烈反抗。详见本书第二章第三节。

② 奥斯曼的祖父和外祖父均效忠于拿破仑一世，对他们的敬佩直接影响到奥斯曼对拿破仑三世的忠心耿耿以及对他事业的全力支持。

③ ［美］大卫·哈维：《巴黎，现代性之都》，黄文煜译，群学出版社2007年版，第1页。

④ 一直以来，巴黎城就具有激起人们强烈情感的无穷魅力，其写作传统可以追溯至法国15世纪的抒情诗人维永（Villon），中间经过了孟德斯鸠和狄德罗、布勒通纳和梅尔西埃，直至19世纪的巴尔扎克、雨果和苏。参见［美］马歇尔·伯曼《一切坚固的东西都烟消云散了》，周宪、许钧主编，商务印书馆2003年版，第188页。

巴黎绝不是一个无足轻重的陪衬而是一个有机的实体，一个鲜活的生命"①。其后的波德莱尔（Charles Baudelaire，1821—1867）曾以都市抒情诗扬名，他虽然赞赏现代社会新奇之美，却也对旧巴黎念念不忘，在他献给雨果的著名诗歌《天鹅》（*Le Cygne*）中，他抒发了自己对旧巴黎的思恋之情："旧巴黎已面目全非（城市的样子比人心变得更快，真是令人悲伤）。"② 而在以波德莱尔为隐喻对象的作品《波德莱尔，发达资本主义时期的抒情诗人》（*Charles Baudelaire：A Lyric Poet in the Era of High Capitalism*）中，巴黎的外来者本雅明（Walter Benjamin，1892—1940）则将这一反巴黎神话推至巅峰。

第二节　本雅明：空间剥夺与城市异化

在本雅明眼中，波德莱尔堪称伟大的都市作家。事实上，波德莱尔有关巴黎的写作大多处于 19 世纪 50 年代末和整个 60 年代，恰恰是巴黎"奥斯曼化"鼎盛时期。彼时的巴黎正在进行大刀阔斧的拆毁和重建，巴黎的现代化建设真真切切地发生在波德莱尔的身边。波德莱尔不仅是这场城市改建的目击者，更是一位参与者。作为波德莱尔创作生涯后期的代表作，《巴黎的忧郁》（*Paris Spleen*）详细记录了这场改建给巴黎普通民众所带来的现代性冲击。事实上，在《恶之花》（*Les Fleurs du mal*）之后，波德莱尔开始思考将巴黎的现代生活内容引入诗歌，他想找到一种新的文学形式来表达对巴黎的感受，具体来说，即是"一种诗意的散文"，这种诗意的散文"没有节律、没有脚韵，但富于音乐性，而且亦刚亦柔，足以适应心灵的抒情的冲动、幻想的波动和意识的跳跃"，这一想法源自像巴黎这样的大城市，产生于"无数错综复杂的

---

① ［法］帕特里斯·伊戈内：《巴黎神话》，喇卫国译，商务印书馆 2013 年版，第 94 页。

② ［法］波德莱尔：《恶之花·巴黎的忧郁》，钱春绮译，人民文学出版社 1991 年版，第 200 页。

关系"。① 这一努力最终成就了他的系列散文诗《巴黎的忧郁》，这些散文诗最初是波德莱尔为巴黎刊物撰写的小品文，它以一种旁观者的身份将个人看法向大众娓娓道来，往往与位于同一个版面的社论所阐释的观点形成鲜明的对照，作为当时一种流行的都市风格，此类小品文在报纸中占有重要的地位，也深受作家们的青睐，这些散文诗在波德莱尔去世后才得以出版。

伯曼（Marshall Berman）在《一切坚固的东西都烟消云散了》（*All that is Solid Melts into Air*）中将波德莱尔的散文诗与"街道上的现代主义"联系起来，在他看来，波德莱尔用语言记录了"原初现代景观：它们是一些经验，产生于波拿巴统治和奥斯曼指导下的巴黎的具体日常生活，但带有一种想象的共鸣和深度，推动着它们越过自己所在的地点和时间并将它们转化为现代生活的原型"②。其中，波德莱尔不仅关注了"由装有玻璃窗的咖啡馆的街头文化所带来的公共能见度的变化"，也"直接考虑了公共流动性的新状况，以及在碎石铺就的路面上疾驰而过的交通工具对生命和肢体的威胁"。③ 换言之，巴黎改建时期的街道成为波德莱尔关注的中心。

事实上，巴黎改造由内至外展开，改造重点在城市中心地区，其中最为迫在眉睫的改造任务是完善街道系统。在奥斯曼眼中，巴黎城如同一个具有实用性功能的有机体，只有确保它的动脉血管顺畅地循环流动，整个城市才会健康卫生，才会富有生机和活力，而贯穿巴黎城市的街道正是这个急需进行疏通手术的大动脉，将道路比作有机体的动脉血管，这一想法在如今已经极为常见，然而在 19 世纪都市生活的背景之下却极具革命性和前瞻性。

当奥斯曼通过对巴黎开展勘测并拿到一份准确的巴黎平面图之后，

---

① ［法］波德莱尔：《恶之花·巴黎的忧郁》，钱春绮译，人民文学出版社 1991 年版，第 378 页。波德莱尔关于散文诗的这段话首次发表于 1862 年 8 月 26 日的《新闻报》。
② ［美］马歇尔·伯曼：《一切坚固的东西都烟消云散了》，周宪、许钧主编，商务印书馆 2003 年版，第 190 页。
③ ［澳］斯科特·麦奎尔：《媒体城市：媒体、建筑与都市空间》，邵文实译，江苏教育出版社 2013 年版。

他就开始着手对拿破仑三世的里沃利街改建计划进行修补，将其延伸至巴黎市政厅。修建里沃利街时，市区一些有名的旧街如奥斯曼所愿永远消失在他的视线里。在奥斯曼看来，原有的街区混乱纷杂，对这些街区进行改造不如在里面开辟新的街道，此外，"街道要宽以促进交通的顺畅，空气要流通，光线要充足；……无论什么建筑挡住去路都要毫不留情地拆除，即使具有历史意义的建筑也毫不留情，唯一留心的是保留一部分绿地"①。随着建筑范围不断扩大，巴黎市中心的大片区域被夷为平地，贫民窟被彻底清除，根据柯克兰的记载，"1852 年到 1870 年间，巴黎市共拆毁了 2.7 万栋建筑"②。在直线、对称、均衡、协调、全面的理念下，一条条宽阔笔直的林荫大道取代了旧街区。奥斯曼建造的林荫大道非常宽，大道上的安全岛让人们可以安全地穿越马路，便道与直行大道隔开，人们可以更方便地散步。大道的一侧有供行人休息的长凳，周边茂盛的树木和高高的纪念塔让散步活动变得更加有趣。到 19世纪 80 年代，奥斯曼的林荫大道模式成为现代城市规划的典范。巴黎心脏地区巨大的林荫大道网络为以前拥挤不堪的街区提供了可以呼吸的新的都市空间。交通工具有机会直接从城市的一端行驶至另一端。

对此，奥斯曼最杰出的继承者摩西（Robert Moses，1888—1981）曾经感叹，奥斯曼抓住了大规模城市现代化的问题。而伯曼则认为，奥斯曼的伟绩就在于"第一次向城市的所有居民打开了整个城市。现在，终于可以不仅在城区内通行，而且可以贯穿各个城区了。巴黎在数世纪内一直是一个个孤立的小房间的集合，现在终于变成了一个统一的物理居住空间"③。

正是在波德莱尔的散文诗中，伯曼注意到了因巴黎改建带来的有关现代性的原创景象。伯曼注意到的一个原初景象出现于《巴黎的忧郁》

---

① ［英］科林·琼斯：《巴黎城市史》，董小川译，东北师范大学出版社 2008 年版，第261 页。

② ［美］史蒂芬·柯克兰：《巴黎的重生》，郑娜译，社会科学文献出版社 2014 年版，第 149 页。

③ ［美］马歇尔·伯曼：《一切坚固的东西都烟消云散了》，周宪、许钧主编，商务印书馆 2003 年版，第 193 页。

第26首散文诗《穷人的眼睛》，一对恋人坐在一家新开的富丽堂皇的咖啡馆里，该咖啡馆所处的位置正好是一条新修的大道，周围是碎石、泥灰，老巴黎的残骸正在被清除，以便为一个辉煌的新巴黎让路。这条新修的林荫大道正是19世纪巴黎最为辉煌的都市发明，是巴黎城市规划走向现代化的显著标志。

隔着新建筑的玻璃窗，叙述者看到了一个贫穷的家庭正在羡慕而入迷地望着咖啡馆，对后者来说，面前这个世界炫目而美丽，"仿佛把可怜的世界上的一切黄金都装在这些墙上了"①。在本雅明看来，玻璃建筑代表着一个划时代的革命，小资产阶级新贵因为它的存在得以走出19世纪资产阶级拥挤不堪的家居环境，能够拥有在公共场合不被人打扰的快乐和浪漫。在玻璃窗隔开的两个世界中，咖啡馆成为一个崭新的公共空间，或者说，成为都市公共空间现代化的代表。在穷人的眼中，这个世界"只有跟我们不一样的人才能进去"②。面对这两个世界之间的巨大鸿沟，面对被剥夺的空间，这些穷人对自己的命运选择了顺从。由此，对于民众而言，只有唤起他们对空间正义的渴望，才可能激励他们去发掘自身行动的潜能，或许，这正如本雅明对游荡者的关注，这种对正义的追求同样是"只能通过唤醒对已经发生的事情的尚不自觉的意识来实现"③。

咖啡馆应该是这一时期资产阶级最好的去处。一般认为，巴黎的第一家咖啡馆是1686年由来自西西里的一位移民所创建的"普罗珂普咖啡店"（Café Procope）。根据本雅明的记录，"在1757年，巴黎只有三间咖啡馆"④。在1807年，巴黎大大小小的咖啡馆猛增到4000家左右。而到了19世纪50年代，巴黎各处的咖啡馆开始把桌子摆到街道上，随处可见的咖啡馆已经成为巴黎街道最具特色的风景。由此可见，虽然咖

---

① ［法］波德莱尔：《恶之花·巴黎的忧郁》，钱春绮译，人民文学出版社1991年版，第441页。

② 同上书，第441页。

③ ［德］瓦尔特·本雅明：《〈拱廊计划〉之N：知识论，进步论》，郭军译，载汪民安编《生产》（第1辑），广西师范大学出版社2004年版，第310页。

④ Benjamin, Walter. *The Arcades Project*. Trans. Howard S. Eiland and Kevin McLaughlin. Cambridge, MA: Harvard University Press, 1999, p. 108（D3a. 1）.

啡馆的出现远远早于 19 世纪，但是只是到了 19 世纪，咖啡馆才正式成为巴黎资产阶级生活中不可或缺的一种新型社交场所。

从创建之初，巴黎的咖啡馆就吸引了小心翼翼的资产阶级。对他们而言，这是一个众人聚集一堂的公共场所，人们纷纷前来，在这里喝咖啡、看报纸或者休憩。同时，这又是一个可供个人保持孤单状态的地方，只要保持沉默，完全可以不受任何打扰。人们可以像爱伦·坡（Edgar Allan Poe，1809—1849）《人群中的人》（*Man of the Crowd*）里的叙述者一样，坐在咖啡店的窗边观察外面的人间百态，也可以如桑内特（Richard Sennett）所言，将咖啡店视为一个做白日梦的绝好场所，因为，在这里，人们"完全可以沉浸在自己的想法和白日梦之中；他对社交的观念毫无兴趣，他的意识却能够自由地漂浮"①。这样一个场所逐渐成为资产阶级能够无拘无束讲话的地方，或者说，一个关于时事、哲学、文学等时髦话题的公共论坛。就氛围而言，咖啡馆如下层阶级的酒吧一般人声鼎沸、喧嚣嘈杂，但是它又不同于酒吧，在这里，休闲的咖啡与高雅的谈话完美地结合起来，咖啡馆成为中产阶级关注公共事务和进行社交活动的集会场所；就趣味来说，咖啡馆如以前贵族阶层的沙龙集会一般充斥着时尚话题，但是它又不同于沙龙，在这里，以男性为主的高谈阔论和畅所欲言不再由贵族沙龙里必不可少的女主人来掌握进程，咖啡馆成为中产阶级男士暂时躲避妇女、儿童的避难所；就风格来看，19 世纪前半期的咖啡馆如法兰西第二帝国时期林荫大道上的咖啡店一样让资产阶级印象深刻，但是前者是封闭的、内敛的、简陋的，而后者却以开放、张扬、夸耀和标新立异的装饰风格和休闲方式令人耳目一新。

伯顿（Richard D. E. Burton）在分析 19 世纪前半期巴黎日常生活模式的著作《游荡者与他的城市》（*Flâneur and His City*）中评价："十九世纪早期的咖啡店，其对于内在价值的重视远远高于对待外在价值，这不仅仅是这一时期资产阶级家庭的生动写照，也反映了整个'传统'

①　Sennett, Richard. *The Fall of Public Man*. Cambridge: Cambridge University Press, 1976, p. 217.

资产阶级的世界观。"① 的确，正如同早期的咖啡厅注重内在价值，处于财富积累阶段的资产阶级也青睐于使用内敛、勤勉、节俭这些概念来塑造自己的公众形象。在这个过程中，咖啡店不仅帮助中产阶级形成了他们这个阶层共享政治、社会、商业和文化趣味的圈子，也帮助他们完成了与下层阶级的酒吧文化和上层贵族的沙龙文化不折不扣的对立。咖啡店，这个巴黎城中的微型社区，不仅参与了城市生活的个性化和民主化，也见证了摩拳擦掌、跃跃欲试的资产阶级从私人空间走向公共空间、从室内走向室外的预备阶段。走向公共空间的巴黎资产阶级，尤其是其中的城市游荡者（flâneur），在本雅明那里得到了极为生动的刻画。

1913 年，本雅明首次造访巴黎，从此，巴黎就成了让他魂牵梦绕的城市。在其好友肖勒姆（Gershom Scholem，1897—1982）的记忆中，1927 年与本雅明在巴黎的一席谈话让他印象极为深刻，"本雅明说过，他非常想在巴黎定居，因为这个城市的环境正合他意"②。在这个堪称"资本主义社会发源地"③ 的地方，本雅明从 1933 年一直待到 1940 年德国入侵，他对于巴黎的迷恋在其有关城市研究的《拱廊计划》（The Arcades Project）中一览无遗。虽然这项耗费本雅明毕生精力的作品最终未能完成，留下的只是接近一千多页的片断性文字，然而，透过这些片断性文字，人们不仅看到了城市经验那些具体真实的印象，还品味到了有关城市空间和现代性的分析。

在《拱廊计划》中，本雅明对奥斯曼的巴黎街道改造产生了极大的兴趣。事实上，巴黎改建中最能体现奥斯曼破坏艺术家风格的正是他对街道改建的理念和做法。利用重新设计市政厅项目的机会，奥斯曼在

---

① Burton, Richard D. E. *The Flâneur and His City*: *Patterns of Daily Life in Paris* 1815 – 1851. Durham: University of Durham Press, 1994, p. 17.

② Scholem, Gershom. *Walter Benjamin*: *The Story of a Friendship*. Trans. Harry Zohn. New York: Schocken Books, 1981, p. 130.

③ 本雅明的《拱廊计划》的目的在于解释 19 世纪巴黎的历史。《拱廊计划》是一项未能完成的工程，留下的只是一些片断性的文字。1927—1940 年，本雅明围绕该计划收集了大量的资料，但是最终未能成书。这份手稿得以保存下来要归功于乔治·巴塔耶。1940 年德国占领巴黎，本雅明在出逃之前，把手稿交给了时任法国国家图书馆馆员的巴塔耶，后者将之藏在国家图书馆。1982 年，这份手稿由罗尔夫·蒂德曼编辑出版。

巴黎市政厅旁边建了一些营房——拿破仑营房，这样，利用新的里沃利街，就可以轻松地将军队和大炮派遣至巴士底广场与圣安东尼近郊。此外，奥斯曼还在工人们经常经过的水塔广场部署了新营房。对此，本雅明认为"奥斯曼工作的真实目的是想保证巴黎城免于内战"①。对极为看重城市建设实用性的奥斯曼而言，具有足够宽度的林荫大道不仅从视觉上美化了巴黎城的面貌，从功能上增强了巴黎城的服务职能，还在政治上为巴黎城提供了一种针对革命暴动的安全防范机制，具有一定的战略实用性。新建的林荫大道虽然无法摧毁巴黎工人阶级的激进思想，但却可以清除他们使用街垒进行武装暴动的传统，解决在最短时间内调遣守卫部队快速集结并长驱直入镇压武装叛乱的问题。奥斯曼的林荫大道完全抹去了老巴黎的痕迹，构成了一个崭新的城市空间。左拉（Emile Zola，1840—1902）在其小说《巴黎的肚子》（*Le Ventre De Paris*）中，描写主人公弗洛朗（Florent Quenu）回到了朝思暮想的巴黎，回到他从小长大的街区时，面对的却是"一条他不认识的大街"，而他自己也不知道"身置何处"②。

　　通过纵横交错的林荫大道，奥斯曼成功地将巴黎市中心变成分散且易于控制的单独区域，从而将资产阶级城市权力控制的美学展露于众目睽睽之下。在本雅明看来，奥斯曼改建所展示的资产阶级权力控制美学"把城市同与城市紧密联系着的巴黎人异化开来。人们在城市中不再有家园感。他们开始意识到这个大城市不人道的一面"③。奥斯曼曾经在一次讲话中表达了他对漂泊不定的城市居民的痛恨，这种痛

---

　　① Benjamin, Walter. *Charles Baudelaire: A Lyric Poet in the Era of High Capitalism*. Trans. Harry Zohn. London: Verso, 1983, p. 174. 翻译参考或选自张旭东及刘北成先生的两个译本：［德］瓦尔特·本雅明：《巴黎，十九世纪的首都》，刘北成译，上海人民出版社 2006 年版；［德］瓦尔特·本雅明：《发达资本主义时代的抒情诗人》，张旭东、魏文生译，生活·读书·新知三联书店 2007 年版（修订译本）。此外，引文翻译也参考了"波德莱尔篇"经修订后并附之以注释的版本，这些版本出现在英文版《本雅明选集》（*Selected Writings*）第三卷和第四卷以及英文版《拱廊计划》（*Arcades Project*）之中。

　　② ［法］左拉：《巴黎的肚子》，金铿然、骆雪涓译，文化艺术出版社 1991 年版，第6—8 页。

　　③ Benjamin, Walter. *Charles Baudelaire: A Lyric Poet in the Era of High Capitalism*. Trans. Harry Zohn. London: Verso, 1983, p. 174.

恨在他所主导的巴黎改造中一览无遗，拆除居民区成为巴黎改造的开端，剥夺工人阶级在巴黎中心地带的活动空间成为奥斯曼巴黎改造的一个重要环节。

经历了城市更新后的巴黎成为资产阶级独享的乐园，或者说，成为他们炫耀新近取得的财富、身份和权势的最佳舞台。在这个不断推陈出新的室外舞台上，生机勃勃的巴黎城和风华正茂的资产阶级成为人们关注的对象，这种关注不仅仅体现在摄影中，也体现在文学里。1839年，路易·达盖尔（Louis-Jacques-Mande Daguerre，1789—1851）发明了达盖尔银版照相法，此后的数十年，这一技术被广泛应用到对巴黎城现象的发掘中，它忠实地记录下了变化中的街道、建筑以及形形色色的巴黎人。然而，对于探求巴黎新生活的深层次内容，游荡者——走上街头东游西逛的资产阶级成员——才是"整个巴黎仅有的、真正的权威"①。梅尔西埃的《巴黎的景象》是较早对游荡者进行描述的作品，在这部多卷本小说中有一卷名为"游荡者"，该卷将巴黎人生活的方方面面都放置到一个以游览和体验为目的的游荡者的视野之内，或者说，借助游荡者这个人物的视角，巴黎人生活的全景被尽收眼底。事实上，梅尔西埃本人也正是这样一位步行在巴黎的游荡者，他利用对比的手法，将观察到的形形色色、反差强烈的生活主题写成了别样的巴黎纪事。当然，梅尔西埃在此书中最为精彩的地方，在于他不仅将眼光投向了通常文学描写所忽略的领域，还对这样的领域进行了细致入微的描写。从熙熙攘攘的市场到声色犬马之地，从街头艺人到交际明星，他的描写不是洋洋洒洒的长篇大论，而是新鲜活泼的短小篇章，这些精悍的短文如同众多小型的图景构成了有关巴黎生活的画卷。对此，本雅明称之为全景文学（panoramic literature），与全景画（panorama）一样，全景文学不仅极具逼真效果，也包含着丰富的信息。如果说，"全景画的乐趣在于观看到了一个真实的城市——室内的城市"②，那么，全景文学的乐趣就在

---

① ［英］科林·琼斯：《巴黎城市史》，董小川译，东北师范大学出版社2008年版，第210页。

② Benjamin, Walter. *The Arcades Project*. Trans. Howard S. Eiland and Kevin McLaughlin. Cambridge, MA: Harvard University Press, 1999, p. 532 (Q2a. 7).

于观看到了一个立体的城市——速写中的城市。全景文学与全景画在18 世纪末到 19 世纪初期成了时尚之物，在其中，城市成为可观看的风景。

全景文学的作家们对各种类型的人物及其感官经验极感兴趣，同时，这些作家们也具有非凡的观察能力，或者说，他们对全景式的观察也谙熟于心。那么，什么是全景式的观察呢？

在此，不妨借助福柯的全景敞视监狱（panopticon）进行某种解释。由 18 世纪英国哲学家边沁（Jeremy Bentham，1748—1832）所发明的环形监狱在 19 世纪获得了普及，环形监狱利用其中央高高的瞭望塔顶去监视下面所有单元格子房里的犯人，这是利用视觉所获得的极为有效的权力监控。这种现代监控机制借助一个匿名的、不甚确定的守卫将一大片人都置于自己的视线之内，这样的观看方式，在某种程度上，正是一种全景式的观察。如果说，福柯是从规训技术的角度去描述观看的方式，那么，本雅明则是从美学研究的角度去看待这个问题，在他这里，全景式的观察"不仅意味着观看一切，也意味着以所有的方式观看"①。由此，借助一个匿名游荡者的眼光去观看周遭的一切，这是早先的梅尔西埃曾经使用过的方法，是其后的生理学家所钟爱的手段，是巴尔扎克所熟悉的技巧，也是本雅明津津乐道的手法。

作为全景式观察最佳实践人的游荡者，成为 18 世纪末到 19 世纪初巴黎文化的一个典型形象。这样一个大城市的观察者，他走遍大街小巷，寻求并观看着巴黎城市中的新景象。但是，本雅明认为，在奥斯曼改造巴黎之前，游荡者并不能随心所欲地在这个城市的街道上到处游逛，因为在那时，"宽敞的人行道很少，狭窄的街道无法提供躲避车辆的安全保障。如果没有拱廊街，游荡就不可能显得那么重要"②。

拱廊街——作为巴黎改建前游荡者重要的活动场所——其最早模型可以追溯到 18 世纪 80 年代路易·菲利普之父名扬巴黎的王宫（The

---

① Benjamin, Walter. *The Arcades Project*. Trans. Howard S. Eiland and Kevin McLaughlin. Cambridge, MA：Harvard University Press, 1999, p. 531（Q2. 8）.

② Benjamin, Walter. *Charles Baudelaire：A Lyric Poet in the Era of High Capitalism*. Trans. Harry Zohn. London：Verso, 1983, p. 36.

Palais Royal）。这位被路易十六戏称为"店主"的奥尔良公爵曾经将他在巴黎的王宫开发成为一个大型商场，里面不仅有高档的商品店、咖啡店，还有剧院、马戏场等娱乐场所。奥尔良公爵将这座著名的王宫对外开放，"使之成为一个集商品经营、社会交往和休闲娱乐为一体的大型场所"①。

18 世纪末至 19 世纪初，巴黎出现了第一批拱廊街，这在时间上与"全景画发展的高峰"②极为一致。作为艺术新形式的全景画离不开各种技术创新，同样，作为建筑学新形式的拱廊，它们的出现首先也应该归功于各种新式的发明——新的技术手段和以钢铁、玻璃为主的新的建筑材料。由此，从建筑角度来看，这些现代化风格的拱廊完全不同于充斥着古典风格的奥尔良公爵王宫。在《拱廊计划》的提纲中，本雅明曾经借用一份巴黎导游图对此进行了描述：

> 这些拱廊街是工业奢侈品的最新发明，它们用玻璃作房顶，大理石铺地面，是穿越一片片建筑群的通道。它们是拱廊的拥有者联合投资经营的。通道的光线来自玻璃屋顶，通道的两侧则排列着极其高雅豪华的商铺。所以，这样的拱廊堪称一座城市，更确切地说，是一个微型世界。③

这条充斥着豪华店铺的通道为公众敞开，却与城市的其他部分隔离开来，俨然是一座城中之城。同时，作为百货商店的先驱，拱廊街的出现也满足了对新的商业交易场所的需求。这个新的公共空间不仅可以避免流动的车辆和恶劣的气候，还为正在蓬勃发展的奢侈品工业找到了合适的室内卖场。在其中，商品、时尚、建筑艺术、室内装饰等现代社会

---

① ［英］科林·琼斯：《巴黎城市史》，董小川译，东北师范大学出版社 2008 年版，第 217 页。

② Benjamin, Walter. *Charles Baudelaire : A Lyric Poet in the Era of High Capitalism* . Trans. Harry Zohn. London：Verso, 1983, p. 161.

③ Ibid. , p. 158.

元素令人乐而忘返，成为城市中人们欲望最生动的展现。① 在这个意义上，作为一种商业街区建筑的拱廊构成了19世纪巴黎全新的现代社会图景。

在巴黎出现的第一批拱廊街中，最为有名的是1800年的全景拱廊街（The Passage des Panoramas），作为一处为顾客提供购物和娱乐的商业消费场所，它里面的商品和休闲几乎应有尽有，只是价格较为昂贵。19世纪20—30年代，拱廊街建筑进入了全盛时期，成为购物的天堂和巴黎城市活力的象征，并开始向诸如伦敦之类的其他大城市渗透。1820—1845年，巴黎右岸一共修建了34条拱廊街，在这些拱廊街中，最有名的是1823年的维维恩娜拱廊街（The Galerie Vivienne），它位于当时商业繁荣的中心地带。

在这些19世纪最为现代、最为时髦的建筑内部，游荡者——这位东游西逛的资产阶级成员——成为其中的常客，他需要在这里放纵自己标新立异、游手好闲的欲望。本雅明发现，游荡者常常在拱廊街以特殊的步伐配合乌龟散步，四处寻找着可以称为现代性的那种东西，寻找现存物质中的"新奇"。

在拱廊街，在这个游荡者思考、幻想和体验现代性的最佳场所，在这个承载着资产阶级室内家园记忆的地方，在这个城市中最为温暖人心的地方，在这个最为符合路易·菲利普所推崇的中产阶级社会价值观的地方，具有购买力的资产阶级和上层人士的各种需求得到了最大限度的满足，而不可预料和不受欢迎的成分却被过滤得干干净净——无论是自然界的暴风雨还是社会上的穷苦人。1860年，当巴黎最后一家拱廊购物中心"王子拱廊街"（The Passage des Princes）落成时，拱廊街的命运已如明日黄花、时日无多。19世纪70年代，巴黎拱廊的功能越来越弱，人们不再怎么建造拱廊街。然而到了20世纪20年代，拱廊受到了超现实主义者的膜拜，对超现实主义者而言，拱廊街把城市变成了迷

---

① 在本雅明看来，拱廊街是一个供城市居民特定阶层活动的范围和现代人体验空间的场所，浓缩了19世纪人们的欲望，如果过去和现在一脉相通，那么研究19世纪的拱廊街也可以捕捉到将来的影子，或者说，利用拱廊街这一早期资本主义的遗迹去开启一个新的观察视角。

宫。20 世纪 50 年代，情景主义者也极为青睐拱廊街，他们梦想着巴黎能成为一个愉悦和恬静的乌托邦式城市。

那么，拱廊街——这个阿拉贡所怀恋的地方——究竟是如何走向衰落的呢？琼斯曾经直言，"拱廊的衰落在很大程度上与奥斯曼有关"①。对此，本雅明似乎也颇为认同，在他看来，正是在奥斯曼大刀阔斧的巴黎改建中，拱廊街——这片游荡者的乐土，这个现代大商场的前身，这个原本充斥着各种昂贵商品的时尚圣地，这座由资产阶级建造代表着技术进步的里程碑——在转瞬即逝之中就沦落为陈旧之物，成为"濒临灭绝的纪念碑"②。空间上的非正义和大城市的非人性让巴黎城区失去了特有的面貌，无论是力图撼动社会根基的无产阶级，还是没有稳固经济地位的资产阶级边缘人，都感受到了巴黎城的异化。在本雅明那里，日常的生活经验总是蕴含着更为广泛的意义，每日不断变换的日常生活才真正记录了历史形成的痕迹，由此，探秘一个城市的历史就是深入城市的日常生活，就是以闲逛的方式去观察一连串永不停歇的城市活动，从中找到秘密的真相。本雅明对巴黎城中资产阶级的边缘人游荡者的浓厚兴趣或许就产生于这种意识。在《游荡者归来》中，本雅明曾如此断言："游荡者，是巴黎的创造物。"③ 游荡者曾经在巴黎改造前的拱廊街配合乌龟节奏散步，也曾在巴黎改造后的林荫大道上消磨时间，他们是商品社会生产出来的边缘人，是现代生活微不足道的小人物，同时，他们也具有相似的生活态度，"每个人都或多或少地反抗着社会，面对着飘忽不定的未来。在适当的时候，他能够与那些正在撼动这个社会根基的人产生共鸣"④。

---

① ［英］科林·琼斯：《巴黎城市史》，董小川译，东北师范大学出版社 2008 年版，第 219 页。

② Benjamin, Walter. *The Arcades Project*. Trans. Howard Eiland and Kevin McLaughlin. Cambridge, MA: Harvard University Press, 1999, p. 833（D°，4）.

③ Benjamin, Walter. "The Return of the Flâneur." *Selected Writings*. Volume 2, Part 1. 1927 - 1930. Eds. Michael W. Jennings, Howard Eiland, and Gary Smith. Cambridge, MA: Harvard University Press, 1999, p. 263.

④ Benjamin, Walter. *Charles Baudelaire : A Lyric Poet in the Era of High Capitalism*. Trans. Harry Zohn. London: Verso, 1983, p. 48.

　　游荡者酷爱喧嚣纷乱的大都市，而巴黎城更是他们百看不厌、享乐其中的最佳场所。在巴黎城走向现代化的过程中，资产阶级是发起者、决策者、实施者，也是亲历者，作为资产阶级的一员，游荡者的身上铭刻着资产阶级所特有的对拱廊的迷恋。在这个意义上，奥斯曼改造后的现代梦幻巴黎又引发了倍感厌倦的文人们浓厚的怀旧意识。或许，奥斯曼的现代性在某种程度上只是一个神话，它建立在破坏和摧毁之上。对此，巴黎的街道就是对这一神话的展示，改建前的巴黎老城虽然街道狭窄，但是却有鲜明的地方色彩和意象特征，纵横交错的旧街道在某种程度上总是具备与人类相同的特质，它或者声名狼藉，或者闻名遐迩；或者饱经沧桑，或者少不更事；或者面目狰狞，或者温情脉脉；或者庸俗不堪，或者气度不凡；它的容貌总是处于消失与变动之中，它的存在总是让绝望和希望并存；它会神奇地隐藏自己的踪迹，让你陷入山穷水尽的绝境，也会慷慨地提供阿里阿德涅线，帮你获得逃脱"弥诺陶洛斯"① 的转机。巴黎的旧街道，曾经以它的千变万化给人们留下难以磨灭的印象，让人们产生一种历史纵深感的联想，这不正如北京的胡同和上海的里弄吗？

　　由此，城市作为人类居住、活动和观望的空间，其规划和改建应该适合人的感受特征，讲究人性成长和人际互动，而不应该仅仅讲求单纯的工程性和技术性。城市改建中营造的任何新环境如果超越了人的生理和心理界限，就会让人感到疏离和压抑。柯布西耶（Le Corbusier，1887—1965）在他的《明日之城市》（*Cities of Tomorrow*）中也曾经感慨："人们一走出家门，毫无过渡，即身临死亡地带：四周无数的汽车风驰电掣"②。同样，美国社会学家雅各布斯（Jane Jacobs，1916—2006）在 1961 年的《美国大城市的生与死》（*The Death and Life of Great American Cities*）中也曾指出，在美国现代化运动的城市建设过程中，很多具有人文气息的街区被破坏掉了，这也意味着游荡者丧失了

---

　　① 参阅上官燕《游荡者，城市与现代性：理解本雅明》，北京大学出版社 2014 年版，第 169 页。弥诺陶洛斯（Minotaur），牛头人身怪物，被弥诺斯王之孙紧闭在克里特岛的迷宫里，每年要吃雅典送来的童男、童女各七个，后被雅典王忒修斯（Theseus）杀死。
　　② ［法］柯布西耶：《明日之城市》，李浩译，中国建筑工业出版社 2000 年版，第 XI 页。

他安全的活动范围。不断翻修和加宽的街道对游荡者来说弊大于利，因为对他们而言，宽阔的道路系统并非友善的信号，它更多是为汽车考虑，汽车方便了人们空间上的移动，但却没有增加人们亲密交往的机会。在雅各布斯看来，现代主义者对城市所进行的创造性破坏是对城市机制的破坏，是对人们各种舒适和心愿的漠视。对此，戴安科表示："通过培养对非正义的空间敏感性，以及打造抵制非正义的空间文化，空间正义概念或许可以成为动员话语。"① 在这个意义上，当我们再次回首奥斯曼的规划和改造时，不难发现，本雅明的《拱廊计划》似乎就是对这一段历史的反思。奥斯曼的巴黎改造虽然成功地增强了城市服务性的功能，但却剥夺了工人阶级的居住场所和一些城市居民自由活动的空间。在林荫大道遍布的新巴黎，城市的秘密空间已经悄然逝去，当现代化后的巴黎城被秩序和商品统治之后，城市边缘人群随即消逝在理性化和商品化的浪潮之中。如果把奥斯曼的巴黎视为资产阶级的纪念碑，那么，"随着市场经济的动荡，在资产阶级的纪念碑倒塌之前，我们就开始意识到这些纪念碑已是一片废墟"②。

第三节　哈维：空间不平等与资本的逻辑

不同于本雅明着迷于巴黎城市化过程中居民的空间体验，哈维感兴趣的是"城市化与剩余价值的流通"③。虽然巴黎重建在开始实施之前已经按照拿破仑三世的初步想法确定了总体原则，但是在执行过程中，奥斯曼对许多项目进行了灵活处理，这些对项目的增加或改变或舍弃往往离不开空间的生产以及对空间的支配、占有和剥夺。哈维将奥斯曼的巴黎改建称为"创造性的破坏"，即"破坏虚幻的个性化的世界"，这对于理解巴黎改建所标志的现代性极为重要，在哈维看来，这种创造性

---

① Dikeç, Mustafa. "Justice and the Spatial Imagination." *Environment and Planning A*, 33 (2001): p. 1791.

② Benjamin, Walter. *Charles Baudelaire: A Lyric Poet in the Era of High Capitalism.* Trans. Harry Zohn. London: Verso, 1983, p. 176.

③ Harvey, David, *Social Justice and the City.* Oxford: Basil Blackwell, 1988, p. 312.

破坏恰恰"起源于面对实施现代主义规划时的各种实际困境",在某种程度上,奥斯曼类似歌德的浮士德,破坏一切旧有陈规,破坏老巴黎,就是为了"从旧的废墟中建立一个英勇的新世界"①。

根据哈维在《巴黎,现代性之都》(*Paris,Capital of Modernity*)中的记载,在路易·菲利普统治时期,"资产阶级已经开始针对都市更新进行讨论,并且也零星进行了一些工程,但巴黎早已拥挤不堪"②。如果说哈维发现了此时的巴黎城将在小范围内经历一场旧貌换新颜的变化,那么到了1848年,巴黎城就被置于一个摧毁过去,创造新的面貌的关键时刻。在巴黎,1848年发生的一系列戏剧性政治事件虽然并非刻意策划,却让整个欧洲为之震撼。哈维认为,对于巴黎来说,无论是政坛、文坛还是在规划界,"1848年似乎是个关键时间点,许多新事物于此时从旧事物中孕育"③。这些新生事物一旦萌发,就表现出了一种与旧事物一刀两断的现代主义态度。

这样的现代主义态度,在哈维这里,意味着奥斯曼改建后的巴黎城中"置入了全新的空间概念,那是一种合乎以资本主义(特别是金融的)价值和国家监视为基础的新的社会秩序的概念"④。正是这种对巴黎城市空间改造的政治经济学审视,哈维发现了巴黎改建中资本运作与空间的生成以及资本逻辑与空间的不平等之间的内在关联。

列斐伏尔曾经对空间进行了区分,他把有形的、客观的,能够在图上进行标注的物理空间定义为"感知的空间"(Perceived Space),例如城市的街道和居住的处所;将各种各样关于空间的主观表述视为"构想的空间"(Conceived Space),例如被城市规划者构想出来可以维护现有统治秩序的抽象空间。除此之外,列斐伏尔声称人类还有一种"生活的空间"(Lived Space),例如被艺术家或哲学家虚构出来的象征性

---

① [美]戴维·哈维:《后现代的状况》,阎嘉译,商务印书馆2003年版,第25页。
② [美]大卫·哈维:《巴黎,现代性之都》,黄文煜译,群学出版社2007年版,第115页。
③ 同上书,第2页。
④ [美]戴维·哈维:《正义、自然和差异地理学》,胡大平译,上海人民出版社2010年版,第262页。

空间，它可以被想象力改变或占有，它既有被压迫的特点，也具有反抗压迫的潜能，通过对边缘化空间的再现以及对空间秩序中底层阶级的关注，生活的空间可以成为反空间（Counter-Space）。在《空间的生产》（*The Production of Space*）中，列斐伏尔认为无论是作为个人还是集体，人类既是社会和时间的，也是空间的，或者说，空间、时间和社会对于人类的生存同样重要。马克·戈特迪纳（Mark Gottdiener）曾经对列斐伏尔的空间生产做出过精辟的评论，在他看来，列斐伏尔的空间具有多方面的特质，"表达了多方面的社会物质问题。空间是一个物理位置，一块地产，同时也是一种存在自由和精神表达。空间包括行为的地理场所和参与行为的社会可能性两个方面。……空间在结构层面上具有多重属性"①。

巴黎的空间是资本理想的投资场所，也是资本主义得以发展的重要推动力，具体地说，在巴黎空间的生产、分配和消费中，资本扮演了重要的角色。1852 年，拿破仑三世曾经力图推进工人阶级住房的事业，他划拨款项为巴黎的工人阶级建造了住房，然而巴黎的工人阶级并不喜欢被集中安置。之后不久，政府就几乎完全退出了住房领域，以免影响到私营机构的运转，资本开始进入巴黎改建之中。在哈维看来，围绕权力有两个主导逻辑，其一为主权国家逻辑，权力由国家执行，主要表述为国家权力；其二为资本逻辑，资本需要国家权力保护，资本积累产生的逻辑起点是权力的政治逻辑。这两种权力逻辑往往相互矛盾，彼此对立，同时也相互支持，彼此互补。对于代表国家权力的奥斯曼而言，巴黎城本身可以作为资产来管理，在国家权力的保护下，明智的投资可使巴黎城升值。此外，让足够的资本进入巴黎的改造计划同样是一件浩大的工程，巴黎改造面临的核心挑战是没有足够的资金支持。由此，他极为赞同"生产性支出"的观点，力图用借贷投资来推动法国的经济发展，增加财政收入，正是从这时候开始，巴黎的借贷不再只是偶然行为，而是逐渐成为规则和政府制度。在这个层面上，可以说，奥斯曼的

① ［美］马克·戈特迪纳：《城市空间的社会生产》，任晖译，江苏凤凰教育出版社2014 年版，第 127 页。

破坏艺术不仅仅为普通巴黎人创造出了新的就业渠道，更是为金融资本家的迅速兴起提供了广阔的平台。

首先奥斯曼以国家的名义动员法国的金融系统担此重任，其次他采用了竞争的机制来刺激各种金融组织的投机行为。由此，在整个更新计划中，"巴黎成为由资本流通掌控一切的城市"①。资本的城市化（the urbanization of capital）促使巴黎出现了两种主要的开发与建设类型，少数金融资本家因获得了大量的特权而赢得了丰厚的获利空间，围绕土地投资迅速兴起的金融家们联合起来，将数量可观的金融资本注入了以中产阶级住宅及商业建筑为主的土地开发之上，巴黎的中心与西郊很快被打造成资产阶级富有生气的家园，众多的新建筑成为奥斯曼林荫大道的绝好点缀，富人区和它们的主人显然成了此次改造中最大的受益者，他们最先获得了自来水和煤气供应。被排除到金融资本家圈子之外的小地主们则将资本投向巴黎的边界，即巴黎的北部与东部，从低收入住宅开发中获得了小额利润。

由此，在新巴黎的生产过程中，空间由一个普通的物理场所成了一个特定的商品，或者说，原有的自然空间成为可以增值的商品。通过奥斯曼所制定的特殊规则，资本俨然成为最具有能动性和革命性的力量。凭借这种力量，巴黎改造顺利进入了资本积累的逻辑链条之中。"增值"是资本的根本属性，通过竞争，资本使自身不断增值，它自如地运行于巴黎城市改建的各个环节，一方面生产出大量的城市空间，另一方面造成了空间中贫富分化的加剧。按照自己独特的原则，资本实现了地理空间和社会空间的生产和扩张，重新塑造了新的城市空间，新的城市空间又立即被运用到资本积累的过程。然而，正如资本最终会成为毁灭自身的决定性因素，空间资本化也会遭遇到自身的限制，空间的资本化程度越高，可用来使用的空间就越少。

马克思主义认为，在资本主义社会中，正义是为了维护资本主义生产，因而其制度已经背离了本应代表的社会整体利益，本身即不再存在

---

① ［美］大卫·哈维：《巴黎，现代性之都》，黄文煜译，群学出版社 2007 年版，第 123 页。

任何正义，只有在高度发展的经济基础上消除一切非正义现象，追求全人类的彻底解放，才能实现人类社会的真正正义。非正义体现在社会和空间中，更重要的是，非正义的产生不仅具有社会性，也具有空间性。关注到空间维度的非正义，也正是预示着更有效地了解空间范畴内的空间正义的形成。事实上，对空间的争夺和支配始终是"阶级（以及阶级内部）斗争的一个至关重要的方面"，由此，"影响空间创造的能力成了扩大社会力量的一种重要手段。……谁能影响运输和交通、物质和社会基础设施方面投资在空间上的分布，或者说谁能影响管理、政治和经济力量在地域上的分布，谁就能经常获得物质上的回报"。① 随着巴黎中心地带的工业区开始向外迁移，被拆毁了住宅区的工人阶级和被市中心高昂的房价吓跑的穷人也随之迁移。当资产阶级开始从西区回迁到巴黎城区，重新回归到市中心公共空间的时候，奥斯曼眼中有害的工业和漂泊不定的危险阶级已经从市中心被彻底地驱除干净。根据《巴黎城市史》的记录，巴黎改造影响到了 35 万人的迁移，超过了巴黎人口总数的 20%，郊区的人口增长了一倍，这种人口的变迁被当时批评家们视为"奥斯曼建设项目中对穷人实施的惩罚措施"②。

在 1853 年奥斯曼发布的报告中，有两点引人注目，其一是建设全新的道路，其二是规划巴黎市中心以外的区域。为了从更大的地理空间中获得更为丰厚的回报，奥斯曼开始谋求将巴黎市区的版图扩大，开发新的地块，在他看来，版图面积的扩大可以将更多人纳入巴黎的管辖区域，从而增加纳税的人数，提高城市的收入。

1859—1860 年，奥斯曼致力于兼并巴黎城郊的土地，将更多市郊的土地并入了市区，巴黎在原有的 13 个街区（commune）上又增加了11 个街区。出于财政方面的考虑，奥斯曼决定建设新的主干道，将市中心与周边地区连接起来。为了连接各个区域，奥斯曼修建了桥梁、铁路以及众多从中心地区向四周铺展的道路。然而，这些巨大的花费不仅导致奥斯曼的经济压力迅速增大，也没有给这些外围行政区带来与市中

---

① ［美］戴维·哈维：《后现代的状况》，阎嘉译，商务印书馆 2003 年版，第 291 页。

② ［英］科林·琼斯：《巴黎城市史》，董小川译，东北师范大学出版社 2008 年版，第238 页。

心同等的特权。在巴黎的东北部，1865 年仍然有 40% 的房屋破旧不堪。贫穷的外围区域不仅在一些基础设施如自来水和煤气供应上存在很大的问题，也是各类传染病频频光顾的区域。在此，巴黎被资本的运行明显分割成两座城市，焕然一新的巴黎市中心与破旧不堪的巴黎外城形成了鲜明对比，处于市中心的是富裕资产阶级的奢华天堂，处于市郊的是贫困工人阶级的西伯利亚，是被资本打造出来的边缘空间。虽然奥斯曼改造巴黎的初衷是为了让帝国拥有一个崭新的空间，然而这样的空间必定需要一定的资本去运作。在某种程度上，与其说是奥斯曼按照自己宏伟的设想打造了一个现代之都，毋宁说是资本按照其独特的逻辑建构了一个商业帝国，借助政治权利切割了人类共同体，并最终剥夺了巴黎弱势群体进入城市的权利。在一个按资本原则运行的城市，"投资形式的差异，构成了真正的都市分区的边界"①。

　　由此，奥斯曼不可能完全如他所预期的那样征服巴黎的城市生活，而巴黎的工人阶级也懂得追求正义的权利不是期待一种恩赐，而是通过政治运动争取。处于不平等、不公正地理空间的工人阶级要求取得更多的社会权力和城市资源，这引发了夺回各种城市权利的斗争。列斐伏尔曾经表明："城市权利不废除对抗，不废除斗争。"②哈维和列斐伏尔在对城市权利方面的看法大多是一致的，两者分歧在于"哈维极为看重资本积累等社会力量的决定性作用，而列斐伏尔则坚持社会因果关系和空间因果关系之间的辩证的平衡"③。但是哈维承认："尽管列斐伏尔或许有些夸大，我认为值得回顾他的论断，即资本主义得以在 20 世纪生存下来，依靠的是一种而且是唯一的一种方式——占领空间、生产空间。"④ 对此，索亚表示赞同，在他看来，"资本主义得以生存根本上是依赖制造空间（主要是城市空间）的观点，是著名学者对社会空间性

---

　　① ［美］大卫·哈维：《巴黎，现代性之都》，黄文煜译，群学出版社 2007 年版，第Ⅲ页。

　　② Lefebvre, Henri. *Writings on Cities*. Trans. & Ed. Eleonore Kofman and Elizabeth Lebas. Oxford：Blackwell, 1996, p. 195.

　　③ Soja, Edward W., *Seeking Spatial Justice*. Minneapolis：University of Minnesota Press, 2010, pp. 100 – 101.

　　④ Harvey, David. *Spaces of Hope*. Berkeley：University of California Press, 2000, p. 31.

的意义何在所做的一个最强有力的论断"①。由此,他指出,"工业资本主义城市不仅是一台产生不平等和不公平的机器,也是一个产生危机的导火索"②。

1871 年在与法国政府军对抗中,巴黎公社将街垒修建得"比以往更牢固、更安全"③。来自巴黎外环区域的公社社员将汽油弹投向波拿巴政府曾经引以为自豪的林荫大道以及各种新建筑,帝国的权力象征杜勒里宫在大火中熊熊燃烧,这场"被驱逐的报复"④让整个市中心笼罩在浓烟之中。空间不平等所引发的一系列冲突在巴黎工人阶级摧毁旺多姆广场的凯旋柱行为中达到顶峰。5 月 16 日法国政府军已经兵临城下,占领了巴黎的工人阶级把保卫巴黎的工作暂时搁置起来,他们在雄壮的马赛曲中举行了庄严的拆毁凯旋柱的仪式。在他们看来,这根代表着拿破仑一世赫赫战功的纪念柱令人憎恨,因为它早已成了"城市空间组织的象征,借由奥斯曼所建的林荫大道,把工人阶级驱离市中心"⑤,拆毁它意味着公社成员重新占领了被驱逐的空间。正如马克思所言,在平等权利之间,暴力说了算。在巴黎公社失败后,法兰西第三共和国在1875 年重建了凯旋柱,以此昭示着城市空间权再次回归资产阶级。

在资本主义制度下的城市进程中,空间上不公平的再分配往往有利于富人和政治上有权势的人,正常的城市运作所导致的结果就是富人越富,穷人越穷,这种不公平的分配根源于生产的资本主义社会关系中,根植于资本主义阶段所建构的地理环境里,固有的非正义进程必然导致非正义的结果。资本的流通和分配所导致的空间的不平等"一直以牺牲穷人的方式来使富人获利",奥斯曼所创作出的新巴黎,就其本性而

---

① Soja, Edward W. , *Seeking Spatial Justice*. Minneapolis:University of Minnesota Press, 2010, p. 98.

② Ibid. , p. 89.

③ Benjamin, Walter. *Charles Baudelaire:A Lyric Poet in the Era of High Capitalism*. Trans. Harry Zohn. London:Verso, 1983, p. 175.

④ [英]科林·琼斯:《巴黎城市史》,董小川译,东北师范大学出版社 2008 年版,第243 页。

⑤ [美]戴维·哈维:《正义、自然和差异地理学》,胡大平译,上海人民出版社 2010年版,第 262 页。

言，是一个"产生不平等的机器"，它为"不公平累积的加重创造了一个肥沃的土壤"。① 或许，正是因此，在《城市化的权利》一文中，哈维提出："我们必须在不同的权利秩序和不同的政治经济实践的基础上想象并建设一个更具包容性的城市，即使这一任务会困难重重。如果说，我们的城市是通过想象和建设成的，那么它就可以重新被想象和建设。城市权不可剥夺，也值得为之战斗。"②

第四节　索亚：空间非正义与社会控制

同哈维一样，索亚也注意到了巴黎城市改造所造成的市中心与巴黎郊区之间的紧张关系，并进一步考察了巴黎郊区的地理历史（geo-history），具体而言，即奥斯曼巴黎改造以来郊区因地理空间因素而经历的空间非正义以及社会控制的历史。在索亚看来，"正义"作为一个理论概念，更多地与地理学有关，由此，无论以何种方式去定义"正义"这一概念，都无法忽略其与地理之间千丝万缕的联系。或者说，在某种程度上，"正义"是一个空间表达，而空间性（spatiality）与地理（geography）没有太大区别。相比哈维，索亚更关注郊区居民如何争取居住空间权利。

"郊区"（suburb）一词在英美语境中意味着"有草覆盖的休养地、独立或半独立式的住所"③。在刘易斯·芒福德（Lewis Mumford，1895—1990）看来，郊区并非是新近才出现的现象，其历史与城市一样出现得很早，而且在某种程度上，能提供临时隐退、休养和耕作环境的郊区正是古代城市得以生存下来的原因。早在 14 世纪，薄伽丘（Giovanni Boccaccio，1313—1375）在《十日谈》（*Decameron* ）中就用

---

① Soja, Edward W.：《后大都市——城市和区域的批判性研究》，李钧等译，上海教育出版社 2006 年版，第 135 页。

② Harvey, David. "The Right to the City." *International Journal of Urban and Regional Research* 27, 4 (2003): p. 941.

③ [英] 科林·琼斯：《巴黎城市史》，董小川译，东北师范大学出版社 2008 年版，第 265 页。

大量的笔墨描写了佛罗伦萨，这座意大利最美丽的城市因为瘟疫的侵蚀几乎变成了一座空城，而郊外的别墅成了最后的乐园。

事实上，在工业城市逐渐形成之时，大多数城市的郊区就以其优越的居住环境吸引了城中的资产阶级。18 世纪对自然的崇拜，19 世纪"回到自然"的浪漫主义倾向，为城中的资产阶级涌往郊区提供了理论基础。18 世纪的工业革命和农村饥荒所掀起的人口迁移热潮不仅导致城市人口剧增，也造成城市居民的居住状况每况愈下，这一切让资产阶级涌往郊区的要求更为迫切。在 18 世纪后期的英国，当煤炭逐渐成为工业革命的主要燃料时，这个日不落帝国便开始与烟雾相伴，首都伦敦也随之成了"雾都"，当伦敦的市民被烟雾呛得难以忍受的时候，郊区的新鲜空气对富裕阶层的伦敦市民产生了极大的诱惑。从 19 世纪中期开始，英美等国的资产阶级已经倾向于在远离市中心的地带重新定居，在他们看来，市中心污染严重且拥堵不堪，居住环境日益恶劣，拥有足够的财富追求返璞归真的生活、逃离恶劣严峻的环境既是成功的标志，也是专属的特权。郊区的兴起给市民提供了一座避难所，让他们"可以一个个克服文明造成的长期缺陷，同时仍能自由自在地享用城市社会的特权和利益"①。

在法语语境中，"郊区"（banlieue）的意思与英美语境的"郊区"（suburb）略有不同，索亚曾经对"郊区"（banlieue）做过词源上的考察，他认为"郊区"的本义为"禁闭之所"（banned place），该词来源于"禁令"（bann）的古义，在中世纪的时候，新到一个城市的人会在城门口看到一则告示，该告示告诫新来者如何行事才符合城市文明生活。禁令是城市文明的界限标记。到了现代，"郊区"意味着环绕城市外围、靠近城墙的近郊，标志着特定城市文化的边界。② 作为城市的附属，郊区的兴起给城市的空间格局带来了显著的改变，也为城市的规划提供了诸多可能。到了 20 世纪，当郊区涌入越来越多的人群之后，作

---

① ［美］刘易斯·芒福德：《城市发展史：起源、演变和前景》，宋俊岭、倪文彦译，中国建筑工业出版社 2005 年版，第 498 页。

② Soja, Edward W., *Seeking Spatial Justice*. Minneapolis：University of Minnesota Press, 2010，p. 33.

为避难圣地的郊区逐渐变成了一种新型社区，日益减少的绿地和花园，千篇一律的房屋和道路，让郊区成为"一个低级的式样统一的环境"，在单一工业地区，郊区更有可能成为垃圾倾倒地。身处这样的环境，在芒福德看来，"再想往别处逃是不可能的"①。或许，我们所需要的，并不是一个从城市撤退到郊区，或者更远处去的逃避计划，我们需要的是如何在我们生活的城市中心，用一种新的规划理念和方法安排和分配大量的城市人口。

在法国，按照《巴黎城市史》的记载，"到19世纪30年代，居住在巴黎城墙以内的居民一半以上是外来人口。……各种各样的劳动大军同时也是各种危险阶层"②。到了19世纪40年代，城市产业工人开始出现。在巴黎城市重建中，长期的公共工程雇用了大量的劳动力，有时人数可达城市全部劳动力的1/4，然而随之出现的便是城市产业工人的贫困问题。属于新贵的资产阶级自然不希望与那些被他们划入危险阶层的无产阶级居住在同一个地区。这种社会阶级的区隔最初曾以垂直隔离的方式存在，同一栋房屋，富人住在上层，穷人住在底层。后来，平行隔离的方式被广为采纳，富人在巴黎有自己的活动中心，而穷人则有自己的特定领域。这种现象从18世纪开始一直持续到19世纪。到了19世纪前半期，资产阶级新贵们开始远离城市中心向偏远的西部迁移，而巴黎的东部和中心地区则成了穷人的领域。或许，最能驱使巴黎新贵们从城市中心地带迁出去的原因是他们害怕穷人的不卫生和可能引发的各种流行疾病。

与拿破仑三世一样，奥斯曼倾向于对巴黎进行铁腕统治，因为"巴黎不是一个自治市，它是帝国的首都，整个国家的集体财产，'所有法国人的城市'"③。这种铁腕统治首先就体现在对巴黎空间的改造。

① ［美］刘易斯·芒福德：《城市发展史：起源、演变和前景》，宋俊岭、倪文彦译，中国建筑工业出版社2005年版，第499页。

② ［英］科林·琼斯：《巴黎城市史》，董小川译，东北师范大学出版社2008年版，第213页。

③ Haussmann, Georges-Eugène. *Mémoires du Baron Haussmann*. Vol. 2. Paris：Victor-Harvard，1890，p. 196.

在这个层面上，也可以说，巴黎改造的空间非正义也是政治意志的产物。

城市空间的生产是一个从无到有的过程，也是一个从旧到新的过程，它不仅意味着一个新的空间的生成，也意味着对一个旧有空间的改造。然而，无论是空间的生成还是改造，国家干预和政府规划都起着某种决定性的作用，因为"空间已经成为国家首要的政治工具。国家以这种方式使用空间，以确保其地方的控制、其严格的层级、整体的统一和部分的隔离。它由此而成为一种管理上的控制，甚至成为政治的空间"①。在这个意义上，奥斯曼的巴黎改造恰好是一件体现社会控制和层级权力的完美作品。

彼得·马库塞（Peter Marcuse）曾经区分过权力和权威，在他看来，所谓权力，是让其他人不为自己的利益而为了权力持有者的利益执行命令；而权威则是让其他人执行命令，不为权威持有者的利益，而是为了集体的利益。② 由此可见，与权威相关的规划有望实现正义和民主，而与权力有关的规划则会导致不公正的问题。在奥斯曼时期，作为帝国政权的产物，国家机器完全致力于实施统治者的意愿、满足权力持有者的利益。由此，惠及权力持有者资产阶级的措施对工人阶级而言就是牺牲。在某种程度上，"剥削与空间统治是资本主义积累模式的后果，资本主义生产体系建立的权力社会关系产生和复制了剥削，而资本主义空间逻辑产生并复制了空间统治，这一切进一步加强了对某个群体人口的统治"③。

由此，奥斯曼在巴黎改造中所实施的一系列城市规划措施，包括拆除、搬迁和安置计划，其目的也正是加强对工人阶级这个群体人口的统治。这一计划迫使原本生气勃勃且相对稳定的工人居民区从市中心迁至

---

① Lefebvre, Henri. "Space: Social Product and Use Value." *Critical Sociology: European Perspective*. Ed. J. Freiberg. New York: Irvington Publishers, 1979, p. 288.

② ［美］彼得·马库塞：《从正义规划到共享规划》，载彼得·马库塞等主编《寻找正义之城》，贾荣香译，社会科学文献出版社2016年版，第116页。

③ Dikeç, Mustafa. "Justice and the Spatial Imagination." *Environment and Planning A*, 33 (2001): p. 1792.

巴黎市郊，资产阶级则陆续回迁到市中心。这不仅成功地削弱了城市中心工人阶级的政治势力，瓦解了工人阶级对市中心的控制，而且深刻改变了他们在地理空间上的居住环境和活动范围。

马克思曾经在《资本论》中描述过这种状况："随着财富的增长而实行的城市'改良'是通过下列方法进行的：拆除建筑低劣地区的房屋，建造供银行和百货商店等等用的高楼大厦，为交易往来和豪华马车而加宽街道，修建铁轨马车路等等；这种改良明目张胆地把贫民赶到越来越坏、越来越挤的角落里去。"① 如果说工厂的非正义是剩余价值的占有和剥削，那么城市的非正义就是城市空间的剥夺和控制，不能负担高额房租的工人被赶出巴黎城，失去了在城市中心的居住权利。艾利斯·马瑞恩·扬（Iris Marion Young，1949—2006）在其作品中曾经详细阐述了压迫的概念，在她看来，压迫也就是非正义，可以分为以下几种形式：剥削（exploitation）、边缘化（marginalization）、无权感（powerlessness）、文化帝国主义（cultural imperialism）和暴力（violence）。其中，边缘化作为一种非正义的形式，其表现之一就是生活质量的急剧下降，在巴黎改建中，这主要体现为被赶出巴黎城的工人阶级居住环境的急剧恶化。在各种空间权利中，居住权利往往占据极其重要的位置，与其他权利相比，居住权利具有更多的真实性。作为一种空间生产，住宅的建筑不仅仅是为了满足遮蔽的需求，也是为了满足人的心理需求。正如柯布西埃（Le Corbusier，1887—1965）指出的那样，人类的原始本能就是寻找一个安身之所，而房屋正是人类的必需产品。在某种程度上，居住空间非正义正是资本主义社会的空间常态，而这样的常态的形成归因于资本和权利。

围绕巴黎市郊，新的工人居住和活动社区逐渐形成，郊区成为激进工人阶级的聚集地与居住地，成了革命的"红色地带"。在这个"红色地带"，住房条件恶劣，生活环境不尽如人意，人口日益稠密，1861年，巴黎郊区的人口占巴黎总人口的13%，1901年上升到26%，新增

---

① ［德］马克思、恩格斯：《马克思恩格斯全集》第44卷，人民出版社2001年版，第721—722页。

加的人口多是来自北部和中部的非熟练工人，其中也包括少量的外国移民，以及来自东欧的犹太人。①

在此，巴黎城完成了一次重大的空间转型（spatial transformation），巴黎城市的空间设计成为"社会控制的一件政治工具"②。这种空间设计表面上看是国家为了有效地控制巴黎市中心的工人运动，实际上是为了"改善社会控制的空间系统，尤其是针对城市贫困人群的社会控制系统"③。在巴黎，城市中心与市郊之间形成了诸多的不平衡。巴黎近郊成为一个边缘空间，一个中心地带的他者，一个被规训的空间形式。索亚对边缘空间也有自己的理解，在他看来，资本主义国家一直存在这种"中心—边缘"的二元对立结构。在寻求空间正义的行动路径中，行动的地点往往定位在边缘空间，例如巴黎城的郊区。在《第三空间》一书中，索亚借用黑人女性主义学者贝尔·胡克斯（bell hooks）④ 的说法，阐释了对边缘性问题的看法：

> 边缘性可以作为生产反霸权的重要地点，它绝不仅仅是纸上谈兵，而是一种行为习惯、一种生活方式。这样，我所说的边缘性就不是要丢开、放弃的东西，而是要在其中逗留、坚持使之平衡的地方，因为它增进反抗的能力。……对被压迫、被剥削、被殖民的人民来说，认识到边缘乃反抗之所非常重要。如果我们只是把边缘看做一个符号，看做是对我们的痛苦、贫困、无望和绝望的标示，那么浓厚的虚无主义就会大行其道……我认为，边缘既是镇压之地也

---

① 根据《巴黎城市史》的统计，巴黎的人口统计包括巴黎的中心地区人口和郊区人口，详见《巴黎城市史》，第264—265页。

② ［美］马克·戈特迪纳：《城市空间的社会生产》，任晖译，江苏凤凰教育出版社2014年版，第130页。

③ Soja，Edward W.，*Seeking Spatial Justice*. Minneapolis：University of Minnesota Press，2010，p.34.

④ 贝尔·胡克斯的原名为葛劳瑞亚·晋·沃特金（Gloria Jean Watkins），她以其曾祖母的名字贝尔·布莱尔·胡克斯（Bell Blair Hooks）为笔名，其笔名以小写名字表明了与家族前辈女性的联系，同时表明了自我的不重要。

是反抗之所⋯⋯①

第二次世界大战后巴黎郊区由于缺乏建筑法规的约束，成为各类工厂的青睐之处。与此同时，郊区土地成为富有吸引力的投资，郊区的住房建设也日益加速，房地产业开始蓬勃发展。在这一时期，巴黎外省人以及大量的移民，其中不少是法国原殖民地居民，如潮水般地涌入郊区。在当时，没有一个欧洲城市像巴黎这样吸引了这么多的外国人。随着巴黎工人逐渐富裕，他们通过迁移到从市中心扩展开来的中产阶级住宅区改善了自己的居住条件，近郊逐渐成为外来移民的主要居住场所。

这个变化导致近郊日益成为一个"不稳定的地理，在这里，经济排斥、大众忽视、文化和政治对立的情况日益加剧"②。巴黎城市近郊空间的非正义特征日益明显，它犹如密布的乌云，预示着形成政治反应的可能，或者，更具体地说，预示着这一霜冻地区即将经历一系列动乱。1968 年 5 月，在靠近巴黎市西北部拉德芳斯（La Defense）现代商业区的城郊南泰尔（Nanterre），一场由自发的学生反抗活动掀起的突如其来的动乱开启了法国"五月风暴"，街垒再次现身于规划之后的巴黎大街上。与 1871 年巴黎公社革命不同，这是一场没有流血的事件，或者说，是 20 世纪工人阶级与学生、知识分子联合起来的新型动乱。作为动乱中的危机事件，高高建起的街垒成为一个巨大的隐喻，它唤起了人们对巴黎革命史上街垒的回忆，也表明了动乱者摆脱"奴役的铁笼"③ 的渴望。在 1968 年 5 月的这次事件中，列斐伏尔的城市思想发挥了重要作用，哈维认为："这次事件是第一次通过明确的空间策略，有意识地寻求社会正义的大规模新型动乱。⋯⋯这次动乱不仅是对法国

---

① 参阅 Soja, Edward W. 《第三空间——去往洛杉矶和其他真实和想象地方的旅程》，陆扬等译，上海教育出版社 2005 年版，第 124 页。

② Soja, Edward W., *Seeking Spatial Justice.* Minneapolis：University of Minnesota Press, 2010, p. 34.

③ ［德］英格丽德·吉尔舍 - 霍尔泰：《法国 1968 年 5 月：一场新社会运动的兴衰》，赵文译，载汪民安编《生产》（第 6 辑），广西师范大学出版社 2008 年版，第 105 页。

资本主义主流形式的集体抗议，更是对巴黎地理空间不平等的坚决反击。"①

为了缓和日益恶化的郊区状况，巴黎一直寻求着解决郊区—中心矛盾的运行机制，也采取了一系列城市公共政策。然而，这些城市公共政策却难以实施，因为政策的背后是法国共和模式所推崇的共和价值，这种共和价值"拒绝承认城市中社会经济和空间配置的差异，认为每个人在法兰西法律下都是平等的"②。这样一种典型的同化和融入模式所认同的是个体的公民身份，而不是个体的民族或宗教身份，换言之，它对所有公民一视同仁，保证所有公民在法律面前一律平等，不论出身、种族、宗教信仰。由此，尽管巴黎为郊区居民提供了一些有关城市权力的口头承诺，但是在这样的共和模式之下，处于弱势一方的郊区移民却不可能从城市公共政策中真正获得特殊待遇。列斐伏尔发现："将群体、阶级、个体从'都市'中排出，就是把它们从文明中排出，甚至是从社会中排出。……这种市民的权利（如果人们愿意，也可以这样说：'人'的权利），宣告了以隔离为基础而建立起来的与正在建立的那些中心所不可避免的危机：这些决策的中心、财富的中心、权力的中心、信息的中心、知识的中心，将那些不能分享政治特权的人们赶到了郊区。"③

事实上，因城郊的地理空间因素而造成的贫穷、失业和社会排斥等问题在很多时候是隐形的，这导致公共政策很难立竿见影地解决这些非正义问题，随着时间的推移，巴黎城郊没有表现出社会或经济环境改善的任何迹象，逐渐成为一片"永久性贫民区"④。

在巴黎，由潜藏的空间非正义因素引发的城市危机层出不穷，这或许是巴黎最为独特的风貌。在奥斯曼的巴黎重建中，空间成为"一个

① Soja，Edward W.，*Seeking Spatial Justice*. Minneapolis：University of Minnesota Press，2010，p. 100.

② Ibid.，p. 33.

③ [法] 亨利·勒菲弗：《空间与政治》，李春译，上海人民出版社 2008 年版，第17 页。

④ [美] 简·雅各布斯：《美国大城市的死与生》，金衡山译，译林出版社 2006 年版，第249 页。

消费对象，一件政治工具，一个阶级斗争的因素"①。正是从奥斯曼城市改造开始，城郊成为抵抗力量的发源地，城郊居民作为城市动乱的主力军频繁出场。列斐伏尔将这种空间称为等级化的空间，在《空间的生产》中他把这种不可调和的矛盾称为"社会关系的粗暴浓缩"，而在索亚那里，"空间资本化既是资本主义长盛不衰的动力，也是晚期资本主义的'薄弱'环节，作为弱势群体，那些来自被剥夺空间权益的失地农民、失业工人、学生、被无产阶级化了的小资产阶级、流浪汉就构成新的反抗力量，争夺空间的'控制权'就成为反抗的主要目标"②。当空间非正义使巴黎郊区成为资本主义国家进行社会控制的薄弱环节时，动乱和危机就频频出现了，居住在巴黎郊区的弱势群体成为贯穿19世纪后半叶至20世纪初的武力罢工和军事反抗的主力。从1871年巴黎公社、1968年五月风暴直到2005年移民骚乱——巴黎为城市郊区多年来所遭受的空间非正义付出了沉重代价。

第五节　小结

毋庸置疑，19世纪中期的法国在政治、经济和文化领域都居于世界前列，其城市化的速度也极为迅猛。巴黎正是在19世纪大步迈进了现代化，巴黎的19世纪是一个科学技术高度发达的世纪，是一个商品和资本携手共舞的世纪，然而当我们通过一个批判性的空间视角或者一种批判性的思维③来看待19世纪巴黎的时候，不难发现，巴黎遭遇了城市史上前所未有的破坏和死亡的威胁。作为19世纪巴黎城市规划史上最为瞩目的事件，奥斯曼的巴黎城市改造力图通过诉诸理性让巴黎更加具有效率、秩序和美观，在生产出新的空间秩序的同时，也生产出了

---

① ［美］马克·戈特迪纳：《城市空间的社会生产》，任晖译，江苏凤凰教育出版社2014年版，第127页。

② 高春华：《唱响空间研究的"第四部曲"》，载爱德华·W.苏贾《寻求空间正义》，高春华、强乃社等译，社会科学文献出版社2016年版，第10页。

③ 批判性思维会对既定的认识论产生质疑，并引导人们进一步发现并探讨既定认识论的弱点和缺陷。

相应的社会秩序和价值秩序，奥斯曼的巴黎改建所打造的空间新秩序曾经成为后世众多城市开发主宰者赞颂的典范和模仿的神话，然而，神话背后的矛盾却没有引起充分的重视。

从本雅明、哈维到索亚，他们从马克思主义的角度，从文化、经济和政治等层面发掘出隐藏在这段神话背后的空间非正义，揭示出资本和权力如何利用隐秘的手段从空间掠取更多的利益。正是对空间非正义的关注，三位理论家完成了关于奥斯曼巴黎改造的跨时空对话，他们关于巴黎城市改造的观点既是美学的、政治经济学的，同时也是城市地理学的。在这一场跨时空对话中，他们各自观察到的巴黎城市史不是一篇和谐生动的叙事，而是一场永不停止、矛盾重重的冲突。他们注意到为了追寻大革命宣称的自由，19 世纪的巴黎民众被卷入了无休止的暴乱与反暴乱之中，这个时代面临的暴乱和骚动不仅仅是单纯地以自由、平等和博爱等名义爆发的暴力冲突，更重要的是以正义之名，打着正义旗号发生的极端暴力事件，从 1830 年的大革命到 1848 年革命风暴再到 1870 年的巴黎公社，巴黎街头的街垒、枪火和冲突是政治、经济和文化三种力量碰撞的结果。这样的巴黎曾被年轻的马克思视为"欧洲历史的神经中枢"①，这一神经中枢遭受着持续的创伤并以固定的频率向外传输。

在这个层面上，给 19 世纪的巴黎改建贴上空间非正义的标签极具启发意义，其目的正是提醒人们，不正义的空间必将触发人们永无止境的反规划斗争。当正义作为规划活动的核心标准被引入，不可避免地会挑战权力本身的合法性。由此，权力问题也将是规划者、政府和民众不得不面对的问题。在当今世界，城市发展往往出现这样一个现象：经济竞争力被置于其他目标之上，这一现象使得城市规划活动往往以牺牲其他社会价值为代价，以此将经济增长放置在重要的位置，这样的理念和做法往往给批评者更多的口实证据，在后者看来，"城市规划就是为开

---

① 参阅 Marx, Karl. *Writings of the Young Marx on Philosophy and Society*. Trans. & Ed. Loyd D. Easton and Kurt H. Guddat. New York：Doubleday & Company，1967，pp. 203 - 204。Marx 写给 Arnold Ruge 的信件。

发商的利益服务，以牺牲其他人的利益为代价"①。巴黎所经历的大规模的内城更新与外延扩张的经验和教训对现代城市规划意义重大，对它所经历的"非正义的空间性"以及"空间的非正义性"的解读和分析不仅有利于厘清维系非正义生产的社会和经济关系空间，也有利于更好地应对由非正义性形成的政治反应，由此对城市规划理念和社会和谐发展产生一定的影响。

在某种程度上，巴黎市民的城市生活以及他们曾经面临的问题与中国正面临的问题极为类似，例如大规模的城市空间重组与更新、城市改造与生活质量、城市规划与资本运作、城市发展与社会控制等。此外，可以预料到的是，"区域城市化"正在成为城市发展的新模式，这种模式打破了大城市的边界，生产出诸多的中心。旧有的都市模式中，城市往往会分为市区和郊区，而现在的都市模式则集中发展中心城区的外围地区。此外，伴随着城市发展到成熟阶段，城市群作为一种最高空间组织形式得以出现，城市之间的互动性网状发展也日益受到人们的青睐，这种城市群的发展兼具全球性和地区性的特点。就全球而言，国际上有以纽约为中心的美国东北部大西洋沿岸城市群；以芝加哥为中心的北美五大湖城市群；以东京为中心的日本太平洋沿岸城市群；以伦敦为中心的英伦城市群；以巴黎为中心的欧洲西北部城市群；以上海为中心的中国长江三角洲城市群。就中国来说，根据《2016 年中国城市群发展指数报告》，中国已经拥有了长三角、珠三角、京津冀、山东半岛、中原经济区、成渝经济区、武汉城市圈、环长株潭、环鄱阳湖九个城市群，尽管各城市群的人口、经济和交通增长迅速，但是与之相伴的人口爆炸、资源短缺和交通拥堵的城市问题也日趋严重。②

由此，城市权已经成为对于整体城市的权利，成为对城市群网络中各种区域资源的权利，对于城市权利的争取已经不再局限于传统的市区—郊区的城市边界。索亚曾经论及的"区域城市化"以及目前的城

---

① ［美］苏珊·S. 费恩斯坦：《规划与正义之城》，载彼得·马库塞等主编《寻找正义之城》，贾荣香译，社会科学文献出版社 2016 年版，第 24 页。

② 参阅高春华《唱响空间研究的"第四部曲"》，爱德华·W. 苏贾：《寻求空间正义》，高春华、强乃社等译，社会科学文献出版社 2016 年版，第 13 页。

市群建设将逐渐消除市区和郊区的界限，模糊城市与农村的概念，但是与区域城市化以及城市群建设相伴的空间利益不平等以及空间非正义问题值得密切关注。正如索亚指出的那样，"寻求空间正义并不意味着用这一说法去替代寻求社会正义、寻求经济正义或者寻求环境正义，它意在将这些概念扩展开来以此进入新的理解和政治实践领域"①。

哈维曾言："一个特定的空间形式一旦被创造，它就倾向于制度化，而且在某些方面会决定社会进程的未来发展。由此，我们首先需要形成概念，这些概念能让我们协调和综合各种策略去应对社会进程的错综复杂以及空间形式的各种要素。"② 在当前错综复杂的社会体系中，"正义是社会制度的首要价值"③，空间正义则越来越明显地表现为现代城市规划原则的首要价值。由此，对正义城市的思考以及对空间正义的讨论不仅有利于评估城市规划政策，也有利于评估城市规划实践。针对城市规划所创造的空间，将城市都市化的进程和寻求空间正义的诉求结合了起来，这不仅对探讨批判性空间视野的阐释能力以及空间正义理论的发展极为重要，也对中国目前正在进行的大规模城市化改造具有独特的意义。

---

① Soja, Edward W., *Seeking Spatial Justice*. Minneapolis：University of Minnesota Press, 2010, p. 5. 寻求空间正义并不是去鼓动起义或结盟，而是通过批判性的空间视角去解读曾经发生的事件，以促使人们对已经发生的事件有更敏锐的领悟。由此，对巴黎改建的回顾和分析有利于更深层次地探讨如何寻求空间正义。

② Harvey, David. *Social Justice and the City*. Oxford：Basil Blackwell, 1988, p. 27.

③ [美] 约翰·罗尔斯：《正义论》，何怀宏等译，中国社会科学出版社 1998 年版，第 3 页。

第二章　空间政治正义与城市规划

20世纪马克思主义人文地理学家大卫·哈维在空间正义这一概念的发展中有着举足轻重的地位，哈维在拓展传统马克思主义政治学批判的过程中，在现代大都市的政治经济学分析中，找到了自己的全新战场。哈维发现，对城市空间的生产、占有和消费，既成为当代资本主义提升利润，并进行生产关系再生产的主要场域，又成为劳动大众抵抗资本主义剥削和压迫，维护社会公义的全新战场。因此，哈维提出了城市正义（city justice）概念。[①] 爱德华·索亚在哈维的基础上，利用福柯的异托邦（Heterotopia）学说，将空间的标记、生产、争夺和利用的过程，看作异质力量反对权力宰制的重要手段，由此对空间正义（spatial justice）概念的深化做出了里程碑式的贡献。[②]

值得注意之处在于，无论是城市正义，还是空间正义概念，都指出了当代批判理论家对"空间正义"以及类似概念的把握方式，是极端政治性的。换句话说，"空间正义"的本质，在提出这一概念的理论家们眼里，就是空间政治正义。因此，有没有必要提出空间政治正义这一概念，并把其作为"空间正义"概念的从属概念，便是我们一开始必

[①] Harvey, David. *Social Justice and the City*. Oxford：Basil Blackwell，1988. 还可参阅哈维的如下论文：Harvey, David. "Social Justice, Postmodernism and the City."*International Journal of Urban and Regional Research* 16. 4（1992）：588 – 601；Harvey, David. "The Right to the City."*International Journal of Urban and Regional Research* 27. 4（2003）：pp. 939 – 941。

[②] 参阅 Soja, Edward W. *Seeking Spatial Justice*. Minneapolis：University of Minnesota Press，2010。

须思考的问题。为了完善地回答这个问题，我们首先必须谈到一个问题，即"正义"这一概念究竟有何含义，它与"空间"这一概念究竟是何关系。

显然，从词典中，我们可以很轻易地查到汉语"正义"，或者英语"justice"的各种义项。但是，上述义项并不能让我们完全把握这一概念的原初意义，以及其在人类漫长历史中随着文化和社会语境改变而产生的各种歧义。但是，如果我们稍加列举几个古代文明中的例子，我们就会发现，正义概念在人类各大文明起源中，与空间有着密不可分的关系。

在古希腊语中，正义实际可以指两个词，一个词叫做 Κριτη，是现代英语中 critic 的词源；另外一个词叫做 Δίκη，翻译成现代英语就是 justice。前一个词特指法庭裁决中的正义，强调把错误的部分从正确的部分中分离出去，根据福柯的研究，在古希腊的庭审过程中，法官就是采用名为 Κριτη 的正义的人，他要求双方诅咒发誓，强调自己所说的确实是真理，并通过双方的辩论来验证誓言是否灵验——例如发誓者说，若我的证词是假的，那我被乱棒打死，法官真的就会准备乱棒，打击发誓者，如果发誓者真的死了，那他做的就是伪证——来找到符合正义的一方。而在治理城邦的时候，统治者则实施名为 Δίκη 的正义，这样一种正义不是把错误的部分从正义的部分中清理出去，而是将城市中各种不同的利益协调起来，形成统一、和谐的秩序。[①]

随着古希腊社会的发展，名为 Κριτη 的正义，逐渐为名为 Δίκη 的正义所替代，这似乎是因为，前者依赖于处于权力顶端的贵族和王的任意裁断，而随着自由民在古希腊社会中权利的增加，这种自由裁断所产生的正义，逐步让位于依赖习俗和民众同意的客观规范所产生的正义。在埃斯库罗斯的作品《奠酒人》中，使用 Κριτη 的次数，远远低于使用 Δίκη 的次数，这是由于，主人公奥列斯特斯和厄拉科特拉将复仇的

---

① Foucault, Michel. *Lectures on the Will to Know*. McMillam, pp. 103 – 118.

正当性，奠基于城邦所公认的正义，而不是个人的裁断上。① 而在同为奥列斯特里亚三部曲的《复仇女神》中，雅典娜作为雅典城的复仇者，在诸神投票审判奥列斯特斯是否有罪的场合，投出了关键的一票，判决他无罪，这个行动具有巨大的象征含义：一方面，作为雅典城保护神的女神掌握了裁决的正义，她掌握了任何将错误部分与正确部分分离的权力；另一方面，为城邦整体的政治秩序考虑，她的裁决并非彻底驱逐那些传统上"不洁净"和"有罪"的部分，而是通过决断，把这些有罪的部分保留下来，成为雅典城全新正义，也就是 Δίκη 的基础。换句话说，这部在雅典向全体公民上演的戏剧，试图告诉他们，正义就是城邦最大的利益。

换句话说，在现代西方文明的重要源头之一，古希腊文明处于最为成熟的状态的时刻，古希腊人已经认识到，正义必须通过城邦这一特殊的空间形态，才能得以实现。而这样一个看法，在古代中华文明那里，也得到了相当程度的呼应，但是这种呼应又与古希腊城邦社会对正义与城市关系的理解有着相当大的不同。在中国古代社会，"正义"一词并未出现，与现代汉语"正义"相类似的概念，在古文中为"正"。《说文》将"正"字解为"是也。从止，一以止"，并备有古文异体字"正"的解释："古文正从二。二，古上字。"由此可见，对"正"的构词法，有两种解释：一种解释认为，"正"字是由"一"和"止"构成的会意字，意思是"止于一"，即用某种方法让一切事情停止在一个位置；另一种解释则认为，"正"字是由"止"和"二"字所构成的会意字，只是"二"字在古文中指上，意思是大地之上，即天，因此，正的意思是"止于二"，即引导一切到"天"这一神圣的场所，并将这一场所看作万事万物的尽头。

无论上述两个解释是否正确，我们都会发现，在中国古文字的解释系统中，"正"与统一和规定方向有着密切的关系，并且是一个用来使流动的事物静止，并奠定其秩序和范围的观念。其次，对于将这些杂乱

---

① 统计结果来自珀尔修斯电子数据库，http：//www. perseus. tufts. edu/hopper/searchresults? q = krith/s&target = greek&doc = Perseus：text：1999. 01. 0015&expand = lemma&sort = docorder。

不定的事物引向何种目标，并以什么方法规范它们，两种解释出现了分歧，前一种解释认为，"正"之承担"定万物为一"的任务，至于这个"一"的实质是什么，并不是"正"这一观念所关心的问题；而后一种解释认为，这个正万物为一的力量，并不来自地，而是来自"天"。

对于这样一种歧视，我们不妨看看更早的文字对"正"字的理解，在甲骨文中，"正"字与"征服"的"征"字相同，这个字也由此从会意字转化为了一个象形字，上半部分为一个矩形，读为"方"，特指有防御工事的人类聚落，下半部像一个脚趾，读为"止"，寓意为人走路。"正"的意思就是军队步行，去征服城市。商朝甲骨卜辞中经常出现"征北方""征东方"等片段，实际上说明，"正"在上古中国文明的语境中，与用武力控制和摧毁城市有着密切关联。

但是，这并非意味着《说文》等典籍对"正"字的解释，完全没有意义，相反，上述这些解释相互对照和补充，形成了中华文化语境中对"正"字理解的语义网络，我们由此发现，"正"这个词与如下因素有关：其一为将万物变为一的力量；其二指有城墙的人类聚落；其三有武力的含义。

上述这样一种对"正"的理解，似乎在春秋时期经历了一系列的改变，与古希腊历史中 Δίκη 对 Κριτη 的替代相比，这样一种改变似乎并不以概念的替代来进行，而是以解释方式的变化来进行。从春秋时期开始，"征"这个概念不再仅仅是一个武力概念，而且成为一个礼仪和政治概念，"征"成为只有统御诸侯的天子和以王道治国的圣王才能进行的战争，诸侯如果从事"征"这样一种战争，就必须依赖天子赋予的正当性，否则，这样一种战争，不过是毫无政治正当性的"战"。因此，作为"征"这个词的同名词，"正"这个词具有的军事和武力含义逐步消退。与此相应，"征"的另一用法，逐步在春秋典籍，尤其是六经中频繁出现，这就是"征用、获取"的意思，这就导致"征"与"正"的含义进一步分离。而"正"与另一个词"政"的关系逐步密切起来。

在春秋以后的先秦典籍中，"正"的意义逐步抽象化，并逐步接近《说文》中的解释。人们把"正"理解为确定和矫正的意思。例如，

《论语》中，"正"字出现了 17 次，或指对不合君子言行和政教规范行为的矫正，或表状态，强调将人和事物合乎规范的状态；《周易》中，"正"字出现 64 次，与《论语》用法大略相同，多为强调"君子"或"大人"所处的恰当状态。① 而在《周礼》《仪礼》等典籍中，除了上述两种用法之外，"正"还获得了一种引申义，被当作名词，指称特殊技能的掌握者，或特殊部门的管理者，如"乐正""酒正""官正"等。

值得注意之处在于，"正"这一含义的变迁，并没有导致"正"与代表所在空间位置的"方"的关系产生疏远，相反，对万事万物是否"正"的判断，依赖于对"方"的判断。例如，《周礼·天官冢宰》的开篇就这样写道："惟王建国，辨方正位，体国经野，设官分职，以为民极。乃立天官冢宰，使帅其属而掌邦治，以佐王均邦国。治官之属。"②

上述这段文字，实际上是中华文化很早时期对城市规划的系统论述，相对于西方近代早期的规划城市（planning city）实践，这样一种系统思考早了近两千年。上述表述揭示，城市规划依赖于对正义的考虑，而这个正义，特指城市管理者在政治上凌驾一切的正当性。至此，城市规划与空间正义之间在上古中国，形成了第一次结合。

相对于中国将政治正义与城市规划的集合，古希腊城邦制度下，无论是上文中作为 Κριτη 的正义，还是作为 Δίκη 的正义，虽然解释了政治正义与城市之间的关联，却没有体现通过城市规划来再现和确认政治正义的规划活动。这与古希腊城邦的直接民主制的盛行，有着巨大的关联，除了剧院和公民大会成为政治正义得以再现的场所，在具体的城市建设实践中，空间政治正义与城市空间的分割之间的关系，并没有得到深入思考。相对例外的文献是柏拉图的《理想国》，在这部副标题为"论正义（Δίκη）"的著作中，苏格拉底提出了"大写的正义"和"小

---

① 统计数据来源于国学宝典数据库，https：//vpn. bfsu. edu. cn/，DanaInfo = www. gxbd. com + index. php。

② 《周礼·天官冢宰》，引自《周礼正义》，郑玄注，孔颖达疏，孙诒让正义，中华书局 1987 年版，第 10—18 页。

写的正义"之间的差别，而大写的正义就是城市中的正义。可惜，柏拉图仅仅关注具有绝对正义的城邦所必须具有的要素和这些要素之间的相互关系，却没有把这些关系转化为一种空间关系。

古罗马帝国的建立，改变了这种状况，在献给开国皇帝屋大维的论著《论建筑》的开端，西方建筑学的先驱维特鲁威（Vitruvius）暗示，公共生命（Vie Communi）和公共建筑（publicorumaedificiorum）应看作影响皇帝权威的重要因素。而根据法国历史学家维尼（Paul Veyne）的看法，在罗马共和国晚期和帝政早期，古希腊民主政治和古罗马共和政治的基础已经动摇，大量自由民不再关心自身政治权利的实现，而转而关注其肉身愉悦和生活资料最大限度的满足，也就是古罗马诗人朱文纳尔（Juvenal）所说的"面包和竞技场"（panis et circens）。这种关注的转向，最终导致统治者不再以习俗和法律看作其正当性的来源，而是以满足民众最全面的物质和感官需求为其最高目标。① 所以，在罗马帝政时期，皇帝将共同体的全体生命，即上文所述的公共生命和公共建筑物——这里的建筑包含国家主导的所有公共工程，在维特鲁威看来，只有对"公共生命"和"公共建筑"都竭力维护的时候，皇帝才能获得"能力"（maiesta）和"权威"（autoritas）。值得注意之处在于，在这样一个城市规划理想中，城市规划与政治权力之间的关系产生了巨大的变化。在古希腊社会，无论是作为 Δίκη 的正义概念，还是作为 Κριτη 的正义概念都更多地依赖外在于个体的普遍规范，换句话说，个人生命的需求和生存福利，是与政治正义无关的。但是，在古罗马帝政时期，政治上最大的正义，就是皇帝对"公共生命"（Vie Communi）的重视，这种重视最终转化为了"公共建筑"的建造和布局，而上述建造和布局的成效，最终能够巩固当政者的绝对权力。②

上述城市规划和空间政治正义的关联，成为现代西方规划城市在谱系上的源头，并与中华文明中城市规划与空间政治正义的关系，产生了

---

① Veyne, Paul. *Le Pain et le Cirque: Sociologiehistorique d'un Pluralismepolitique*. Paris: Le Seuil, 1976, pp. 11 – 25.

② 中文版参阅 [古罗马] 维特鲁威《建筑十书》，北京大学出版社 2012 年版，第 5 页。拉丁文版参阅 www.thelatinlibrary.org：http://www.thelatinlibrary.com/vitruvius1.html。

巨大的差异。与西方不同，中国城市的规划思路始终和中国人对政治的理解有着巨大的关联：从上文对《周礼》的解读中，我们会发现，中国古代城市对于"正方位"的关注，强调了最高权力处于天下之"中"，具有绝对正当性，并试图将这种正当性以空间化的方式表现出来。由此可知，在中华文化传统中，空间政治正义必须转化为一种可见的几何形式，来昭示政治权力的正当性。相对于中国城市规划与空间政治正义的关系，古希腊—罗马文明在城市规划中，虽然也强调城市空间几何形式的重要性，却更为重视城市规划和建筑营造对城市中个体和集体的生活福利，而空间政治正义不再通过占据某种几何形态的"中"位来表征，而是通过城市民众生活的福利的增长和城市外观的繁盛，来表征空间的政治正义。上述差异，奠定了中西文明在城市建设中，理解空间政治正义的差异，也为现代中国城市建设实践消化西方城市规划学说和空间理论，重构自身独特的空间政治正义实践，造成了丰富的理论可能性和现实挑战。

第一节　教化与服务：东西方前现代空间政治正义与城市规划

相对于古罗马的城市规划学说，在中华文化圈内，尽管早在《周礼》成书的晚周战国时期，就有意识地以空间政治正义为基础，来进行城市规划的理念，但是，这种理念并未直接转化为真正的规划技术和操作原则。而在维特鲁威的《建筑十书》中，空间政治正义的实质，则转化为一种特定的技术（ars）。在第五卷中，维特鲁威论及公共建筑的设计，在这些论述中，他尤其强调公共建筑布局和当权者对公共生命的关怀之间的关系。例如，在进行"巴西利卡"（Bascilica）、剧院和廊柱等公共空间时，他强调两个重点：其一，建筑物必须显示出庄严和神圣。例如，门不能过宽，会让整个建筑显得门可罗雀，又不能过窄，使人群拥挤，不能展现法官俯视群众的权威；又如，审判庭必须与奥古斯都神庙并行，并呈现为半圆形，并俯视所有做生意的人，显示出正义对交易公平的绝对宰制。其二，建筑物的设置必须促进城市居民财富和福利的增加。例如，巴西利卡上下层的空间比例合理，方便民众进场交易，也同时让统治者获得更多税收；又如，在建造剧场时，通风、湿度和太阳照射的方向，被列入考虑之中，从而让看戏的观众不会受到炎热和传染病的袭扰；以及对廊柱储藏食物和散发食物功能的细致论述。为了平衡上述重点之间的张力，维特鲁威充分调用了当时的几何学与工程学知识，通过建筑构件比例的精妙设计，让城市的公共建筑既表征了凌驾于城市之上的皇帝所具备的绝对正义，又让这样的绝对正义服务普通老百姓的公共生活。①

而在同时期，正处于秦汉时期的中国，空间政治正义的原则又产生了变化，这种变化直接导致尚未成为一门系统学科的城市规划实践的变化。值得注意之处在于，这样一种实践的变化，并没有在数学和工程学知识的引导下，转化为一种精确的建筑技术，而是走向了维特鲁威设想的反面，在《论建筑》的开端，维特鲁威特别强调了建筑技术和文学技术的差别，他指出："写建筑文章不像写历史和诗歌。历史书天生就引人入胜，总是维持着人们想要看新东西不断变化着的预期，而诗歌则讲究韵律、音部和优雅的措辞，不同读者的轮番朗诵，多样化的表现流畅引导我们的兴趣，……这对于论建筑的文章是不合适的，表述这门技术的语言凌乱，让我们读上去觉得含混不清。"② 换句话说，维特鲁威认为，建筑技术不能通过不清晰的论述（dictum/saying）来表述，它并非是与真理无关的修辞，而是受着科学知识（scientia）引导的一门技术。

两汉时期，对于城市规划原则的记录，并不依赖于某种符合几何学和工程学原理的知识，而是依附在一种文学体裁之下，这一体裁就是赋。在古汉语中，"赋"的原意为国家通过抽取土地收入，对军队和军事贵族的供养，而其引申意为铺陈和给予，成为作为文学文体的"赋"所具备的特质最为恰当的描述。在西汉和东汉的盛期，"赋"的功能不

① 中文版参阅［古罗马］维特鲁威《建筑十书》，北京大学出版社 2012 年版，第 64—65 页。拉丁文版参阅 www.thelatinlibrary.org：http://www.thelatinlibrary.com/vitruvius5.html。

② 同上书，第 63 页。拉丁文版参阅 www.thelatinlibrary.org：http://www.thelatinlibrary.com/vitruvius5.html。

再局限于描述客观景物和抒发主观情感。无论是司马相如受命所作的《上林赋》，还是张衡为讽谏所作的《二京赋》，与帝国的政治决策和政治正当性的关联，产生了巨大的联系，从而让中国空间政治正义和有意识的城市规划实践之间，建立了奇妙的关联。

《上林赋》实际上专注于对西汉帝都园林"上林苑"这样一个介于现实和虚构之间的皇家园林的铺陈性描述，真实的上林苑位于长安西部，它位于都城的西部，却又被整合进了汉帝国的城市规划之中。显然，这样一个园林既不能对帝国都城民众的"公共生命"有任何好处，似乎也不能直接增加皇帝的威望。但是，司马相如并没有否定这样一个皇家园林对于政治正义的价值，而是以虚构和夸饰对其进行描述，将之描绘为一个结合现实和想象意义上的第三空间（Edward Soja），其目的究竟是什么呢？

首先，司马相如并非单纯描写园林这一现实处所的景致，而是为了构造一个想象中的小天下，换句话说，通过上林苑广大的范围、地貌和景色中绮丽壮美、变幻多端的形貌进行虚构式的描述，将帝国的广大的幅员和皇帝总览海内、包容宇宙的权力再现在这个园林之中。在描写园林的范围时，作者写道：

> 左苍梧，右西极。丹水更其南，紫渊径其北。终始灞浐，出入泾渭；酆镐潦潏，纡馀委蛇，经营乎其内。①

上述这段话中，包含了虚构和真实两种描述，其中，前面的"左苍梧，右西极"是虚写，如果将之看作真实的描述，我们就会发现，上林苑的面积东南至广西，即汉代的交州地区，西北则蔓延到幽州地区，也就是现在的陕西北部，显然，这是不可能的。但是，这样的虚构并非指单纯的夸张，而是由此来强调天下都是天子的园圃。而随后，司马相如继续将当代四川、山西和陕西的重要河流的交汇处，看作上林苑

---

① （汉）司马相如著，金国永校注：《司马相如集校注》，上海古籍出版社1993年版，第32页。

的范围，这一描线仍然具有相当的夸饰色彩，但却已经接近真实，而这种水流交汇的状态，突出了上林苑作为皇家园林之首的特殊地位，它象征了皇权所在的都城长安在权力上所具有的"自然"正当性：上林苑成为"灞、浐、泾、渭、酆、镐、潦、潏"汇聚一处，而又分道扬镳的聚焦点。① 而这八条河流有着模糊而又独特的象征含义，音乐中的"八音"，方位中的"八荒（方）"，《易》中的"八卦"，都暗示了上林苑作为"天下正位"的重要象征含义，而在描绘众水交汇的地形奇观时，司马相如特别强调了水鸟和鱼类在上林苑河流中的繁衍和多样。

在接下来的一段，司马相如强调了上林苑中复杂的山势和地形，并配合以茂密森林、奇妙植物的铺陈，与水的胜景形成了对仗，由此符合"仁者乐山，智者乐水"的儒家意境。由于中国传统的名山，如泰山，都是祭祀封禅之地，作为诗人的司马相如不能随意进行虚构。但是，他仍然竭尽全力，将上林苑描绘为各种险峻地形应有尽有之地。由此，上林苑成为某种虚实杂陈，却包罗万象的"小天下"。

接下来，作者开始铺陈园林中的野兽，从神话中的麒麟，到各种色彩的名马，最后到普通的骡马，这样一种等级从高到低的排列，象征了皇帝作为"天子"神圣性的统治领域：他的权力不仅施加在人的身上，而且施加在其他自然物之上。②

随后，作者的视角开始从对上林苑自然世界的配置，转向对建筑物本身的配置，他描述皇帝园林内宫廷建筑的瑰丽奇珍，并强调，这些建筑并非单纯依靠人为而变得豪华肃穆，而是自然界瑰宝的所在地，他不断提及与皇权密切相关的中国宝石："和式""明月""晁采"等美玉的名字，由此来暗示天子居所的华贵，显然，与维特鲁威不同，天子居所成为司马相如对帝都园林规划中重点描述的建筑，这一建筑甚至不再被看作帝王居住的私人建筑，而是被赋予了类似《建筑十书》中神庙的位置。但是，这样一个建筑物的神圣性并不通过某种精确的几何学和工程学计算，通过获得俯视信徒的视野来获得。相反，在园囿中的天子

---

① （汉）司马相如著，金国永校注：《司马相如集校注》，上海古籍出版社1993年版，第33页。

② 同上书，第49—50页。

宫殿，往往与复杂的山势融为一体，并不通过凸显，而是通过"隐藏"的方式，强化其珍贵性和神秘性。换句话说，在中国两汉时期的空间政治正义观，并不体现为权力执掌者对被控制者的凝视，而是通过隐匿于自然之中，却在自然景观的映衬中升华为自然的精华和本质的方式，在空间中呈现其正义性的。

　　如果说《上林赋》的上半部分是对"上林苑"这一介于真实和虚构之间的皇城园林所再现的绝对皇权的静态呈现，这一大赋的下半部分，则是皇权在动态运作中，重新按照空间政治正义原则，规划治理空间的实践方式。首先映入读者眼帘的，是天子在园林中行猎，在《上林赋》的前篇《子虚赋》中，司马相如已经描述过楚王与齐王的田猎，齐王田猎以收获丰富为特点，而楚王的田猎则借助云梦传说的魅力，尽显出楚国豪杰的英武、仕女的娇艳和楚地珍宝的夺目。而在天子游猎的时候，我们会发现，天子的扈从以军队的形态，把打猎看作一场战争。

　　　　于是乎背秋涉冬，天子校猎。乘镂象，六玉虬，拖蜺旌，靡云旗，前皮轩，后道游。孙叔奉辔，卫公参乘，扈从横行，出乎四校之中。鼓严簿，纵猎者，河江为阹，泰山为橹，车骑雷起，殷天动地，先后陆离，离散别追。淫淫裔裔，缘陵流泽，云布雨施。

　　在这一段话中，除了天子本人通过驾着六匹马，出巡四方，既模仿太阳神羲和乘六龙驾日，来自比太阳的含义，又引用周穆王八乘西游，沟通西域的典故。其余的行列和仪仗，则完全呈现军事演习的阵势。作者引用了"卫公"这一人物，既指善驾者，又暗指汉武帝时期的大将军卫青。因此，这一段对田猎的铺陈，充分暗示天子行猎与诸侯王行猎的差异，如果说齐楚王国田猎的目的是夸饰财富，而天子田猎，就是为了准备战争。

　　在大肆田猎之后，作者强调绝对君主对猎物的公正分配，"观士大夫之勤略，均猎者之所得获"①。由此，作者暗示，君主行事的公平正义，体现为对将士和臣子贡献的公平赏罚。在认真分配战利品之后，宫廷中奏响了和谐的音乐，绝色美女进而鱼贯陈列，听觉和视觉的夸饰盛宴，成为君主绝对权威恰好的映衬。②

这时候，作者话锋一转，突然提出了君主对既有园林空间布局的反思："嗟乎！此大奢侈。朕以览听余闲，无事弃日，顺天道以杀伐，时休息于此。……于是乎乃解酒罢猎，而命有司曰：'地可垦辟，悉为农郊，以赡萌隶，隳墙填堑，使山泽之人得至焉'。……"③

这段话显然是作者通过反思汉武帝建元初期一系列的事件对天子的劝谏，有着极强的虚构性质。但是，这样一种虚构话语，却成功地构造出中国古代空间正义与城市规划实践更为微妙的关系。值得注意之处在于，天子的反思并非否定田猎行为，相反，作者的用词显示，在首都园林中田猎，是确立国家政治正义原则的重要行为——战争，在特定空间中的象征形式，所以，天子强调自己是"顺天道以杀伐，时休息于此"。值得注意之处在于，此处作为休息的田猎并非对杀伐的废止，而是一种对更大规模杀伐的准备。但是，作者心目中的完美天子意识到，这种为军事战争或田猎操练为目标的园林空间布局，不能够彻底再现汉帝国政治正义的完整特质。于是，天子改弦更张，对空间布局进行了重新规划。

这一规划，则将以行宫为中心的皇家园林，转移到以明堂、清庙等儒家祭祀建筑为中心的都市形态，这暗示了作者心目中理想的空间政治正义。偃武修文的天子，将园林转化为良田，给予农民耕作，自己则裁减军备，与民休息，研习儒家经典，从而将自己从一个自然的主宰者，转化为一个所有人民的教化者。这使得中国城市规划实践的历史与空间政治正义的关系，产生了与西方完全不同的特点。

首先，在政治权力的来源上，两汉的精英和古罗马的精英并无异

---

① （汉）司马相如著，金国永校注：《司马相如集校注》，上海古籍出版社1993年版，第71页。

② 同上书，第73页。

③ 同上书，第82—83页。

议，即权力来源于绝对的武力，中国人称为"征伐"，古罗马人称为"强力"（vis）；但是，在确立绝对权力之后，两汉时期的中国知识分子，倾向于隐藏这样一种力量，在《上林赋》中，宫殿的隐藏，乃至天子放弃猎宫，完全以全民教育者的身份来进行统治，而古罗马领导者则必须通过占据建筑物的高点，将武力转化为监视和压迫民众的权力。在维特鲁威的《论建筑》中，法庭和凯撒神庙立于公共建筑的高位，体现了这种监视和压迫。其次，在《论建筑》中，我们发现，古罗马城市规划技术中，最能体现空间政治正义的目标的因素，就是驱使政治权力为公众的生活福利进行服务。而在中国两汉时期，空间政治正义并不通过提供和增益城市民众的生活福利而确立，相反，空间政治正义通过三个层面，呈现在空间规划之中：第一个层面，是天子对特定空间领域中一切事物的主宰和包容。相对于罗马帝国，两汉皇帝认为，在理论上，他不仅能管理一切臣民，还能管理和主宰所辖领域内一切动物、植物、山水和气候。因此，《上林赋》并未首先描述城市空间，而是描述外在于城市，却奠定最高权力对城市管理基础的城郊园林。第二个层面，则是战争在城市，尤其是象征最高权力的首都之中的仪式化，这也就是作者强调天子"顺天道征伐，休息于此"的原因。换句话说，天子在城市附近的园林中进行围猎，目的是向全体民众强调自身独一无二的征伐权利，两汉时期的中国皇帝，仍然把征伐看作政治正义的基础，并试图在首都这一城市空间中再现这样一种政治正义。最后一个层面，就是教化层面，在《上林赋》中，处于近郊的皇家园林，通过改建，最终被涵纳进城市空间的描述中，教化——而不是提供粮食和娱乐等增益全体城市居民公共生活福利——成为城市规划与空间政治正义相结合最为重要的表现。通过停止田猎，将猎场改为土地，普通人的生存基础实际上不再依赖国家权力主宰下对生活资料的调配和赠与，园林改造后所产生的理想城市成为儒生探讨经义和祭祀的场所，帝王从一个军事领袖最终转化为国家最高的教育者，按照儒家教化的原则，万民退居田园，在满足自身生命利益的基础上，养成为顺天道、守王法的好臣民。

由此，我们发现，在东西方古代的全盛时期，虽然尚未出现现代意义上的规划城市，城市规划实践与空间政治正义已经开始紧密结合。这种结合产生了两个传统，在古罗马文化传统中，空间政治正义体现为最高权力为全体城市居民的公共生命福利而服务，在两汉时期奠定的中国文化传统，则强调最高权力在维持军事暴力的前提下，为教化民众维持乡村农耕生活的基本道德规范而服务。由此，我们发现，在古希腊罗马文化传统中，空间政治正义与城市居民生活密切相关，从而让城市规划服务于提高城市民众生活质量的公共建筑的建设；而两汉帝国奉行儒家重农主义的政策，对民众生活福利的关注体现为对乡村空间的保护，而城市空间规划则体现为最高权力和道德教化的结合。

总而言之，在东西方古代社会的鼎盛时期，以优越的公共服务为最大政治正义的空间规划实践，和以优越的道德教化为政治正义的最大标准的空间规划实践，导致西方文明和中华文明的城市规划实践开始分道扬镳。在十个世纪之后，随着文艺复兴和西方现代性的展开，现代规划城市得以长足发展，尽管这一城市的先导是古罗马帝国的一系列规划实践，但是，后者最终代替了古代城市规划理念，也重构了西方空间政治正义与城市规划技术的结合方式。而这种城市规划理念传入中华文明体系中，也就造就了中国城市规划实践与自身空间政治正义观念之间的断裂。

第二节　现代规划城市与空间政治正义

西方现代规划城市的源头虽然来源于古希腊—罗马时期的一系列规划实践，却与它的先驱不同，它往往并不依托已经具备的农业聚落而建成，而是像上帝创造世界一样，"从虚无之中诞生"（Creatio ex Nihilo）。因此，搞清楚这样一种规划城市的发展脉络，以及规划这一类型的城市所依赖的观念，就必须了解罗马帝国崩溃后的西方城市史。

比利时学者皮雷纳（Henri Pirenne）是权威的城市研究者，他的著作《中世纪的城市》（*Medieval Cities：Their Origins and the Revival of Trade*）既将中世纪的城市形成看作古代城市贸易衰落的结果，又将之看作现代城市兴起的先导。皮雷纳认为，与古罗马城市关注贸易中转，并利用贸易关税，为城市居民日常生活的最大福利而服务不同，中世纪的城市往往由军事要塞发展而成。皮雷纳指出："希腊的卫城（acro-poles），伊特鲁利亚人、拉丁人和高卢人的重镇（oppida），斯拉夫人的城镇（Gorodes），像南非黑人的村寨一样，开始时都是聚会的地方，尤其是庇护所。"[①] 而在罗马帝国崩溃后，城市作为远途贸易中转站的经济功能瘫痪，欧洲大地上相互争斗的日耳曼贵族，强化了城市的军事防卫功能。与此同时，基督教的介入，为城市经济功能的恢复造成了障碍，主教们并不乐见商人在城市中的聚集，因为商业的强大会损害教会的权威，而世俗贵族的根基则在乡村大庄园，完全不关心城市建设，于是，教会依靠其吸引信众礼拜的权力，逐步控制了城市规划的方式。在以教堂、军事设施和墓地为核心要素的中世纪城市中，空间政治正义被城市的军事防御功能和宗教祭祀功能所界定，却不再成为最高权力统治和管理的领域。[②] 上述城市功能的转型，进一步割裂了城市作为一个人造空间和与人类日常生活更为密切的"自然"乡村聚落之间的关系，让更激进的城市规划实践变得可能。

　　随着近代西欧殖民潮流的发展，现代规划城市的雏形在殖民地中开始出现。15 世纪末美洲大陆的发现，导致西欧各国殖民者先后在新大陆进行大规模的新城市建设。与古希腊—罗马时期的殖民城市建设不同，这些新城市，尤其是新教国家所建立的殖民城市具有一些全新的特点。按照古希腊历史学家希罗多德的记载，古希腊殖民地的建设，往往试图复制母邦的建筑布局，尤其是殖民者城邦的神庙的建筑布局，[③] 换句话说，殖民地不过是对殖民者所在城市的复制；而在建设过程中，殖民地的原住民，尤其是与殖民者通婚的原住民，不被殖民者排斥。但是，在新大陆的殖民城市，尤其是新教国家的殖民城市中，出现了一些完全不模仿殖民者所在城市的全新规划。之所以出现这样的情况，是因为这些城市的功能不再是为了殖民者的居住和繁衍，而是致力于掠夺新殖民地资源。因此，在矿场附近的城市，出现了原住民和黑奴或中国矿

---

　　① ［比利时］亨利·皮雷纳：《中世纪的城市》，陈国樑译，商务印书馆 2006 年版，第37 页。

　　② 同上书，第38—39 页。

　　③ 参阅［古希腊］希罗多德《历史》，商务印书馆 1959 年版。

工的石制集中营式建筑，劳动者被整齐划一的居住空间所分割，便于纪律训练和集中管理；而在城市附近的种植园郊区，出现了同样便于规训黑奴的制式棚屋，而在海岸港口附近，军营和防御设施的制式化和条块化逐步占据了城市空间规划的主流。这样一系列规划实践，既打破了中世纪城市以教堂为中心的城市规划模式，又与古罗马帝国时期以绝对君权为中心的城市规划实践产生了差异。①

而欧洲现代资产阶级势力的壮大和技术革命的发生，导致现代规划城市从西欧的外部转而蔓延到西欧内部。按照皮雷纳的看法，在 12 世纪之后，随着国际贸易的恢复和鼎盛，城市作为贸易中转站的功能得到恢复，而新城市中的商人阶层和上层手工业者，逐步代替了宗教和世俗贵族，成为城市的主宰者，并与新建立民族国家的绝对君主，形成了相互支持的攻守同盟，后来更是强大到替代了绝对君主，成为国家实际上的主宰者。这些名为"城中人"（Burgetum，Buorgeois）的群体，被翻译成我们所熟悉的名词："资产阶级"。

作为新兴的统治阶层，资产阶级开始改变以宗教和军事功能为核心的城市功能，将城市空间改造为符合其最大利益的公共空间。而这一新兴阶级的最大利益，就是资本利益凌驾于一切其他权力之上，以确保自身的最大化。而为了实现这样一个目标，则依赖两个相反相成的空间布局原则：其一是开放而不阻碍资本流动的空间构造；其二是不损害资本最大化利益的空间秩序。

上述看似相悖的理念共同铸就了现代规划城市内部蕴含的主要矛盾：一方面，相对于西方前现代规划城市，现代规划城市没有固定的中心，也没有确定的边界，城市和周围的荒野和乡村没有鲜明的城墙作为分野，资本集中的地区，就成为城市空间的中心；另一方面，为了保障资本利益的最大化和资产阶级这一新兴统治阶层的利益，必须在这样一个中心不断游弋、边界不断突破的城市空间中，建立有效的秩序，以防御任何破坏现代资本主义体制的潜在威胁。

---

① 参阅福柯的相关研究：Foucault, Michel. *Psychiatric Power*: *Lectures at the College de France*, 1973 – 1974. New York：Palgrave Macmillan，2008，pp. 64 – 67。

正是在这一意义上，现代空间政治正义的原则应运而生，并广泛地应用在现代城市的规划实践之中，目的就是调和上文中现代规划城市的核心矛盾。在论及西方现代空间政治正义的诸原则之前，我们必须澄清与上述原则相关的重要问题：西方现代政治正义的本质是什么？这是因为，现代西方对空间正义原则的把握，不过是现代西方社会正义概念的一种空间化形式。

那么，如何把握现代西方社会正义概念呢？这将涉及卷帙浩繁的政治哲学论著，进而面对诸多不同，甚至充满矛盾的见解。要对上述见解进行分析辩证，并非我们有限的篇幅所能把握。但是，透过如下关键词，我们就能清楚地把握，现代西方政治文化语境中的"正义"概念是如何被使用和运作的。

第一个关键词就是"权利"（Right）。在英语中，"权利"一词既包含"利益"的含义，又包含"正确、正当"的概念。因此，无论现代政治理论家认为权利来源于外在世界不变的自然规则，还是来源于既定的历史演变，他们都不否认权利的两重含义：其一，权利是个人和集体应然拥有——也许并未实然拥有——的利益；其二，这一利益受到国家最高权力所支持的法律规范所保障，后者就是政治正义在特定时空中或是在任何时空中最严格的形式。尽管在古希腊社会和罗马共和体制中，正义、权利和利益已经有着密切的关系，但是，拥有权利的个体或者集体，往往并不和个人生活福利的增益和减损有着直接的相关联系，甚至，拥有权利者反而会损害其自然生命和尘世福利，例如，自由民必须上战场牺牲生命，而不享有公民权的奴隶则不一定要上战场。但是，在现代西方资本主义的发展过程中，权利逐步成为正义和个人利益的纽带，所有个人生活的愉悦和福利必须通过权力化（becoming rights）的过程才能被看作正义或正当的福利。而这又与古罗马帝国时期的正义观产生了巨大的差别，在这一历史时期，保障全体臣民生活福利成为皇帝的权利是否符合正义的标准，但是，对这一福利的保障，实际上减弱了城市居民的公民权利，而把本来在人格上与自由民平等的皇帝，上升到"神"或者"半神"的位置。这样一种用权利赎换福祉的原则被中世纪基督教君主国所继承，一直延续到18世纪欧洲的绝对君主制体系之中。

而资产阶级获得统治地位之后，以"自由、平等、博爱"等口号，取缔了任何个体和集体的特权，却让"权利"本身成为一种特权，这是因为，许多获得权利的个体或集体，其实际的利益已经被应获得的利益，也就是名义上的权利所赎换了。例如，妇女应该和男人享有同样的竞聘权，但是，老板觉得女生要生孩子带孩子不适合到处出差的工作，于是，这份工作就自动忽略了女性应聘者。因此，所有通过"权利"概念来理解现代西方社会政治正义原则的思想家，其工作的核心，就是努力设计一系列的社会规则，有效地把某些他们认为"合理"的利益转化为权利，把那些应然的权利落实为实有的权利的过程。

第二个关键词是"利益"（interest）。利益与权利概念密切相关，但却不尽相同，权利是代表政治正义的权力体系已经确认为正当的利益。而在现代西方社会中，利益不过是在理性计算策略的辅助下资本的增益，利益的增加并不必然意味着个体和团体的自然生命的福祉。例如，海洛因贩卖量的增加，能够为全球的 GDP 增长做出一定贡献，却必然损害无数人的生命。所以，利益不可能彻底被权利化。但是，西方政治正义不可能忽略利益，利益造就资本主义体系的繁荣。因此，在特殊时刻和特殊空间领域，为了特定的利益，代表正义的国家权力机构和特定的管理机构，可以放弃部分个体和群体的权利，甚至放弃自身所标榜的正义，为自身的最大化服务。例如，在已经制定八小时工作制的劳工法之后，引诱甚至逼迫被雇佣者加班，为了增加利润雇佣童工，压低基本工资，甚至为了改变贸易劣势，进行对外战争。将利益看作正义实质的西方现代政治思想家，其中的激进派试图将利益看作最大的权利，从而取消权利在利益与政治正义之间的中介作用，如哈耶克和芝加哥学派的冯·米塞斯等人，① 而温和派则蹒跚地计算和论证，何种论证可以在容纳利益最大化的同时，不戳破权利这层遮羞布，《正义论》的作者罗尔斯先生，这位用边际效应苦心孤诣地计算出正义的抛物线的伟大思想家，就是其中的翘楚。

---

① 芝加哥学派只是以经济学家面目出现的政治思想家，或者说，是试图取消政治理论在现代社会中的位置的经济思想家。

　　第三个关键词是"安全"（security）。福柯是对安全概念作出最为详细和丰富阐发的思想家，按照福柯研究学者弗里德里克·格鲁（Frédéric Gros）的看法，在福柯的著作中，"安全"这一概念经历了四个阶段的演化。在古罗马时期，安全对应拉丁语"securitas"，是古希腊语 a-taraxia 的拉丁语翻译。在这一时期，"安全"特指智者通过一系列修炼所达到的精神状态。在这一状态中，人超越了一切幻觉的欺骗，获得了观察事物本来面目的智慧，而心灵也达到了一种宁静状态。随后，在古罗马帝国晚期兴起的基督教思想中，拉丁语"securitas"不仅具备伦理上"不动心"和"宁静"这两重含义，还与拉丁语"和平"，即 pax 相连用，以代表末日审判之后，世界万物不相冲突、和谐相处的状态，进而具备一定的政治含义。而在启蒙运动之后，"安全"的含义逐步在世俗政治领域中使用，在斯宾诺斯（Baruch de Spinoza，1632—1677）和卢梭（Jean-Jacques Rousseau，1712—1778）等现代思想家对"安全"的定义中，安全特指对任何危险状态的远离，而且特指对国家和地区全体的安全。而格鲁认为，在当代社会中，安全则不再指特定空间安全，而是指流动的个人和集体，也就是个体（individual）和人口（population）不再遭受任何危险的状态。[1]

　　从格鲁的梳理中，我们发现，在福柯的思想中，安全概念的演化谱系，开端于对特定个体精神状态的界定，经历了基督教和现代西方的政治化过程，转化为对威胁人类整体生存空间的一切因素所进行的系统性抵抗策略，进而最终重新回到对个体行为的关注之中，将对抵抗社会性系统风险的策略和实践分解到个体对这种危险的抵制行为，以及这种抵制行动所造成的自我企业化（Self-Entrepriser）。总而言之，安全概念从个体的自身关注开始，经历了从个体—集体—个体的某种"辩证式"的旋转过程。而在福柯看来，当代西方社会中，让每一个人为安全奋斗，与维护集体安全，排斥危险个体的权力策略合二为一、不可区分。由此看来，安全实际上成为现代西方资本主义体系调和个体利益和集体

---

　　① 参阅 Gros, Frédéric, "Four Stages of Security". *The Government of Life*: *Foucault, Biopolitics, and Neoliberalism*, ed. Vanessa Lemm and Miguel E. Vatter. New York: Fordham University Press, 2016, pp. 1 – 2.

利益之间的中介概念。与权利不同，安全是西方现代社会权力机制对一切利益，尤其是那些没法被权利化过程所宰制的利益所进行的控制方式。资本利益的最大化贯穿于微观与宏观、特殊与普遍、个体与集体的矛盾之中。因此，一方面，每一个个体所能享用和创造的利益的增加有助于资本整体的增值，这导致资本主义不断引诱个人追逐自身利益的最大化，并用权利化过程，正当化每个人内心的逐利欲望，这使得利益和权利的重构和创造成为西方资本主义生产关系再生产的重要任务；而从另一个侧面来看，由于个体和局部利益的增加与权利的实现往往意味着另一部分个体和集体相应利益和权利的损害，这就必然导致利益的争夺和资本主义体系的不稳定状态，而即便是西方资本主义体系下，资本获得了全面增值，而对自然、底层劳动者和非西方地区的剥夺，也会激发反抗，甚至损害资本潜在的增值能力。[①] 在这一意义上，围绕安全概念所展开的一系列实践，逐步代替了法国大革命所标榜的"权利"概念，成为表征资本主义政治正义的最为重要的手段。

在了解上述关键词之后，我们就会发现，围绕现代西方政治正义的一系列实践，指向了如下的重要目标：其一是捍卫现代西方资本主义体系所创造和维护的一系列权利；其二为促进和增益资本本身的利益；其三是调和相冲突的权利和利益，保障资本主义政治秩序的存在和稳固，从而保障西方政治和社会体制的安全。上述三个目标，没有一个不需要通过对现代资本主义发展的核心地带——城市空间——所进行的持续和全新规划才能得以完成。这种规划，也让我们重新理解现代西方城市空间的政治性，由此进一步深刻把握现代西方空间政治正义的实质。

但是，对西方现代空间政治正义的基本原则，和这一原则对现代规划城市的影响方式，不同的思想家有着不同的理解。从我们的研究看来，以下两种理解路径，构成了我们把握现代城市规划中的空间政治正义的所有方式。

第一种理解路径来源于恩格斯《论住宅问题》，并被法国马克思主

---

① 参阅 Michel Foucault. *The Birth of Bio-Politics*: *Lectures at the College De France*, 1978 – 79. New York：Palgrave Macmillan, pp. 65 – 66; 116。

义城市理论家列斐伏尔所继承，最终为大卫·哈维所发扬光大。这样一种理解路径，将空间正义转化为在空间中对平等权利的争夺和创造过程。在《论住宅问题》中，恩格斯指出，随着现代资本主义工业化生产的发展，工业城市的范围扩大，许多乡村普通农民和小资产阶级，在"等价交换"的名义下，让渡了自己的土地和住宅，成为依靠工资收入生活，被资本家剥削的无产阶级劳动者。为了寻找合适的栖身之所，这些无产阶级劳动者不得不让渡自身的工资收入，租住条件较差，空间狭窄的城市住宅，这又为资产阶级房产投机商利用租金和房产价格差异进行二次剥削，提供了基础。[①] 在恩格斯的这篇文章中，空间的不正义体现为资本利益最大化的原则和个体基本生存权利的矛盾，而空间正义，则是通过经济和政治斗争，将个体应有的生存权利转化为实际拥有的生存权利的过程。列斐伏尔的论述接续了恩格斯的传统，但是，由于第二次世界大战以后欧洲凯恩斯主义思潮占据优势，和福利社会主义思潮的巨大影响，空间权利的分配主体已经从处于自由竞争状态中的商业—金融资本，转化为政府这个国家资本主义的代理人。表面上看，通过公共住宅工程的修建，工人的住宅条件提高，生存权利得到了保障。但是，资本利益最大化对空间正义的影响，反而变得更加巨大，通过对城市空间的一系列重新规划，例如，划分城市和郊区，隔离工业区和看似摆脱了"劳动生产"的"自由领域"——消费区，对生活、治安和教育资源的不均等分配，划分"优质"和"劣质"城区等手段，资本的趋利冲动最终将现代规划城市中穷人所占据的空间变得贫困化。应该说，相对于恩格斯，列斐伏尔对以权利争夺为中心的现代西方空间政治正义的分析有着如下拓展：首先，他不再仅仅强调空间所有权的平等对空间政治正义的价值，而且将空间使用权的争夺看作实现空间政治正义的主要战场，并指出，在第二次世界大战之后的西方现代社会，正是后者造就了现代规划城市中的空间政治不正义；其次，他认为，城市空间规划既是当代资本主义社会生产关系再生产的主要模式，也直接成为资本主义

---

① ［德］恩格斯：《论住宅问题》，载马克思、恩格斯《马克思恩格斯全集》（第十八卷），人民出版社1974年版，第223—225页。

生产力本身，而在恩格斯看来，作为空间非正义现象的工人住宅权问题，只不过是资本主义剩余价值生产的某种再现形式。①

作为当代最为重要的马克思主义空间思想家之一，大卫·哈维对空间政治思想的理解，延续了列斐伏尔的思考，仍然将政治空间正义看作空间权利诉求对资本利益最大化的抵抗和颠覆方式。与列斐伏尔不同，哈维从《资本论》这一经典作品出发，把城市看作经过修订后的资本主义现代生产规律最后的落脚点。在对空间政治正义着墨甚多的著作《社会正义与城市》中，他引用科学史家库恩（Thomas Sammual Kuhn，1922—1996）的论述，将城市看作马克思主义批判学说的一个"全新范式"。这并不意味着哈维对现代资本主义制度伤害下的被剥夺阶层无动于衷，相反，他试图以马克思主义的方式论证，当代资本主义的城市规划方式，无法实现这些被剥夺阶级的基本权利，而原因并不简单在于，资本主义体系剥夺了他们所拥有的基本生活资料，而是这一制度在根本上剥夺了他们反抗资本利益最大化的权利和能力。

哈维指出，至少有两种城市规划手段，使现代资本主义得以有效阻止被损害的无权者实现自身的权利，从而阻碍了空间政治正义的真正实现。第一种方式出现在19世纪中期的法国巴黎，在拿破仑三世宠臣奥斯曼的主导下，整个巴黎进行了大规模的拆迁和建设，用宽敞的大道和透明的城市天桥（拱廊街），代替了老巴黎的窄路、死巷和老旧平房。②这一改建，确保了无产阶级工人和下层居民无法利用复杂的城市道路建立街垒，对政府和国家暴力机关进行反抗，并让国家对工人阶级的集中监视和管理成为了可能。上述对工人阶级反抗空间的剥夺，在大工业生产时代，有效地阻碍了城市工人维护自身权利的斗争。但是，在名为"新自由主义"的当代西方资本主义社会中，上述阻止空间正义实现的手段不再有效，原因在于，以集中管理的劳动密集型工厂，已经不再成为当代资本主义商品生产的主要空间，取而代之的，是分布分散，利用互联网信息渠道定制，并以全球物流为中介的个性化代工工厂。在后一

---

① 参阅［法］勒菲弗《空间与政治》，上海人民出版社2008年版，第35—37页。

② 参阅 Benjamin, Walter. *Gesammelte Schriften V.* Frankfurt am Mainz: Suhrkamp Verlag, 1979, pp. 74–78；［美］大卫·哈维：《巴黎城记》，广西师范大学出版社2009年版。

种空间下，机械化设备和以零工为主的"岌岌可危劳动"（precarious labor），成为现代工业生产主要劳动力。而城市空间则被白领工人、金融业打工者和高端服务业者所占据，后者代替了工人阶级，成为城市反抗运动的主力。

哈维指出，相对于工人阶级贯穿 19 世纪后半叶至 20 世纪初的武力罢工和军事反抗，城市空间中的全新反抗主体无法以基本生存权利的实现为反抗目标。这是因为，在新自由主义思潮的统治下，资产阶级上层恰恰是通过这些生存权利的让渡和生活福利与消费品的贿赂，使前者丧失其反抗意志，成为统治阶级的帮凶。而唯一能够激发新的反抗者的动力，是后者为了保障其消费水平和生存质量，所经历的一系列代价：过度竞争所导致的不安全感，生态危机，资本利润率降低和系统性金融危机下生存空间的不稳定特征。当这些"新无产者"意识到其"幸福的生活"不过是海市蜃楼时，他们才会要求让渡公共空间，改变以占有优越空间为目标的生活方式，最终达到"捐弃所有权"（depossession），与穷困者分享空间权利的共产主义理想，在现代城市中实现平等的空间权利。

相对于以恩格斯、列斐伏尔和哈维为代表的马克思主义思想家，福柯对空间政治正义采取了另一种看法。福柯反对空间正义必须通过对权利的追逐而实现；相反，他似乎认为，现代西方城市通过一系列空间规划，满足不同群体的生存与发展权利，本身就是现代权力体系试图宰制个体的手段。换句话说，在福柯心目中，越是以"正义"面目出现的城市空间规划，越是不正义的，而这个论点一旦推到极端，就会得到一个有趣的命题：空间政治正义就是空间政治不正义。

福柯是如何得到这样一个结论？他是如何在论述具体的城市规划实践中，得以规避和解决对上一个命题的悖谬之处呢？通过对名为《安全、领土与人口》（Security, Territory, Population）的法兰西学院讲演录开篇的论述，福柯间接地思考了城市规划与空间政治正义的关系。在这部讲演录的开篇，福柯就提出了三种规划城市，而且这三种规划城市的现实原型，都不诞生于自然人类聚落的演化，而是基于人造的规划城市。

上述三个城市的第一个城市，名为"大都会"（La Métropolitée）
（1682）。"大都会"呈现为一个同心圆向外扩散的四方形，并用外城墙
和内城墙切割为三个部分，城市中心有高耸的城堡。外城墙以外是郊区
和农田，为地位较低的平民和农户居住，内城墙和外墙之间的领域是商
店和手工业作坊的聚集地，商人和地位较高的工匠居住在这里，而内城
墙以内居住有教士和贵族。显然，这样一个城市的规划，是通过城市居
民特权的高低，决定居住者的安全度的。显然，享有特殊权利的主宰
者，处于城市的中心，他们既被城墙保护，也住在高高的城堡上，监视
内城和外城一切对自身有威胁的活动。而相对特殊权利较少的商人和工
匠，只住在外城内，仅仅享受人身和财产的安全屏障。而在外城之外，
毫无特殊权利的农民和穷人的安全，不受任何保护。因此，第一个建成
的现代规划城市仍然保留着中世纪人身等级制的特点，但却将个人利
益、个人权利和城市安全结合在一起，并通过城市规划，对全城的居民
进行了活动空间的划分。值得注意之处在于，尽管这座规划城市的思维
方式似乎是中世纪的，但是，它已经把安全看作统摄城市规划的最高原
则，并从整座城市的利益出发，根据特殊权利的递增原则，对城市居民
的安全级别进行规划。①

第二座城市兴建于宗教改革之后，是一位精通工程学的新教徒设计
师设计的。它位于法国的北部，名为黎塞留（Richelieu）。相对于第一
座城市，黎塞留并没有采取同心圆的规划方式，其原因在于，这座城市
是在驻军要塞兵营的基础上扩建的。整个城市被划分为诸多片区，有兵
营所在的军事区、居民区、几座工厂组成的工业区和一座监狱构成的犯
罪区域，所有区域都成长方形，同一区域的房子形态和风格一致，并等
距离排列于区内，区域之间，是十字形宽敞的马路，路面既隔绝了不同
功能的区域，又给各个区域之间的便捷交通创造了条件。相对于上一座
城市，这座城市中不再以权利的大小来划分城市居民的安全保卫级别，
所有人的权利和安全保障等级一视同仁。但是，我们很明显地看出，在

---

① 参阅 Foucault, Michel. *Security*, *Territory*, *Population*: *Lectures at the Collège de France*
1977 - 1978. Vol. 4. New York : Palgrave Macmillan, 2009, pp. 14 - 16。

这座城市中，对危险的应对措施完全不同于上一座城市。通过规则的四边形和路面对各个区域的隔绝，使得跨区域活动者和外来人口在任何一个区域的活动都非常显眼，而每一个区房屋格式和间距的确定，既保障了每一个城市居民有着必要的生存空间，又便于管理者进行监视，任何不符合日常生活规范的异常言行，在整齐划一的空间背景中，都显得异常明显。所以，福柯把按照这样一种模式建立的城市，称为"规训城市"。这是因为，这一制式化的空间是仿佛军营、车间和疯人院一样的规训空间，它通过对城市空间的规则划分，将每一个个体的身体限制在相似的有限领域，以便于监视和管理，从而有效地避免外在危险的入侵和个体日常行为规范偏离"正常"，对其他居民造成威胁。①

第三座城市是重建于 19 世纪初的南特。在这样一个城市中，不存在按照权利标准对各个社会等级之间的隔离，也不再通过个人生活空间的制式化规划，达到对个体日常行为的规训。相反，工业区、商业区、生活区自然而连续地接壤，公共绿地和游乐设施点缀其间，一切自然而然，仿佛这个城市不再是通过刻意规划建立出来的，而是自然生长出来的。但是，福柯认为，这个"自然化"的城市，恰恰是现代规划城市的顶峰。福柯把这一类城市命名为"安全城市"。安全城市的特点在于，它并不刻意通过隔绝的手段，如建立围墙、划分功能区等方式来改造城市空间，从而清晰呈现安全区域和危险区域之间的界限。相反，通过改造城市的"自然"环境，安全城市能以润物细无声的方式隔离危险，保障城市空间的安全。

"环境"（milieu）一词是西欧生物学、免疫学和工程学等一系列新兴学科发展之后所产生的术语，并很快转化为分析社会现实，服务于社会工程建设的一个专门术语。例如，在深受实证主义影响的思想家丹纳（Hippolyte Adolphe Taine，1828—1893）的《艺术哲学》（*The Philosophy of Art*）中，"环境"和"种族"与"时代"并列，成为理解艺术发

---

① 参阅 Foucault, Michel. *Security, Territory, Population: Lectures at the Collège de France 1977 - 1978*. Vol. 4. New York : Palgrave Macmillan, 2009, pp. 15 - 17。

生演化的社会动因的重要范畴。① 福柯认为，在 19 世纪的城市空间规划实践中，环境既指既定地理自然因素相互作用的一系列结果，又指人工改造上述因素之后所产生的效果变化。这样的理解使环境成为把握安全城市本质非常关键的前提。福柯指出，在一座安全城市的典型范例中，存在两条循环线路，一条是资本和人流通过便捷的道路，很快围绕城市中心循环流动，从而促进城市繁荣的人力—物流循环，在公园和人工景观的护佑下，这条循环道路所历经的区域繁荣、整洁而优雅；另一条循环，则是利用风向和不便的交通，将垃圾和工业废气带离城市的循环线路，在这条循环线路中，人口密度和住宅密度被刻意减少，通往核心区的道路也变得不便，甚至废弛，而林立的垃圾场则成为循环路周边唯一的景观。

由此，我们发现，通过巧妙的空间布局，安全城市将城市空间中安全和繁荣的部分和危险与萧条的部分"自然"隔绝开。尽管这种"自然"循环实际上是不自然安排的结果，却既使得资本和劳动力在城市空间中相对自由地穿梭，又尽可能少地让城市中的资本主义政治—经济秩序遭受威胁，而在既定的城市空间布局不能满足人流和资本流的需要时，对安全城市空间布局的改造所耗费的成本，相对低于前两种城市。因此，在福柯看来，安全城市成为资本主义规划城市最为成熟的典范类型。

从福柯上述的一系列论述中，我们发现，尽管福柯并未言明空间政治正义在现代西方社会的实质，但他却非常清晰地暗示，所有现代西方规划城市所进行的空间规划，在政治上并无真正的正义可言，因为，一旦城市规划把西方资本主义体系在城市中的安全作为空间政治正义所服务的目标，城市中的居民都将成为牺牲品：他们或者被规训空间所包围，成为一系列规训权力的施虐对象，为了维持仅有的权利而疲于奔命，或者因为权利的丧失和安全技术的一系列运作，被抛入危险的领域，成为享受不到资本主义"繁荣"的牺牲品。因此，在福柯心目中，

<hr />

① 参阅 Foucault, Michel. *Security*, *Territory*, *Population*: *Lectures at the Collège de France 1977 - 1978*. Vol. 4. New York: Palgrave Macmillan, 2009, pp. 77 - 78。

唯一能够批判这样一种以"空间政治正义面目"出现的空间政治不正义的途径，不再是为个体或群体的空间权利而斗争。相反，最重要的反抗取决于经验层面对安全/危险这一"二元秩序"的挑战和颠覆，换句话说，只有不断动员被排斥、规训和压抑的弱势群体主动颠覆和重新规划自身生活范围内的城市空间构造，才能动摇以安全名义高高在上的空间正义原则，将特定主体自主规划生活空间的微观创造性实践，看作具有真正政治性的空间正义行为。

福柯的"异托邦"概念和人文地理学家爱德华·索亚（Edward Soja）的"第三空间"概念，成为这样一种以"不正义"名义出现的空间政治正义原则最为典型的例证。① 而索亚对空间正义概念的界定，以及他用于阐述空间正义学说时所用到的"空间意识"概念，深受福柯的影响，并直接脱胎于"第三空间"概念，而与哈维通过"城市正义"来把握空间政治正义原则的进路颇为不同。福柯认为，"异托邦"是一种完全不同于西方文化传统中"乌托邦"空间的领域。在"乌托邦"空间中，依靠绝对的正义秩序，邪恶、危险和恐惧被彻底逐出，因此，乌托邦是绝对善的空间领域；而"异托邦"不同，在这一空间中并非没有对人的生命有益的因素，但是，在这里，善和恶、安全和危险等截然清晰的价值区分不再存在，人们往往在危险中发现团结和温暖的力量，在邪恶的体验中感觉到了自由的状态。由此看来，"异托邦"存在的最大意义，就是打乱以"安全"名义在城市中建立的空间政治秩序，从而激发被规训、排斥和剥夺者的全面反抗，消解以正义面目出现的不正义空间政治体系。

相对于福柯的"异托邦"学说，索亚的"第三空间"概念所蕴含的空间政治价值并没有较多的创新之处，但却很好地将福柯的观念转化为可操作的分析性范畴。索亚区分了现代社会的三种空间形式，第一种形式来源于现代数学和哲学观念统摄之下，人们对空间形态的全新理解，在这种理解之下，空间被看作一个不包含断裂，并与任何主观感知

---

① 参阅 Soja, Edward W., *Thirdspace：Journeys to Los Angeles and Other Real-and-Imagined Places.* Oxford：Blackwell, 1996。

经验无涉的空洞广延，索亚把在这样一种感知模式下，人们以抽象计算的方式把握的空间，看作"第一空间"；可是，人们在特定生活状态中，对空间的主观感受形式往往并不与空间的广延直接相关：例如，一间潮湿逼仄的平房，童年生活在这里的人会在沉湎于过去的怀想中感到屋子很暖，而陌生人进来只会感到不适阴冷，用上述主观感知，对空间的想象性把握，被索亚看作"第二空间"；而"第三空间"，则是上述两种空间的折中形式，它占据一定广延，却通过特定的空间布局形式和外部添加的符号铭刻，将已经消逝的个体或群体对这一空间的主观感受"留驻"在这一空间之中。

正是在"第三空间"中，索亚发现了人们通过微观空间布局的改变和自身对活动空间象征标记的重构，进而建立福柯式"异托邦"的可能性。值得注意之处在于，这些"第三空间"本来恰恰是既定空间政治秩序认为"邪恶"和"危险"的领域，例如东北铁西区的废弃国有工厂，洛杉矶的同性恋聚会场所，香港黑社会肆虐的公租房社区，可是一旦时过境迁，上述危险领域就成为被安全空间管理和规训的城市居民逃离不自由状态，唤醒自身存在意义的反抗空间。而在《寻找空间正义》这部著作中，索亚显然部分抛弃了对"第三空间"过于浪漫化的看法，更是从这些"危险"领域居民的角度，对重构空间意义、唤醒边缘底层阶级族群的"空间意识"（Spatial Consciousness）[1] 的角度，思考了主体对空间的符号化实践，对既定空间秩序的批判。在方法论上，从重构弱势阶层"空间意识"出发，反抗新自由主义思潮下主流的空间政治布局，仍然延续了"异托邦"和"第三空间"的思考谱系，但是，索亚已经接受了大卫·哈维的部分看法，不再把这种空间反抗当成一种逃逸，而是一种利用"地方性和全球化的辩证法"[2] 建立的直接对抗。而哈维在论及"城市正义"时强调，当代城市中的反资本主义运动不再仅仅是为了生存权利而进行斗争，而是为了争取反抗既定空间政治秩序的权利而斗争。因此，正是在反抗既定空间政治秩序这一问题

---

① Soja, Edward W., *Seeking Spatial Justice.* Minneapolis：University of Minnesota Press, 2010, pp. 17 - 20.

② Harvey, David. *Justice, Nature and the Geography of Difference*. Oxford：Blackwell, 1996.

上，马克思主义者从为权利而反抗，逐步过渡到为了反抗权利而斗争，而福柯主义者们，则从逃逸以"安全"名义进行管理的空间政治秩序为出发点，最终开始以地方性和微观层面的空间规划，直接对抗现代西方资本主义空间政治秩序对城市规划的宰制。

总而言之，在否认资本主义空间政治正义在现代规划城市中的完全实现方面，当代空间政治正义的追求者们，最终殊途同归，结成了思想批判和政治反抗实践的共识。可是，上述批判性的认识，却也为我们从政治学和政治哲学的角度，理解现代西方规划城市，创造了有利条件。

第三节 现代城市的政治形式：同心圆型、功能—区块型、块茎型

从上一节中，我们已经了解到西方现代空间政治正义的基本特质，不过是政治权力围绕城市居民的权利、资本增值的利益以及资本主义体制在城市中的安全所进行的一系列城市规划实践的总称，而在具有批判意识的空间理论家们看来，这一以维护现代西方资本主义生存和发展为目标的空间正义，恰恰是亟待批判的"空间非正义"。但是，不可否认，在剥夺一部分城市居民，甚至是乡村居民的空间生存和发展权利的同时，却也促进了现代城市的繁荣和民众生活福利的增加。因此，我们仍然不能舍弃对这些实质上并不正义的空间政治正义法则在现代城市中的现实形态，不仅如此，归纳和分析现代社会中空间政治正义作用于城市规划实践中的方式和效果，对于更深刻地揭露现代西方空间政治正义原则所具备的问题，也具有重要的意义。

通过对现代世界城市发展历史的分析，对现代社会主要的大城市和城市群众而言，空间政治正义原则对城市规划的影响主要通过上述三种城市规划思路得以呈现。受上述三种规划思路所产生的城市类型，大概可以分为同心圆型、功能—区块型和块茎型。

在上述三种城市类型中，同心圆型往往容易被人们看作政治权力和城市规划结合最为紧密的城市类型，这是因为，这种城市的空间构型符合普通人对政治权力形式的想象，尽管经历了现代西方民权和人权思想

的洗涤，最高政治决策必须从一个中心发布，仍然是大多数人观察和理解政治最为朴素的想象，尽管这个中心可以是宫廷、总统、议会或是内阁。① 同心圆型城市往往与有着相当长的中央集权传统的国家有着密切的关系，例如，欧洲的巴黎，在 12 世纪以后，巴黎就是欧洲的重要城市，而在宗教战争之后，波旁王朝在法国建立了绝对君主制，为了限制法国各地贵族的反抗，国王将上层贵族强制迁往首都，剥夺了他们和封地与私有扈从的接触机会，并用大量的税收满足其奢欲，钝化他们的反抗意志。由此，在文艺复兴开始以后，法国成为只有巴黎和"外省"两个区块的国家。为了昭示首都的重要和王权的强大，巴黎城利用塞纳河为横轴，沿东南—西北走向将核心建筑对称建造于河两岸，而作为原政治中心的卢浮宫和旁边的当今总统府爱丽舍宫，位于横轴的中心，穿过卢浮宫的纵轴让另一批核心建筑物向东北—西南方向延伸。最终，纵横轴相交为十字，以这一十字中心为圆心，所有的人口、建筑和道路都以准同心圆的方向蔓延，直至老巴黎城墙。

实际上，在 20 世纪 70 年代之后，由于诸多卫星城的建立，巴黎老城不再承担经济和工业职能，其政治和文化职能日益突出。但是，在 20 世纪后半叶之前，整个城市资源的分配方式是高度政治化的：离政治中心越近，城市区域所获得的经济、政治和文化资源越丰厚，而在城市边缘的郊区，则是失意的城市平民、赤贫的产业工人和流浪汉所苟延残喘的领域。而埃米尔·左拉的许多小说正是取材于这些失意者的生活状态。

我们无意过多地展开对老巴黎城区规划史的复杂分析，这种分析往往会在特定的微观领域让我们面对许多复杂特例。而仅仅对这样一种城市发展模式进行一种印象式的把握，我们就会发现，巴黎的城市规划模式，是典型的同心圆类型。在这样一种城市规划类型中，空间政治正义原则的作用体现为权力中心的辐射性影响，越接近这样权力中心的城市区域，在权利、利益和安全上将获得更多的保障。

---

① 参阅梯利（Charles Tilly）对芒福德（Louis Mumford）的批评，认为主权与资本的结合是现代西方资本主义产生的原因：Tilly, Charles. *Coercion Capital and European States AD 990 - 1990*. Oxford：Blackwell, 1990。

　　同心圆城市规划类型在空间正义上的缺陷是显而易见的：空间政治正义简单等同于权力中心的尊严，这必然造成了城市居民生存权利的不平等，我们也许可以说，这种有些独断的空间规划模式保留了太多中世纪和西欧近代绝对君主制的残留，将权力中心的正义看作全体民众都能享有的正义。但是，同心圆城市在实现空间政治正义上的表现并非乏善可陈，尽管离开权力中心越远，就越不能享受到基本的权利、尊严和安全，但是，尤其是在以"自由、平等、博爱"为口号的法国资产阶级接替专制君主进入政治权力中心之后，为了至少在表面上实现他们标榜的口号，掌权者能够更好地使用这一专断的权力，实现对弱势群体的临时性救济和庇护，而城市中心对整个城市，乃至整个法国经济和文化资源的集中调配，也为这一干预提供了足够的底气。至少，相对于随后出场的城市规划类型，同心圆型城市以政治权力主导空间资源分配的特点，反而比以资本主导上述资源的分配，多了一些果断和"人情味"，后者对空间正义原则的主导完全服从冷酷的理性配置，往往更倾向于将市场博弈中的失败者打入万劫不复之地。

　　因此，同心圆城市规划类型最为重大的问题，并非上述的显性缺陷，而是政治权力在与现代资本主义体制博弈时，往往造成资本与最高政治权力的双重非理性：为了维持政治中心的绝对权威，政治权力往往做出违背资本利益最大化原则的行为，利用行政手段改变资本和劳动力的流向；而由于受到政治权力的限制，资本虽然在短期内通过与权力的交易获得了巨大的利益，却无法利用更大范围的空间规划，攫取和开发更具有剩余价值潜力的城市空间位置，从而限制了资本利益的最大化，最终激化资本所拥有的权力和最高政治权利之间的矛盾；而最重要之处在于，同心圆城市规划类型，十分容易造成城市空间中的特权集中和财富分化，导致无权阶级为争取城市空间权利而进行的激烈反抗，最终威胁西方现代规划城市的安全秩序。所以，在当代西方，越来越多的同心圆型城市往往将城市中心的经济生产部门移出，并建立以安置经济部门、工业部门和住宅区为目标的卫星城，造成政治功能和经济功能在城市中的分离。

　　这种大城市中各个功能的分离，加以便捷的城市交通结合的城市规划模式，成为功能—区块型城市的典范形态。在这一类型的规划城市中，空间政治正义不再显现为围绕最高权力中心来布局城市，而是呈现为彻底依靠资本流通的需要和城市功能的完全实现来构造城市的政治秩序。19世纪末至20世纪上半叶的纽约，成为这类城市的典范。相对于巴黎、柏林和莫斯科等欧洲城市，纽约的繁华完全不依靠权力中心的支持，而是依靠资本和劳动力的涌入。因此，纽约城不存在一个权力中心，资本涌入的数量和城市功能的分化，决定了城市中心的所在。

综观纽约的城市演变，城市的分区被两股力量的流动所裹挟，从南到北的城市建设凸显出劳动力流动的路径，以纽约的核心区曼哈顿区为例，曼哈顿的下城（Downtown）是纽约城最早被开发的地区，大量的外国移民从大西洋延纽约港进入下城，不断补充纽约城繁荣的支柱之一——劳动力。当通过勤奋工作和具有远见的投资致富，赢得了脱离社会底层的能力之后，这些移民就会向曼哈顿的中城移动，成为脑力劳动者，而把原来的街区留给新一批赤贫的外来移民。而劳动力的流动相反，资本的流动则呈相反的方向：就现在的纽约城布局来看，曼哈顿的上城纽约，也就是整个城市中心区中的富人区，除了整洁典雅的住宅群之外，没有任何资本和劳动生产部门的痕迹，而到了曼哈顿中城，作为纽约财富标杆的摩天大楼、银行和华尔街交易所巍然耸立，而下城之中，大量的生产性建筑和平民聚居区接踵而立，港口贸易繁忙，工厂生产热火朝天，这派繁荣的景象甚至蔓延到周边的纽约县。

由此，我们看到，凭借所完成的城市功能的差异，纽约按照街区为单位，被分割为特色明显但相互连续的区块，而资本和劳动力的流动，将彼此独立的区块整合为一个整体。在这样一种类型的规划城市中，每一个城市居民的空间权利至少在表面上得到了保障：只要正确估计自己的市场竞争力，他都能在城市的特定位置获得基本的生存空间。不仅如此，由于没有干扰和主宰资本最大化进程的政治中心，整个城市空间不存在任何空间特权。

这样看来，在表面上，区块—整合城市比同心圆城市更能实现空间政治正义原则，保障全体城市居民的空间生存权利。但是，这样一种城市空间规划和布局，不仅造成了城市空间政治正义更为严重的崩溃，而且造成了一系列空间政治正义的全新问题。首先，这种将城市承担的功能分区块规划的方式，并不能像同心圆城市那样，利用国家权力，保证特定城市区域相对稳定的安全和繁荣，这就导致城市的繁荣地段和中心区域往往随着资本和劳动力的变化而变化。在市场原则和资本利益最大化目标的驱动下，城市规划必然会强化能够获得更高利益的功能区块，而弱化甚至废止那些没有利润率的功能，这最终导致繁华区域居住者和萧条区域居民在空间权利上的不平等，并导致后一区域逐步成为不安全领域。而资本的逐利流动性，还会导致繁荣地区和城市支柱产业的变化，使已经有的空间权利无法彻底稳定，这就进一步凸显了区块—整合型城市规划中空间政治正义原则的问题。其次，由于区块—整合型城市缺乏制衡资本的权力体制，资本成为城市中的无冕之王，为了自身最大限度的增值，资本努力拓展城市各个区块的空间，以"圈地运动"式的方式，在吞噬周边乡村和荒野的同时，将其劳动力和资源引向城市的繁华区域，最终造成城市周边区域的凋敝和荒废，并带给城市大量的交通、居住和环境问题，从而使城市和乡村居民整体的空间权利，产生了全方位的破坏。最后，在区块—整合型城市中，资本流动造成的城市空间权利的严重不平等，最终会导致无权者对有权者的反抗和犯罪，而条块化的城市区域分布，又非常适合城市治安系统对无权者反抗的监视、镇压和规训，从而在不平等的城市功能规划之上，叠加上镇压无权者的安全秩序，这就更增加了区块—整合城市类型中的空间政治不正义因素。

因此，在 20 世纪 60—70 年代以后，受社会发展、科技演进和新自由主义政治体制的影响，西方社会第三种城市规划类型，逐步占据了主导地位，这就是块茎型城市。"块茎"是法国哲学家德勒兹（Gilles De-leuze，1925—1995）在他和加塔利（Felix Guattari，1930—1992）合著的《千高原》（*Milles Plateux*）中提出的概念。[①] 德勒兹受植物生长方式的启发，提出了一种独特的事物生成类型学说。他指出，木本植物的根茎，往往以一分为二的方式进行分叉，从而蔓延生长，这就是"树

---

① Deleuze, Gilles, and Felix Guattari. *Milles Plateux*. Paris：Minuit，1980，p. 13.

根式"的事物生成方式，在这一生成方式的主导下，事物的每一个增长点和相近增长点的关系，只能是相邻的"兄弟"关系，或是"源头—分支"之间的父子关系。因此，"树根式"的生成模式，往往能在事物之间建立一种稳固的金字塔式等级秩序。但是，"块茎"式的生成模式脱离了这一由"起源—分叉"结构所确定的等级秩序，在马铃薯等块茎植物的根茎中，任何一点都可以向四面八方拓展自己的生长空间，它同时可能被周围各个平面的衍生根茎所占据。在这样一种无方向、无秩序、无法判断自身起源的块茎式增长中，事物之间的关系不再遵从某种由"一"统治"多"，由"上位概念"统治"下位概念"的思维空间秩序，而是形成了一种以"联通关系"（Connection）为纽带，超越一切等级秩序的自由生成机制。① 在德勒兹看来，块茎思维，以及其主导下的事物生成方式，成为逃逸制式化的统治秩序的有效手段。但是，在新自由主义思潮的主导下，块茎思维与当代城市空间规划的诸多特点，反而有着许多相似之处，进而成为当代城市空间政治秩序所依赖的某种思维方式。

在成长为特大城市之后，当代西方社会的主要国际化都市和新兴市场中的中心城市，已经逐步转化为块茎型城市。这些城市的共同特点如下：其一，将重工业和劳动密集型企业彻底与城市主体剥离，不仅将它们迁出城市中心，而且以国际代工的形式，彻底将之放逐到第三世界国家环境恶劣的代工工厂和组装作坊之中；其二，以环境正义和文化产业的名义，将城市中心彻底景观化，或利用奢侈品消费、文化古迹和主题公园等公共建筑，赚取巨大的利润，或以"生态正义"的名义，提升城市的环境价值，并配合以教育、体育和高档休闲设施，提升地价，维持盘踞在城市内部的国际资本的价值；其三，城市的危机不再单纯被排除在权力中心所在的空间和经济繁荣的区域之外，而是随着全世界物流、资本和人口的全球循环，以内外联通的方式，寄生于城市的核心区域，例如，在最近的恐怖袭击中，阿拉伯合法移民的后代，受到远距离网络视频的挑唆和网上伊斯兰极端思想的宣传，进而发动杀戮，显然，

---

① Deleuze, Gilles, and Felix Guattari. *Milles Plateux*. Paris: Minuit, 1980, pp. 14 – 16.

相对于同心圆城市和区块—整合型城市，块茎城市已经无法把对城市的威胁抵御于城市之外了。

那么，即便是面临不可控的危险，现代西方资本主义城市规划，为什么选择第三种规划形态呢？在这样一种规划形态中，空间政治正义得到了怎样的实现，又不得不面对怎样的挑战呢？实际上，块茎型城市规划确实通过利用全球化趋势，转移和掩盖了西方现代城市规划所面临的空间政治正义问题。一方面，通过发达的全球物流和现代信息技术，城市转移了对环境损害巨大，并容易导致工人集中对抗的劳动密集型工业，从而消弭了对资本利益最大化起着阻碍作用的工会团体，缓和了城市中的阶级矛盾；另一方面，通过对消费主义的鼓励和文化景观的建构，城市里的资本主义找到了全新的利润增长点：通过对城市的全面景观化，发展奢侈品、观光和艺术产业，西方资本主义者将自己塑造出的文明等级制，加以充分地利用，利用全球民众对文明、文化和艺术的膜拜，占据交通枢纽和信息枢纽的块茎城市通过贩售符号价值，赢得了高额利润，并将这些利润的一部分用于社会经济和福利，从而一定程度上促进了城市居民空间权利的需求。同时，消费空间对全体城市民众的敞开也造成了"享用城市公共空间"的幻觉，麻醉了弱势阶级的反抗意志。

但是，这些空间政治正义在块茎型城市中的"长足进步"只是拖延和掩盖了问题的解决，而且导致更为严重的空间政治正义问题。首先，块茎型城市确实维护和改良了城市的生态系统，缩小了城市居民所享有空间权利之间的差距，但是，这种生态正义的成果和空间平等权利的优化，是以全球第三世界国家空间正义的严重破坏为代价而产生的：在中国、墨西哥和东南亚，大量工人在环境恶劣的劳动空间中劳动，忍受着管理者恶劣的规训和污染有毒物质对身体的伤害，才换来西方大城市取之不竭的廉价消费品和优越的城市环境。因此，块茎城市只是利用技术的发展转嫁了城市内部的空间非正义，而随着这一城市的发展，这种转嫁到千里之外欠发达地区的空间非正义，将会产生更为严重的政治后果。其次，块茎式的城市规划并不能完全消除城市居民空间权利的不平等，而是通过消费中心和景观建筑的建造，将城市景观化，让城市内部和外部的观察者不再关注城市内部的"黑洞"。一方面，城市外部的观察者只能看到城市光鲜的外表——高耸的金融中心，时尚的艺术空间，琳琅满目的消费品，整洁宁静、奢华典雅的居住外观，通过对观看者感知方式的改造，现代块茎城市的外观成功掩盖了城市内部在空间权利上的不平等状态；另一方面，在空间权利的占有上处于弱势的城市底层群体，也会在传播媒介、娱乐空间和以个人奋斗与快感—利益最大化原则为主旋律意识形态装置的引导和支配下，相信通过"奋斗"能够获得更大的空间权利，因此，他们在看到引人入胜的城市景观时，总是以想象性代入的方式，相信总有一天，他们会作为成功者和这些景观融为一体。正因为如此，在当今世界各大城市的繁荣外观之下，贫民窟、地下室、城中村和地下桥洞等幽暗和逼仄的褶曲空间，并不外在于繁华的城市中心之外，而是直接内嵌于景观式城市建筑的底部、内部和建筑之间的死巷和死角之中，成为城市中无权者的栖息之所。最后，在这些以块茎方式构建出来的大城市中，由于外部联通渠道和内部联通渠道的多样和复杂，使得城市的阴暗角落往往成为外部危险直接进入，瓦解城市空间政治秩序的重要路径，这些路径最终导致忍受全球空间政治不正义的暴民和城市内部的无权者里应外合，使得看似最为安全的国际化大都市，成为城市安全秩序最为脆弱的标靶。

因此，我们会发现，围绕"权利""利益"和"安全"展开的现代西方空间政治正义原则在与现代城市规划实践相结合的过程中，并没有获得真正意义上的空间正义，而是和前现代城市规划和空间政治正义的关系一样，构造出临时性的空间政治秩序。而在15世纪以后，西方现代性不仅具有时间维度，更是一个以西欧国家为起点，伴随着全球化浪潮而展开的空间规划，在当代中国城市规划实践已经被西方现代城市规划理念所主导时，理念和实践的冲突将会产生什么样的后果？这一后果对于中国传统空间政治正义原则的现代转型有何意义？北京城市改造及其背后的空间政治问题成为一个非常典型的例子。

第四节 小结

西方空间政治正义思想所蕴含的实质是什么呢，它为什么会对西方空间城市规划产生一系列的不良后果呢？可以说，在古罗马社会将城市规划和皇帝对公民福利的绝对承担相结合之后，西方空间政治正义必须依靠两个层面的技术运作，才得以呈现出来：其一，生产技术，即不断提供城市居民所需的产品，以满足其生活欲望；其二，感官技术，以视觉化为中心的感觉操控和引诱，让城市居民产生幸福感。上述两种技术有效地均衡发展，成为城市统治者的正义性获得最大限度承认的前提。

现代资本主义的发展进一步深化了上述两种技术与空间正义的关系，这一点，近代政治哲学的奠基人霍布斯（Thomas Hobbes，1588—1679）通过对"荣耀"（Gloria）这一概念的分析，进行了充分的阐发。霍布斯认为，在现代国家中，在与民众订立社会契约之后，主权者不可能完全依靠民众赋予他的绝对惩罚权，随时用武力维持自身的最高地位。相反，主权者要想维持自身的地位，不仅不能用武力为后盾，随意恐吓和惩处普通民众，而是必须将自己的武力转化为对公共财富和公共资源的占有能力，并用武力维护已经获得的财富。在这样的状态下，民众不仅不会仇恨这位主权者，反而会为了个人利益的最大化原则，逐步产生对主权者的依赖和崇敬，主权者对这种崇敬的适时回报和他所拥有的武力，最终导致普通公民又敬又畏的崇拜目光。这种目光就被霍布斯称为"荣耀"。[①]

而在意大利哲学家阿甘本（Giorgio Agamben）看来，在现代资本主义国家对城市的管理中，"荣耀"实际上成为维持资本主义正当性的一种核心技术。从语源学的角度看，西语荣耀来源于拉丁语 Gloria，本意为"光明"，引申意为"荣耀、名声和赞誉"。[②] 而 Gloria 的古印欧语词

---

① 参阅 Thomas Hobbes，*Leviathan*，New York：Oxford University Press，pp. 38 – 39；83；271 – 277。

② 参阅 Giorgio Agamben，*The Kingdom and the Glory*，California：Stanford University Press，pp. 167 – 177。

源既有可能是＊glōs－，即"声音"，又可能是ĝneh－，即认识。① 因此，一旦某物具有 Gloria，它既成为视觉感知的对象，又成为声音的发出者，而且，凭借注视和倾听，我们能够得到对真理完善全面的认识。在整个西方中世纪，Gloria 特指具有巨大权威的牧师在举行弥撒时，祝圣的声音、仪式和教堂中的图像相互交织所构成的神圣氛围，而在现代社会中，景观的生产代替了教会弥撒，成为世俗领域的祝圣仪式，一方面，广告、摩天大楼和商业中心等设施矗立于城市的繁华地段，用二十四小时不断电的外观灯修饰，把城市核心打造为"不夜城"，这实际上替代了霍布斯所谓的主权者接受了全体城市居民的注视；另一方面，通过政治、经济和文化因素，城市边缘地区被资本主义城市治理术"自然"地转化为黑暗和犯罪之地，迫使边缘地区的居民为了获得更好的生活福利，拼尽全力为占有城市中优越的空间位置而努力。而通过引用居伊·德波（Guy Debord，1931—1994）的《景观社会》（*La Société du Spectacle*），阿甘本实际上将"荣耀"的实质道破：荣耀是生产技术的效果，通过广告、景观公寓、消费设施的建设，资本主义生产技术通过激发人的消费欲望，突破了因为生活必需品在机械化大生产之下，利润率大幅度降低所导致的资本主义危机，从生产关系的再生产出发，促进了商品生产的新一轮高潮；与此同时，荣耀又是感官技术，通过激发消费者对景观的膜拜，资本主义体系的正义性，再一次内嵌于普通民众的感知框架和政治无意识之中。

应该说，20 世纪以来，无论是马克思主义传统、海德格尔传统还是韦伯式的社会理论传统中，对"荣耀"与资本主义空间政治原则的共谋，都有所警惕，如马克思的"商品拜物教"理论，海德格尔的"世界图像"命题，都通过对"可见性陷阱"的批判，对现代政治"荣耀"表面下的不正义实质进行了揭露。而本雅明、德波、福柯等人的空间非正义批判，也都从空间政治的角度，对这一路径的批判进行了深化。但是，西方空间政治正义与"光荣"的共谋关系，并未被这些思想家所消解；原因在于，这些思想家总是试图用"黑暗"的空间位置，

---

① 参阅网络词源词典 wiktionary：https：//en. wiktionary. org/wiki/gloria#Latin.

对抗"荣耀"所在的景观空间所笼罩的光明领域。一些思想家试图强调，以荣耀面目出现的现代政治权力，总是忽略没有被照到光亮的黑暗角落，以此为无权者的苦难申辩；而以本雅明、福柯和阿甘本为代表的思想家，反而认为"黑暗"空间，才是对抗处于景观中心，并不断用"光明"瓦解和钝化反抗力量的现代社会权利体制的武器。但是，他们的反抗，不过是让处于黑暗位置的异质空间以慈善事业、创意产业和艺术景观的方式重新被新自由主义空间治理体系所收编，最终成为当代全球不正义的空间秩序"批判性的"帮凶。

而在中国传统政治制度中，对空间政治正义的需求与西方社会不同，政治权力的拥有者并不把权力的正当性奠基于城市居民的肉身福利之上，因此，中国政治权力的拥有者对城市空间的规划更强调自身立于"天下正位"的象征性正义和对民众道德教化权的掌握。在这一原则指导下，传统中国城市，尤其是都城空间的规划，虽然有类似西方景观式空间的设计，但其初衷并非吸引民众进入这些空间，而是《论语》中所说的"使民战栗"，让普通民众与之产生距离。而儒家"重农""不与民争利""尚俭"等行政传统，更让最高统治机构不倾向于扩大城市的范围，也不是试图在城市建立公众的娱乐空间和增加居民福利的设施，而倾向于在乡村空间中解决以上问题。这导致传统中国空间正义的原则，及其影响下的城市空间实践中，产生了一种不同于"光荣"的空间正义范式，就是"阴阳"范式。

阴阳是中国传统诸子百家主要流派共享的一种思维模式，这种模式强调，在事物的内部必然包含相互对立的两种力量，其中，居于主动地位，并积极压制其对立面的力量，被称为"阳"；而处于被动地位，守御其基本位置，力保不被对立面所侵蚀的力量为"阴"。无论是儒家、道家、法家还是杂家，接受阴阳学说的中国传统思想都不相信，这对立的两种力量中，有一股力量能够取代另一种力量，相反，如果出现"阳"胜过"阴"，或是"阴"胜过"阳"的不平衡局面，就会出现占优势的力量突然向对立面转化的趋势，导致阴阳力量再次成为后者略占主导，但两者相互平衡的状态。

与西方辩证思维不同，阴阳思维从不认为一种力量的绝对统治地位是完美的。《老子》经常强调"负阴抱阳""知黑守白"的和合境界，而即便施行霸道如汉、唐、清等强盛朝代，最高统治者基本强调对反对力量的统驭和压制，而不是彻底的清除，而最为上乘的境界，则是居于正位的君主，以道德和礼仪劝化和引导处于边缘位置的敌对力量。因此，在上文对《上林赋》的分析中，我们已经发现，天子的皇家园林并非那种改造、裁剪和分类一切的现代西方公园式建筑，而是试图保留自然蛮荒状态，甚至以物种多样性为荣的状态，而作者理想中的圣君更是在天下太平之后，在主动缩小园林的基础上进行空间规划，而不是彻底改造最高权力任意支配的空间。

第三章　空间经济正义与城市规划

　　什么是城市？是众多学者长期争论不休的问题。韦伯将城市的形成与人的居住地紧密相连。在他看来，"城市是个（至少是相对于）密集的'聚落'，而不仅仅是一些分散的居住的集合体。……除了上述居住的密集外，另外与'城市'此名词相关的概念是纯粹数量性的：它是个大聚落"①。雷蒙·威廉斯（Raymond Williams，1921—1988）将城市视为与农村相对的概念，对他而言，城市是"资本、非常大的城镇、一种独特的文明形式"②。刘易斯·芒福德从多个层面阐述了城市的本质，他认为，"城市——诚如人们从历史上所观察到的那样——就是人类社会权力和历史文化所形成的一种最大限度的汇聚体。在城市这种地方，人类社会生活散射出来的一条条互不相同的光束，以及它所焕发出的光彩，都会在这里汇聚成一种象征形式，象征着人类社会中种种关系的总和：它既是神圣精神世界——庙宇的所在，又是世俗物质世界——市场的所在；它既是法庭的所在，又是研求知识的科学团体的所在。城市这个环境可以促使人类文明的生成物不断增多、不断丰富"③。可见，城市是人类聚集地，是精神世界，是物质世界，是文明所在地。

---

　　① ［德］马克斯·韦伯：《非正当性的支配——城市的类型学》，康乐、简惠美译，广西师范大学出版社2005年版，第1页。

　　② Williams, Raymond. *The Country and the City.* New York：Oxford University Press，1973，p. 1.

　　③ ［美］刘易斯·芒福德：《城市文化》，宋俊领、李翔宁、周鸣浩译，中国建筑工业出版社2008年版，第1页。

在欧洲，自古希腊时期起，城市就被赋予不同功能，每个时代的城市都承载着不同功能。一部城市史不但是城市在自身演变过程中不断延伸、扩展的历史，也是城市功能不断变化的历史。城市在频繁的扩张和演变中不停地塑造出人类的诸种文化习俗、生活理念、价值观念。每个城市都展现出与其他城市差异颇大的面孔，同一个城市在不同时代也表征出不同的城市意象、城市结构、城市文明。城市是历史书写成的文本，要想认识城市和理解城市，就要亲身体验、感知、观察城市。因此，在城市中不断地游荡、不停地凝视城市的每个景象，才能真正发现、解读出城市的奥秘所在。

每座城市都是由石头构筑成的迷宫般的复杂空间，"从伯利克利（Pericles，公元前429年去世）时期到格兰特总统（Grant，1885年去世）时代，建造城市的原材料几乎没有变化"①，石头一直是建造城市的稳定原材料，因此，城市发展史是由石头谱写成的史诗。城市诞生于人类文明史中，人类借助于已经掌握的技术与艺术，用石头构建出集实用性与观赏性于一体的城市空间。然而，城市并不是空洞、封闭、无生气的石质容器，而是与野蛮和无序相对的，丰盈、开放、喧哗骚动的社会空间，直接展示一个时代的文明程度。复杂交错的城市形象、不断延伸的城市边界、忙碌喧杂的城市生活构成了城市发展的主要图景。

石头构成了城市的外部形态，人类是城市生命的真正缔造者，也是城市日常生活的参与者。人类不断地生产出新的城市生命，精心地改造城市的外部形态，计划性地完善城市的内部结构，旨在制造出理想、舒适、惬意的日常生活空间。城市是日常生活的重要载体，在日常生活中被赋予社会性；日常生活在城市空间中展开，构成城市的主要景观。人是日常生活的参与者，在城市迷宫中，人不断地出没、奔波、游荡于城市的各个角落，寻觅维持生计的手段，展示自己的生活理念，探寻生活的价值。日常生活具有鲜明的政治、经济、文化、社会属性，是人日常

---

① [美]詹姆斯·E.万斯：《延伸的城市——西方文明中的城市形态学》，凌霓、潘荣译，中国建筑工业出版社2007年版，第7页。

从事的各种活动的综合概括，是人的需求、欲望、理想的表征。日常活动具有重复性、多样性、易变性特征，随着时间、地点、社会环境的改变不断重复发生或变化。

第一节 经济与城市规划：从古典时期到后现代

城市有其自身的历史，是历史创造出的作品。但是，城市起源于何时？这是个很难回答的问题，因为现存的文献资料缺乏对此问题的记载。然而，想要更加详尽地了解经济对城市发展的影响，人们必须把城市置于历史语境中，从经济和城市发展史的综合视角，回溯城市发展的踪迹，探寻经济与城市结构和功能在历史演变中的相互影响。

城市是一个多元复杂的综合体，有多种不同的定义。城市的法律地位、人口密度、基本形态、生活方式等是界定城市的主要标准。从不同的视角关照城市，可以感知到城市的不同特征。建筑学家和城市规划师认为，城市是一个物质景观；在社会学家眼中，城市是一个社会集合体；对于经济学家而言，城市是一个经济空间。物质性、社会性、经济性是城市的三个基本属性，它们共同展示出城市的特征、气质、内涵。但是，"从某种意义上说，城市首先是一个经济的单元，然后才有了作为社会单元的或建成环境的城市"[1]。马克斯·韦伯从纯粹经济视角定义过城市，他认为，"城市是一个其居民主要依靠商业和贸易，而非农业为生的聚落……在聚落内有一常规的，非临时性的，货物交易的情况存在，此种交易构成当地居民生计和需求满足的不可或缺的一个要素"[2]。经济活动则是满足城市居民生活必不可少的活动。实际上，城市是"城"与"市"的融合体，城市的"市"指的就是商品交换的场所。"城市从产生之初的一个重要功能就是作为市场，现代社会以前的

---

① 李翔宁：《想象与真实：当代城市理论的多重视角》，中国电力出版社 2008 年版，第 79—80 页。

② Weber, Max. *Economy and Society: An Outline of Interpretive Sociology. Volume Two.* Eds. Guenther Roth and Claus Wittich. Berkeley and Los Angeles: University of California Press, 1978, p. 1213.

城市本身就是商品交换的流通的重要集散地，从这种意义上说，城市对人的价值之一，就是提供了人们生活和消费的需求得以满足的场所。"①在界定城市的概念时，斯皮罗·科斯托夫解释了城市的九个基本特征，其中的"城市内有明确的劳动分工"和"城市是一个有利于获取收益的地方"②直接表明了城市的经济特征以及城市与经济的密切关系。

经济是人人都要面对的日常问题、参与的日常活动、践行的日常行为，是人类的需求、欲望、理念、价值复合交错的展现，想生存就必须参与经济活动。日常生活中，为满足自身生存、审美、身份的需要，每个人都不断地参与经济活动。经济活动不是在真空状态下进行的活动，只有在特定的物质空间内，经济活动才能得以展开。韦伯认为，"城市永远是个市场群落。它拥有一个构成聚落经济中心的市场，在那，城外的居民和市民，在既存的专业生产的基础上，以交易的方式获得所需的工业产品或商品"③。城市是重要的经济空间，不同类型的城市承载着不同的功能，但是，无论是在政治城市里，或是在生产城市中，还是在纯粹的消费城市内，经济都是必不可少、频繁发生、司空见惯的日常现象，是占据主导地位的日常活动。城市为经济提供了最佳的展开空间，同时，经济对城市的发展也具有特殊意义，城市形态、城市规划、城市功能都随着经济内在逻辑的改变而变化。

经济是城市自诞生初期就存在的重要社会现象。历史上，经济是解读城市的重要钥匙，经济与城市一直处于一种紧密的互动关系之中，经济是社会的产物，无论出于何种目的，经济总是为了满足人的某种需要而在特定的城市空间里展开的行为。同样，在人类经济发展进程中，城市是至关重要的推进剂。"事实上，城市发展和经济发展本就是共生关系，经济兴衰与城市伸缩密切相连。城市的成长与经济的进步更是融为

---

① 李翔宁：《想象与真实：当代城市理论的多重视角》，中国电力出版社 2008 年版，第 112 页。

② [美] 斯皮罗·科斯托夫：《城市的形成——历史进程中的城市模式和城市意义》，单皓译，中国建筑工业出版社 2005 年版，第 38 页。

③ Weber, Max. *Economy and Society: An Outline of Interpretive Sociology. Volume Two.* Eds. Guenther Roth and Claus Wittich. Berkeley: University of California Press, 1978, pp. 1213 – 1214.

一体；城市成长所采用的形式影响了、并将一直影响着经济变化与发展的性质。无论是过去、还是现在，正是由城市的空间组织形式表达着经济的社会组织形式。"[①]

诞生在人类文明史上的诸多城市，有的已经消失在历史尘埃中，成为废墟或深埋地下；有的依然充满生机，担负着政治、经济、文化中心的角色。城市存在于想象与现实之中。对于已经消失的城市和现存城市的历史，人们只能借助文献资料，通过想象的方式加以了解。现代城市不断扩张、延伸、膨胀，人们凭借视觉观测到的只是现实中不断变化的城市意象。要认识经济，就不能脱离城市语境，因为城市不但是最早作为市场发展起来的产物，为经济活动的展开提供了便利的场所，也是社会主导经济的模式、消费理念的所在地，集中反映出社会经济运转的状况。经济是城市发展的重要动力，是城市生存和发展的基础因素、有力保障，不但决定着城市发展速度、规模与城市居民的生活质量，而且也促使城市生产出多样性的与经济密切相关的城市空间，同时，城市形态、城市规划、城市功能都随着经济活动内在逻辑的改变而变化。由此，无论是要了解想象中的城市，还是想认识现实中的城市，都要以经济作为切入点。经济是认识城市结构和感知城市形象的基本要素，也是解读城市内涵的重要介入点。

公元前7世纪，"黑暗时代"结束后，古希腊涌现出众多城邦。实际上，希腊古典文化是城邦制度文化，城邦是集宗教、政治、军事、经济为一体的生命共同体。在古风时代和古典时期，对古希腊人而言，城市是城邦的中心，是生活的共同体，是稳定、安全、繁荣的象征，是秩序、文明、生活的中心。公民是城邦的组成要素，他们把城市视为一个有机整体，每个公民只是其中的一个组成部分，全体公民在城市中共同生活，从事政治、宗教、经济、社会活动。城市是古希腊的活动中心，他们以城市为荣，在《伊利亚特》中，阿基琉斯的战盾上就铸有两座壮丽的人间城市。古希腊时期的城市本质上是政治城市，宗教、政治、

---

① ［英］约翰·伦尼·肖特：《城市秩序：城市、文化与权力导论》，郑娟、梁捷译，上海人民出版社 2015 年版，第 15—16 页。

军事在城市组织和功能上占有核心地位，城市中的神庙是拜神祭祀的场所，市政厅是商议政事的空间，城墙是防御外敌的工具。[①] 在城市中生活的人主要是宗教人士、执政官、勇士，他们分别担负着传教布道、维护秩序、保护城市的角色。亚里士多德认为，"城邦的目的是使人类尽可能达到最优良的生活"[②]。最优良生活的一项重要标志是获得物质上的幸福，这就涉及城市的经济生活。实际上，每座城市都是一个独立的经济实体，政治城市也不例外。因此，古希腊城市中还存在"为获取进行战争和运用权力必需的物质（金属、皮革等）以及工匠制造时尚品所需的物质而产生的交易活动。因而，政治城市中还包括工匠和工人"[③]。生产和交易活动表明经济活动是城市生活的重要景象，工匠和工人是城市中经济活动的主体。

"经济制度也直接影响城市的发展形态。"[④] 公元前6世纪至前4世纪，随着希腊城邦工业的发展，生产的目的不再是自给自足，更主要的是进行交易。此时，在工匠之间竞争的影响下，专业化劳动分工的程度显著提高，从事手工业劳动的人明显增多，行业进一步细化，分工也更为精细。在喜剧《鸟》（Bird）中，阿里斯托芬（Aristophanes，约公元前446—前385）借佩斯特泰罗斯之口列举了雅典手工业领域典型行业的名称：铜匠、皮匠、陶匠、鞋匠、卖面粉的、织布的、修竖琴的。在《理想国》中，柏拉图指出，建立一个城邦不但需要农夫，还需要瓦匠、纺织工人、鞋匠照料身体需要的人，每个成员都要把各自的工作贡献给公众，他对城市内劳动分工专业化持肯定态度，认为每个工匠专门从事一种行业，才能把某种东西生产得既快又好，众多工匠会促使小城

---

① 美国城市研究专家芒福德认为，城墙的最初用途可能是宗教性质的，为了标明圣界的范围，或是为了辟邪，而不是防御敌人。见 Mumford, Lewis. *The City in History*: *Its Origins*, *Its Transformations*, *and Its Prospects*. San Diego: Harcourt Brace & Company, 1989, p. 36。

② Aristotle. *The politics*. Trans. T. A. Sinclair. Harmpndsworth: Penguin Books, 1980, p. 366.

③ Lefebvre, Henri. *The Urban Revolution*. Trans. Robert Bononno. Minneapolis: The University of Minnesota Press, 2003, p. 8.

④ 李德华主编：《城市规划原理》，中国建筑工业出版社2001年版，第5页。

市逐渐壮大。① 同样，在亚里士多德看来，专业化的劳动分工是城市赖以生存的条件。"固定的劳动分工的概念，把许多自然活动固定为一种终身职业的概念，束缚于某种单一技艺的概念，大约起源于城市确立的过程中。"②

芒福德指出："这种分隔的经济功能和社会作用，反过来又在城市范围内产生了相应的辖区，至少有——如果不是最先有——市场。"③柏拉图认为，在城邦内，彼此交换各自制造出的产品正是人们合作建立城邦的本来目的，直接促成了市场出现。④ 市场是构成城市空间的基本要素，是城市中独立的区域，是城市中公民活动的公共空间，"也是城市生活的安定性和规律性的产物"⑤。芒福德明确指出，希腊城市的市场是彼此交换各人所制造的东西的场所，而交换产品正是建立城邦的主要目的之一。⑥ 市场不仅是市民参与消费活动的空间，也是城市经济活动的主要表征，支撑了城市的发展。在《城市的经济》中，简·雅各布斯认为"城市是作为枢纽性的集市而出现的"⑦。对雅典人而言，作坊是典型的满足工匠生活并生产所需的家庭空间，他们在自己的作坊内生活和从事工业生产，这种状况一直持续到古风时代晚期。到古典时代，作坊成为生活、生产、交易的融合体，既是工匠们吃、住、生养孩子的生活领域，也是生产商品的场所，还是销售商品的空间。在此，"家庭与手工作坊、店铺、商号等，往往合而为一，家庭所在地也是经

---

①　［古希腊］柏拉图：《理想国》，郭斌和、张竹明译，商务印书馆1986年版，第59—60页。

②　［美］刘易斯·芒福德：《城市发展史——起源、演变和前景》，宋俊岭、倪文彦译，中国建筑工业出版社2005年版，第109页。

③　同上书，第111页。

④　［古希腊］柏拉图：《理想国》，郭斌和、张竹明译，商务印书馆1986年版，第61页。

⑤　Mumford, Lewis. *The City in History: Its Origins, Its Transformations, and Its Prospects.* San Diego: Harcourt Brace & Company, 1989, p.71.

⑥　［美］刘易斯·芒福德：《城市发展史——起源、演变和前景》，宋俊岭、倪文彦译，中国建筑工业出版社2005年版，第158页。

⑦　［美］斯皮罗·科斯托夫：《城市的形成——历史进程中的城市模式和城市意义》，单皓译，中国建筑工业出版社2005年版，第31页。

济活动的所在地"①。在雅典的城市布局中，作坊区被划分在特定的区域内，担负着生产、交易手工产品的任务，是古希腊重要的经济空间。毫不夸张地说，商品经济成为促进古希腊城市发展的主要因素。

阿伦特认为"当技艺人从孤寂中走出来，他就作为商人或贸易者出现并建立交易市场"②。由此，当作坊被赋予经济特点时，技艺人既是商品的生产者，也是商品的销售者，作坊成为经济活动的空间，商品交易将技艺人与消费者集合在一起，并使他们建立起一种面对面的对话关系，对商品的样式、种类、价格等进行交流或讨价还价。社会各个阶层的人都是作坊的消费者，很多时候，当他们与技艺人进行经济活动时，也会聊天、交流信息、谈论政治，此时，他们之间进行的活动性质产生了微妙的变化。在古希腊，"公共领域建立在对话之上"③，对话是解决公共领域内出现的问题的基本方式。他们之间的对话赋予作坊这一经济空间以社会和政治属性。因此，作坊内发生的商品交易活动，即其经济功能间接地使作坊的私人化性质弱化，转变成典型的公共领域，也就是说，消费使作坊从私人领域内走出来，在保留私人领域特征的同时，进入公共领域内。此时，作坊转变成私人领域和公共领域的融合体，在作坊里二者之间那道鲜明的分界线逐渐变得模糊，最终被抹擦掉了。

"城市最初是由剩余产品交换的商市而产生的。随着生产力的提高，剩余产品的数量、种类扩大，交换活动因之扩大，商市也由小到大，由不固定到固定场所。"④ 在古希腊，广场与城市的棋盘式街道系统相适应，向全体公民公开开放，具有明显的开放、自由、民主特征。法国历史学家罗兰·马丁（Roland Martin）指出，公元前6世纪至公元前5世纪，亚里士多德之前的文献资料中从未在商品交易的语境中提及

---

① 解云光：《古典时期的雅典城市研究》，中国社会科学出版社 2006 年版，第 64 页。

② Arendt, Hannah. *The Human Condition*. Chicago：University of Chicago Press, 1998, p. 163.

③ Habermas, Jürgen. *The Structural Transformation of the Public Sphere：An Inquiry into a Category of Bourgeois Society*. Translated by Thomas Burger with the assistance of Frederick Lawrence. Cambridge, Massachusetts：The MIT Press, 1991, p. 3.

④ 李德华主编：《城市规划原理》，中国建筑工业出版社 2001 年版，第 6 页。

过广场。在此期间，广场是政治、社会、宗教的活动中心。不过，从公元前6世纪起，雅典的经济发展水平显著提高，同时，"不断让人失望的暴君的野心，让公民失去关心公共事务的兴趣，他们不再将时间消磨在不从事生产的广场活动和政治活动上，而是把广场变成了像东方专制国家的集市那样的店铺集市"①。由此，广场的经济功能开始凸显，广场的露天空地开始被公众利用，公众汇聚于此，把广场当做市场，进行商品交易活动。福德形象地描绘过早期广场的形态与景象，"在广场中央临时搭建起来的货摊表明，正逢集日，农民把自己种植的大蒜、青菜或橄榄带到城里来，换取罐子或让补鞋匠修补鞋子"②。

在雅典时期，城市里的广场上出现了众多摊位，演变为商品交易的场所，到处摆满了蔬菜、水果、奶酪、罐子等各种各样的商品，公众汇聚于此，挑选、购买自己需要的商品。"公共"意味着，"任何在公共场合出现的东西能够被所有的人看到或听到，有最大限度的公开性"③。在广场的露天空地上，消费者可以最大限度地看到所有的待售商品，能够最大限度地听到商家的叫卖声，可以通过与商家之间的对话进行讨价还价，广场上忙碌的商品交易景象则是雅典经济繁荣最直接、真实的反映。到希腊化时期，"人们继续去广场，但是政治目的少多了。再者，商业的职能在这里明显地占据了优势：广场也因此变成了接近于我们现代观念的公共场所、交易中心，不再是古典时代小社团的政治伦理中心，即决定城邦命运的地方"④。

广场经济功能的增强并非意味着广场逐渐成为纯粹的经济交易场所、公民的消费空间，只是表明其功能逐渐趋向多元化，成为兼具"商品交易、聚会、讨论政治和膜拜众神"⑤的公共空间，也就是说，

① Mumford, Lewis. *The City in History: Its Origins, Its Transformations, and Its Prospects*. San Diego: Harcourt Brace & Company, 1989, p. 160.

② Ibid., pp. 149 – 150.

③ Arendt, Hannah. *The Human Condition*. Chicago: University of Chicago Press, 1998, p. 50.

④ ［法］克琳娜·库蕾：《古希腊的交流》，邓丽丹译，广西师范大学出版社2005年版，第44—45页。

⑤ Sennett, Richard. *Flesh and Stone: The Body and the City in Western Civilization*. New York: W. W. Norton & Company, 1994, p. 37.

经济活动赋予广场更多的功能，使广场演变为可以进行政治、宗教、经济活动的混合型公共领域，成为一种复杂、丰盈、包揽一切的社会容器，市民日常生活的复杂性淋漓尽致地展现在广场上。广场功能的多元化构成了古希腊城市的一个重要特征，对于此问题，亚里士多德提出了自己的观点，他认为在理想的城市内，应该建造两种相互补充的广场，"在这个位置以下，应该留有一片公共广场，其性质和作用犹如帖撒利亚人所命名为'自由'的那一广场。这里除经行政人员所召集的人以外，凡商人、工匠、农夫或其他类此的人们，一概不许入内"①。另一种广场主要承担经济活动的功能，"设在较高地区的公共广场就专供悠闲地游息，而商业广场则成为大家日常生活熙来攘往的活动中心"②。在城市中，这两种公共广场应该独立存在，承担不同的功能，但是，二者在功能上应该相互补充，共同为城市内公民的生活服务，这样才能营造出理想的城市公共空间。事实上，亚里士多德的理想城市是一种乌托邦式的蓝图，功能纯粹、单一的公共广场在亚里士多德时代不存在，在其后时代也没出现。"可能是由于希波丹姆斯的努力，在米利都之后，城市开始有了新型的广场：一个整齐的长方形，至少三个周边都围着成排的店铺。"③ 这进一步印证了经济功能逐渐成为广场的主要功能，广场成为市民最主要的消费空间。

作坊和广场是古典时代城市中重要的公共领域和经济空间，在古罗马，高度专业化的作坊继续承载着生活、生产、交易三重功能，是私人领域和公共领域的融合体。在古罗马的城市发展与规划中，广场仍然位于城市的中心位置，是城市主要街道的交汇处。在古希腊，城市广场是开放性的公共领域，开放性、自由性、民主性是其主要特征，然而，古罗马的城市广场在形态上发生了极大的变化，广场开始被店铺、法庭、议会、柱廊包围，从开放的场所转变为封闭的空间，将广场上的人包围

---

① Aristotle. *The Politics*. Trans. and intro. T. A. Sinclair. Harmpndsworth：Penguin Books，1980，p. 280.

② Ibid. ，p. 281.

③ Mumford，Lewis. *The City in History：Its Origins，Its Transformations，and Its Prospects*. San Diego：Harcourt Brace & Company，1989，p. 221.

在一个庞大的矩形空间内。在《建筑十书》中，维特鲁威（Vitruvius，约公元前80年或前70年—约前25年）就极其崇尚广场的矩形布局，认为矩形的布置不但适于观赏，而且可以适应听众的需要。四面连续的柱廊、宏伟的建筑和规整的广场构成一个雄伟庄严、整齐有序的空间体系，广场是这个空间体系的中心，周围的每个建筑都是这个体系的一个组成要素，从属于这个体系，这与古罗马人在城市规划中强调构建秩序、整体、壮观的思想是一致的。"罗马城市规划的最大艺术成就与贡献，就是对城市开敞空间的创造以及对城市整体明确'秩序感'的建立。……古罗马人却将广场塑造成为城市中最整齐、最典雅而规模巨大的开敞空间，并通过娴熟地运用轴线系统、对比强调、透视手法等，建立起整体而壮观的城市空间秩序，从而体现出了罗马城市规划中强烈的人工秩序思想。"[1] 罗马的城市广场越来越重视整齐秩序的规则，逐渐演变成封闭的政治和经济中心。然而，广场这种明朗有序的布局也对城市中经济空间的布局产生了影响。桑内特指出："当罗马广场越来越讲求规则时，城市的肉贩、杂货商、鱼贩和商人都在共和晚期将自己做生意的地盘让给律师和官吏，分散到城市的其他区域去了。"[2]在城市的各个专门区域和地段形成了日常消费的专业性市场，如蔬菜市场、鱼市、猪肉市场等。

经济空间的分布、功能、形态很大程度上受时代的城市规划思想、社会风俗、建筑艺术的影响。规划一个城市，并不只是单纯地选择建筑城市的地点，设计城市的布局，建筑神庙、市场、城墙等公共建筑物，而是一个把人类的生活理念转化成物质形态的过程。直到公元前5世纪，在实际需要的推动下，古希腊才出现城市规划思想。古希腊思想家极为崇尚社会秩序思想，例如，亚里士多德指出，美是由度量和秩序所组成。当时最著名的城市规划专家希波丹姆（Hippodamus）在这一思想的影响下，提出了城市规划的重要思想：希波丹姆斯式。被称为古代的奥斯曼的他"强调以棋盘式的路网为城市骨架并构筑明确、规整的

---

① 张京祥编著：《西方城市规划思想史纲》，东南大学出版社2005年版，第23页。

② Sennett, Richard. *Flesh and Stone：The Body and the City in Western Civilization.* New York：W. W. Norton & Company, 1994, p. 114.

城市公共中心，以求得城市整体的秩序和美"①。实际上，棋盘式的路
网将城市规划成矩形街道系统，不同区域提前被分配成不同功能，这是
建立秩序的典型表现。希波丹姆斯在关注规划城市的物质设施的同时，
对理想城市的秩序也投入了极大的兴趣，这涉及分区制的城市规划思
想。"在规划城市，为不同区域设置不同目的方面，他显示出自己的才
能。"② 在《政治学》中，亚里士多德指出，希波丹姆斯把全城的土地
"分作三个部分：一部分划归寺庙，另一部分由城邦公有，第三部分则
为私人产业"③。寺庙是进行祭祀、宗教活动的场所，城邦公有指的是
城市里的公共区域，私人产业是对私人领域的强调。对三种区域的划分
明显体现出希波丹姆斯在城市规划中推崇分区制思想，这一思想直接体
现出城市是多样化的空间，并承载着众多的功能。整个城市被规划成不
同的区域，不同的区域承载着差异性的功能，诸多区域紧密相邻，但却
具有截然不同的功能，如住宅区是居民居住的地方，作坊区是制造商品
的场所，广场是进行宗教、政治、经济活动的空间。列斐伏尔认为：一
方面，政治和宗教活动有机地融入古希腊的城市空间内；另一方面，数
的理性赋予城市永恒的秩序。④ 希波丹姆斯极为钟情三分法思想，他把
自己设计的城市中的公民也分为三个部分："第一部分是工匠，第二部
分是农民，第三部分是武装为国的战士。"⑤ 在此，把工匠划分为头等
位置的公民，实质上是在强调工匠对城市经济发展的重要性。的确，工
匠不但为雅典公民提供生活必需品，也生产出供他们消费的装饰品，满
足他们美化外表的需要。因此，工匠在城市中的地位是无法替代的，分
区制的规划思想并没有忽略他们，反而为他们划分出特定的生产区域。
实际上，在雅典，作坊区被划分在特定的区域内，担负着生产、交易手
工产品的任务。

---

① 张京祥编著：《西方城市规划思想史纲》，东南大学出版社 2005 年版，第 13 页。

② Wycherley, R. E., *How the Greeks Built Cities*. London: Macmillan and Conpany Limited, 1962, p. 18.

③ Aristotle. *The Politics*. Trans. T. A. Sinclair. Harmpndsworth: Penguin Books, 1980, p. 78.

④ Lefebvre, Henri. *The Production of Space*. Trans. Donald Nicholson-Smith. Oxford: Blackwell, 1991, p. 239.

⑤ Aristotle. *The Politics*. Trans. T. A. Sinclair. Harmpndsworth: Penguin Books, 1980, p. 78.

公元前 2 世纪，罗马开始进行大规模的城市化运动，城市不断地蓬勃发展，呈现出繁荣的景象。城市的人口激增，大城市将近有几十万甚至上百万人口，小城市也会有几万人口。共和国中期，罗马的财富集聚也达到空前的规模。在城市化和财富的刺激下，罗马人心中潜藏的享乐欲望被激发出来，追求讲究、精致、奢华的衣食，以快乐为最终目标的享乐主义开始成为时代的风尚。在《罗马盛衰原因论》中，孟德斯鸠（Montesquieu，1689—1755）曾指出，罗马人那种无限多的财富就引起了一种空前的奢华和浪费。公元前 1 世纪，讲究排场和享受蔚然成风，到尼禄执政后，追求享受和放荡的生活已经成为主导的生活方式。在帝国鼎盛时期，罗马城是当时世界上最繁华的城市之一，是财富的聚集地，有 100 多万居民，但是，罗马城是典型的政治城市，更主要的是起着行政管理的作用。罗马城内盛行的穷奢极欲的消费风气刺激了日常消费品的生产，众多手工业商品生产者活跃在城内的作坊区，可供出售的商品纷繁多样，不胜枚举。然而，城内居民消耗的消费品远远多于其生产的商品，由此可以说，罗马并不是生产型城市，而是具有典型消费特征的城市。事实上，农村是罗马城内居民日常消费品的主要供应者，丝绸、香料等奢侈品则来自东方和非洲大陆，罗马居民是典型的寄生阶层。

当一个城市的日常消费品很大程度上依赖于外部地区供应时，该城市的经济和居民的日常生活会受到这些外部地区的制约，随着外在环境的变化而产生相应的变化，城市中隐含的诸多危机也会随时爆发。2 世纪，罗马帝国的农业经济开始衰落，受此影响，城市经济和消费也呈现出日渐崩溃的趋势。395 年帝国庞大的疆域分裂为东、西两个帝国，帝国文明也随之日渐衰落。蛮族对边界的威胁、入侵阻碍了帝国对外贸易的顺利进行，罗马城内居民的奢侈品需求受到一定程度的影响，帝国的经济力量严重衰退，居民的日常消费水平也呈下降趋势。"在 4 世纪以后，除在东部以外，不复存在真正的大城市。"①罗马城昔日繁荣的场面

---

① ［比利时］亨利·皮雷纳：《中世纪的城市》，陈国樑译，商务印书馆 2006 年版，第 2 页。

已成为烟云，演变为过去的历史，居民奢侈欢娱的消费景象也渐渐被人们忘却，逐渐成为人类永恒的记忆，代表古典文明的城市开始衰落。历史上，任何一个城市的繁荣与衰落都是内因与外因共同作用的结果。罗马城的繁荣固然表现在城内众多豪华宏伟的公共建筑上，但是，大规模的建造、维护浴室等奢华的公共建筑不但是罗马人崇尚奢华享乐的表现，也耗费了罗马当局很大一部分财政收入。同时，罗马人对奢侈品的追求、消费助长了对外奢侈品贸易增长，形成了巨大的对外贸易逆差，使罗马大量白银源源不断地流到国外去。在奢华享乐的花费中，罗马城暗含的经济危机逐渐浮现出来，成为其最终走向衰败的重要原因之一。在尼禄执政时期，罗马城内的物价飞涨，人们的购买力急剧下降，罗马的腐败现象十分严重，罗马城内的很多店主和商人成为官员盘剥的对象，这使他们对经商失去兴趣。罗马城繁荣的消费景象逐渐失去了往昔的光彩。

在整个中世纪早期，西欧的城市化程度极低，真正的大城市已经不复存在，罗马城的人口骤然降至 4 万人，很多城市的人口数量都不超过 1 万人，城市的功能也不完善，经济活动更是处于凋敝的状态。皮雷纳（Henri Pienne，1862—1935）[①] 感叹道："在 9 世纪，由于商业消失，城市生活的最后痕迹随之消失，那些残存下来的属于城市居民的东西不复存在，这时，已经如此广泛的主教权势变得无与伦比。从此以后，城镇完全处于他们的控制之下。在城镇中事实上也只有或多或少直接从属于教会的居民。"[②] 9 世纪前后，西欧城市处于历史上最糟糕的时期，生活在城市中的很多人连基本的温饱都无法维持，当人们每天都在为自己的生计担忧时，对他们而言，满足基本生存以外的其他一切经济活动都是奢望，因此，当时城市中经济活动的凋敝状况可想而知。保全性命的强烈本能只能将罗马帝国时期城市中的奢侈、享乐消费景象视为过往烟云，丢弃追逐世俗消费狂欢的欲望，抛弃曾给人们带来无限欢乐，而现

---

① 亨利·皮雷纳，又译亨利·皮郎，比利时历史学家。著有《比利时史》，和研究中世纪的经典著作《中世纪的城市》《中世纪的结束》《中世纪欧洲经济社会史》等。

② ［比利时］亨利·皮雷纳：《中世纪的城市》，陈国樑译，商务印书馆 2006 年版，第41 页。

在却毫无用处的城市，被迫去寻觅新的谋生空间，由此，城市彻底成为空洞的石头之城。

　　经历了长达五个世纪的衰落后，到 10 世纪即中世纪中期开始时，西欧城市再次得到发展，真正意义上的城市开始兴起。城市的兴起表现在两个方面：既有原先已存在的一些城市重新开始复兴，也包括新的经济形态孕育出大量新城市。到了 11 世纪，西欧的城市开始彻底觉醒，新的活力注入城市的肌体中，具体表现为城市化运动进入实质性阶段。城市化运动是中世纪西欧的一项重要历史事件，对整个西欧的政治、经济、文化发展产生了深刻的影响。"13 世纪的某个时期，功能完整的城市开始出现，这个时期是人类基本活动重新定义的时期。无论从形态学还是语义学角度来讲，这个时期的城市拥有最原创的特征。现代西方城市系统更多地借鉴了中世纪时期城市的基本特征，而很少借鉴古典时期的城市特征。西方城市革命的进程正是从中世纪时期城市的兴起开始的。"[①] 城市中商业活动和世俗生活的复苏吸引了更多人口涌向城市，各种经济活动也纷纷在城市中开展。城市规划建设也随之得到更大的发展，尽管教堂仍然是最重要的城市意象元素，是城市中最重要的建筑物，占据着城市的中心位置，但是，商店、码头、行会等与世俗生活密切相关的公共建筑物也逐渐增多，并日益凸显其在市民日常生活中的重要性。

　　中世纪中期，城市的兴起不但是一个席卷西欧的城市化运动，也是一种社会经济现象。无疑，城市的兴起是诸多力量共同作用的结果。汤普逊阐述了促使城市兴起的原因和当时城市发展的程度，包括"人口的增加、群众间集团意识的提高、农奴制度的衰退，商业和工业的兴起与货币经济重要性的相应增长（这种经济渐渐代替了旧的'自然经济'）、公共秩序的加强、道路的改进和桥梁的建造等等"[②]。其中，商业和工业的兴起是城市兴起的主要助推器，因为，相对于农业生产创造

---

　　① ［美］詹姆斯·E. 万斯：《延伸的城市——西方文明中的城市形态学》，凌霓、潘荣译，中国建筑工业出版社 2007 年版，第 108 页。

　　② ［美］汤普逊：《中世纪经济社会史》（下册），耿淡如译，商务印书馆 1997 年版，第 408 页。

的财富而言，商业和工业成为一种新的生产财富的方式。新型财富的生产是在市场中完成的，而新兴的城市通常都是市场的所在地。同样，芒福德也认为，商业和工业的兴起为中世纪中期城市的兴起奠定了重要的基础。在论述中世纪社会的都市化现象时，城市规划专家万斯指出，如果一个城市非常适宜进行商业贸易活动，那么城市化现象就会很快出现。汤普逊曾列举过中世纪城市起源说，其中，第三项是"市场法"起源说。尽管他对这种起源说持有异议，并加以否定，但是，他肯定了商人和手艺人在城市中的重要地位和市场在城市发展中起的重要作用。经济因素是中世纪中期城市兴起的重要因素，商业、手工业、农产品的经营活动在城市中集中落户，促成城市中市场的形成。在谈及中世纪早期市场的选址时，很多历史学家都认为，当时的商业贸易受地理限制，并非随处可以进行，主要集中在城市中领主开办的市场中。"市场常常是位于豁免权辖区和居民区之间，是市民居住的中心，是城市生活的中心。"①

事实上，11世纪之后，城市社区的主要活动便开始转向市场。在当时的城市规划与建造中，每个建筑物在城市中都有自己特定的位置，每个时期由于特定的原因，人们都会将不同的建筑物安置在城市的不同区域，而建筑物在城市中的位置体现出城市的社会关系。在西欧中世纪的城市规划中，城市的整体空间布局表现为封闭的形式，"各自分散的建筑物有机地组织成绚丽多姿的建筑群体，一个建筑物的立面通常与左邻右舍都发生关系"②。如果说教堂被安置在城市的中心，表现出人们对精神生活的重视，对神的重要性的强调，那么，市场被建造在居民区附近或居民区内，说明人们对享乐生活的向往，对世俗消费的追求。"城市内的公共广场常常与大大小小的教堂连在一起，市场也通常设在教堂的附近。教堂与市场，一个是精神活动的场所，一个是世俗活动的舞台，彼此共同密切了居民的交往。"③ 商业和手工业等经济因素给城

---

① ［德］汉斯-维尔纳·格茨：《欧洲中世纪生活：7—13世纪》，王亚平译，东方出版社2002年版，第252页。

② 张京祥编著：《西方城市规划思想史纲》，东南大学出版社2005年版，第40页。

③ 同上。

市的肌体注入了无穷活力，使城市快速地成长起来。桑内特曾将中古的经济发展、宗教发展、空间的关系进行过对比，他指出，"中古的经济和宗教发展将空间感推向两个相反的方向，这种不和谐一直延续到今日。城市经济让人们有个人行动的自由，这在其他地方是不存在的，城市宗教则创造了人们彼此关心的空间"[①]。

汤普逊指出，12 世纪晚期，各类商人和各种工匠都组织在一起，从事某一行业的商人和工匠都倾向于聚集在城市的某一条街或某一区内。同行商人集中在一起表明，作为经济空间的店铺或作坊聚集在城市的特定区域，形成生产和销售同类商品的商业区；制造同类工业品的工匠集中在同一区域则充分说明在城市中出现了古希腊时期担负生产功能的作坊区。由此，在中世纪中晚期的城市内，承载不同功能的区域开始形成。事实上，在中世纪中晚期，将特定的商业活动安置在城市中特定的区域内已经成为城市规划中常见的现象，而且每个市场也被分割成不同的区域，不同产品在不同区域内得以出售，如家禽区、木材区等。这不但充分体现出当时经济贸易的专业化程度已经很高，也表明城市已经演变为巨大的异质空间。在当时的城市规划中，集市或市场也是城市中主要的公共领域，城市中的主要市场是城市的经济和社交中心，市民聚集在此进行经济交易活动的同时，还参与当地的社会和文化活动。

此时，虽然城市中依然存在着高耸的教堂和庄严的修道院，但是按照芒福德的观点，中世纪的城市只不过是基督教城市的幻影，一种新的城市秩序暗含在已有的基督教和社会基础中，而基督教的精神实质则在城市发展中逐渐消失。[②] 在此，"一种新的城市秩序"指的是一种新的城市形态和新的生活方式。实际上，在中世纪晚期的城市中，新的生活方式逐渐形成，城市人文主义出现，这些因素，尤其是经济因素，导致城市渐趋脱离中世纪文化，成为现代思想和价值观的发源地，现代性因素在城市中诞生。

---

① Sennett, Richard. *Flesh and Stone: The Body and the City in Western Civilization*. New York: W. W. Norton & Company, 1994, p. 159.

② Mumford, Lewis. *The City in History: Its Origins, Its Transformations, and Its Prospects*. San Diego: Harcourt Brace & Company, 1989, pp. 318–321.

世俗化是贯穿整个文艺复兴时期的一个重要主题，不但市民生活、城市社会呈现出世俗化趋向，城市规划、设计、建设也显示出世俗化特征。城市建设活动的世俗化主旨很大程度上是为了满足市民的日常生活需要，经济空间逐渐增多则是城市建设活动世俗化的一个重要表征。"世俗化不仅是社会中存在的一种变化，也是社会基本结构本身的一种变化。"① 实际上，文艺复兴时期的世俗化过程还直接造成城市形态、布局、结构的变化。

中世纪时，西欧城市空间中最突出的意象是与基督教相关的教堂，教堂占据城市的中心位置，彰显神的重要性。15 世纪，随着新兴资产阶级的成长，消费热的兴起，城市中满足市民世俗生活需要的场所越来越多，城市规划、设计、建设都以为城市经济活动和全新的城市生活提供保障和便利为出发点。教堂的宗教性功能逐渐弱化，演变为城市公共活动中心，店铺、市场等与市民的日常生活密切相关的场所渐趋成为城市标志性建筑。这种城市建设的世俗化趋势实际上是布莱恩·威尔逊所指的有意识进行的世俗化的变化，因为城市中的世俗经济活动场所基本上都是人为设计和建造的，旨在满足市民的物质生活需求。从 15 世纪开始，很多意大利城市为经济活动规划、开辟出专门的交易场所或市场，佛罗伦萨市内规划出的"旧市场"和威尼斯市内建造的里亚尔托桥区都是城市著名的商业区，是市民购买商品的重要消费空间。

威廉斯详细地考察过"城市"（city）一词的词义演变历程，他指出，自 13 世纪起，"city"一词就已经出现在英语中，到了 16 世纪，"city"开始用于指较大的或非常大的城镇，比较普遍的用法即专指伦敦。"city"后来的词义用法很明显与都市生活的重要性息息相关，自 17 世纪开始，"city"与"country"形成了对比。从 18 世纪起，"city"指涉金融与商业中心的狭义用法日益普遍，因为这个时期金融和商业活动发生了显著扩张。② 可见，金融与商业等经济活动的扩张使城市成为

① ［英］布莱恩·威尔逊：《世俗化及其不满》，黄晓武译，载汪民安、陈永国、张云鹏编《现代性基本读本》，河南大学出版社 2005 年版，第 738 页。

② Williams, Raymond. *Keywords: A Vocabulary of Culture and Society*. New York: Oxford University, 1983, pp. 55 – 56.

消费供给与需求的中心。主要的消费者都聚居在城市中，中心城市为城市居民和周边乡村提供了必要的商品和服务。

市场和集市是西欧城市主要的经济中心，在城市规划与建造中，由于城市空间的限制，很多新集市不得不被设置在城门口或市郊，这直接导致城墙不断外移，城市边界日趋模糊并逐渐扩大。布罗代尔甚至夸张地说道："一有空地出现，集市就去占领。"① 他对 1683 年在伦敦的泰晤士河上举办的集市进行了详细的描述："城市的活动迁到河上，河面变成货车和客车的通衢大道，商人、摊贩和手工业者在那里搭盖棚屋。一个庞大的集市平空冒了出来，其规模之大足以衡量首都人口之多；当时曾经历其境的一位托斯卡纳人写道，该集市简直像'巨型交易会'。"②

消费是 16—18 世纪城市发展的重要动力，二者共同构建起一种新的物质文化，"这种新的物质文化将消费商品与商店、休闲设施以及一种被埃斯塔布鲁克（Estabrook）称为'人造环境'的物质基础建设结合起来"③。实际上，16 世纪之后，伦敦、巴黎、罗马等重要城市一直在竭力抛弃中世纪城市的面孔，由此，这些城市作为地区商业或消费中心的特征越发明显。例如，伦敦是英国最具代表性的商业和消费城市，也是英国人口激增最快的城市，到 1801 年，伦敦的人口增长到将近百万人，成为当时世界上最大的城市。同时，伦敦也成为英国最大的消费品市场和最重要的消费品工业中心，在英国人的日常生活和社会经济生活中具有无法替代的作用。伦敦城内承载商品贸易和居民消费的空间也在不断地产生变化，原有的消费空间逐渐呈现出新的面貌，新的消费空间也在消费、时尚风潮中被生产出来，人们的日常生活在诸类空间中重新得以塑造，逐渐向现代生活方式演进，城市成为现代生活方式的策源地。

---

① ［法］费尔南·布罗代尔：《形形色色的交换》，顾良译，生活·读书·新知三联书店 1993 年版，第 9 页。

② 同上书，第 10 页。

③ Stobart , Jon, Andrew Hann, and Victoria Morgan. *Spaces of Consumption：Leisure and Shopping in the English Town , 1680 - 1830* . New York：Routledge, 2007, p. 3.

19 世纪中叶，机器大工业在城市中的聚集导致城市工业化以惊人的速度向前推进，传统的工业生产形式被大规模工业生产取代，城市演变为真正的生产中心，制造业成为城市的主导产业，商品生产则成为城市经济发展的主要动力，从事服装、化工、金属、纺织制造的公司在 19 世纪西欧城市中成倍地扩增，商品的种类和数量以空前的速度激增，毫不夸张地说，城市成为商品景观社会，商品拜物教的魔力控制着人们生活的方方面面，催促人们更加频繁地投身到经济活动中。现代化的百货商店、酒吧、餐厅、咖啡馆等新型的经济空间在城市中随处可见，成为城市中最具特色、数量最多、颇为豪华的公共领域，在人们日常生活中的重要性与日俱增。19 世纪是现代性的一个高潮阶段，巴黎、伦敦等大都市出现，"都市，是现代性的生活世界的空间场所。也可以说，现代性，它积累和浮现出来的日常生活只有在都市中得以表达。现代性必须在都市中展开，而都市一定是现代性的产物和标志，二者水乳交融"①。19 世纪的城市规划与建设中，巴黎出现的拱廊街、游荡者、百货商店，英国举办的世博会、商店沿街橱窗展示的各种新型商品都是都市现代生活的重要表征，人们对时尚消费等经济活动的热衷与追求揭示出都市生活和现代性之间的亲密关系。

芒福德指出，19 世纪"城市土地像劳动力一样，现在也变成了商品。它的市场价值表示了它唯一的价值。城市被设想成只是纯粹出租房屋的物质团块"②。他将这种现象称为"一种新的城市体制"（a new kind of urban order），"允许土地利用逐渐强化，并相应地增加房屋和土地的租金和价格，是这种缺乏有机结构规划的特有长处"③。由此，强化土地的利用率，满足城市经济和商业活动的需要演变为城市规划的重要议题。贫民窟成为与"工厂"和"铁路"一样的城市综合体重要组成部分。

在 20 世纪城市规划思想中，"理性主义"是一个重要的流派。该

---

① 汪民安：《现代性》，广西师范大学出版社 2005 年版，第 11—12 页。

② Mumford, Lewis. *The City in History: Its Origins, Its Transformations, and Its Prospects.* San Diego: Harcourt Brace & Company, 1989, p. 422.

③ Ibid., p. 423.

流派对第二次世界大战后的城市规划做出了诸多贡献，其中重要的一点是"改变了传统城市规划对城市形式和图案的过分关注，从城市中人的活动和土地功能出发，对城市规划所涉及的内容进行了合理的探索，区位论、地租理论（如 A. Alonso 的土地竞争函数）等都是这一思想的反映"①。第二次世界大战后，西方社会逐渐迈入大众消费社会，消费演绎为社会经济活动的中心环节，消费经济成为社会主导的经济形式。城市是时代消费理念的衍生地，是汇聚时代消费特征的场所。观察、剖析一个时代的大众在城市中的消费状况，可以窥视到时代的经济状况、人的品位爱好、时代主导的价值观念。无论是购买日常生活用品，或是消费文化产品，还是购买房产都极大地刺激了城市化运动的发展，都明确反映出大卫·哈维提出的城市化和资本积累之间的关系，即"城市是资本积累的主要形式，是构成资本主义再生产的基本条件"。在解析 20 世纪 60 年代的都市危机时，爱德华·索亚指出，"都市政治经济学新学派尤其关注都市规划的实行，因为即使据它最进步的形式，城市规划也主要是，如果通常是无意识的话，为资本和资本主义国家提供最基本的需要。实际上，正是聚焦于都市规划及其通过住房、交通、社会服务和'城市复兴'形成建成环境的作用，都市政治经济学家因而与都市生活的空间特征联系紧密"②。

"在 20 世纪，城市发展的新规律是不断的破坏和更新。"③ 60 年代以后，随着经济全球化的不断深入，城市发展受到资本在全球流动的影响，很大程度上，"资本"成为促使全球范围内城市重构的重要因素。在不断的破坏中，城市依然承载着经济高速发展的重任，而在持续的更新中，新型的大都市不断在世界范围内涌现，城市化进程明显呈现为大城市化的趋势。大城市，尤其是超级城市的出现，不但表征为城市的数量急剧增加，而且也表征为人口和财富进一步集中大城市。同时，西方

---

①　张京祥编著：《西方城市规划思想史纲》，东南大学出版社 2005 年版，第 169 页。

②　［美］爱德华·索亚：《后大都市——城市和区域的批判性研究》，李钧等译，上海教育出版社 2006 年版，第 122—123 页。

③　Mumford, Lewis. *The City in History: Its Origins, Its Transformations, and Its Prospects*. San Diego: Harcourt Brace & Company, 1989, pp. 444 – 445.

城市规划的视角和重心发生了重大的转移，其中一点是"由城市景观的美学考虑转向对具有社会学意义的城市公共空间及城市生活的创造"①。后现代城市的生产和社会生活是围绕消费展开的，消费取代生产成为城市运转、发展、演变的主要动力，对后现代城市的形态结构、城市意象、日常生活、政治、经济等都具有重要影响。在后现代生活和后工业经济的影响下，人们更加重视自我身份的建构，城市中各种各样的消费空间逐渐成为塑造人的身份、品位的主要场所，被索亚和卡斯特尔称为"集体消费"的现象成为与城市规划和城市政治密切相关的议题。"正当城市空间越来越被当作集体消费的专门语境时，都市政治开始围绕着争取集体商品和服务而定位，这种斗争使地方政权、国家政权（在都市规划者的帮助下）与新的城市社会运动策略对抗。"②

城市环境是城市外部形态的主要表征，是市民居住、生活、工作的物质环境，为市民的日常社会与消费实践提供了极大便利，但是，在后现代城市中，当大众消费社会彻底得以确立，消费文化成为社会文化的重要组成部分时，消费文化、消费模式、大众的具体消费需求对城市的整体建成环境和个体建筑的影响更为强烈。"20 世纪的城市研究领域重要的范式，也就是将城市看做商品交换和消费的市场。"③ 消费与城市在不断的互动状态下，不断地推动消费继续向前发展，促使城市在不断延伸、扩张的同时，生产出更多、更新型的消费空间，见证了全新的消费观出现。由此，随着后现代消费文化的发展，消费对城市的影响也逐渐彰显出来，这主要表现在，消费促使城市不断地呈现出主题化倾向。在后现代社会中，商品的使用价值逐渐让位于符号价值，符号成为城市中重要的景观。在当代城市中，不但商品本身呈现为符号化趋势，城市建成环境也显示出主题化趋向，这实际上是空间价值转向的具体表征。

"全球化进程中的城市与区域之间由于在城市竞争力上的较量愈演

---

① 张京祥编著：《西方城市规划思想史纲》，东南大学出版社 2005 年版，第 184 页。

② ［美］爱德华·索亚：《后大都市——城市和区域的批判性研究》，李钧等译，上海教育出版社 2006 年版，第 123 页。

③ 李翔宁：《想象与真实：当代城市理论的多重视角》，中国电力出版社 2008 年版，第 112 页。

愈烈，城市和城镇的空间，越来越以商品运作的方式被包装和出售。城镇的经营者——从地方政府到各种各样的运营者将城市的资本运作以文化的面目包装起来，或者将地产以纯粹商品的形式出售，或者用以吸引工业的投资、旅游业和商业的收入。"① 这意味着，作为公共空间的城市逐渐演变为一种特殊的商品，被推入到交易时尚，成为推销的对象，这也体现出地方政府和运营者越加重视参与城市经济管理，以多种方式推动城市经济发展。事实上，"出售地点是当代都市社会重要的特征"②，在这种背景下，城市必然也受到商品化浪潮的侵袭，成为颇具吸引力的商品。20 年代后半叶，在全球经济衰退和诸多其他侵扰资本主义企业和政府社会问题的影响下，推销城市空间的风潮愈演愈烈，逐渐成为一种全球化现象，众多城市深陷其中。实际上，出售城市就是哈维所指的 "城市间为了争夺资源、工作、资本而展开的灵活竞争框架中的一部分"③，这表明，城市空间已然成为商品，并占据了城市消费空间有力的竞争地位。可以说，城市空间的商品化不仅是消费社会重要的景象，是消费社会重要的组成因素，也是政府对城市重新建构的重要原因。

第二节　正义、城市与经济

"正义" 是人类对社会生活的美好向往，是自古以来人类不断追求的目标，其原初含义就与公平交易和正当的行为相关。从古希腊的柏拉图、亚里士多德到当代的罗尔斯等学者对正义进行论述或阐释时，很大程度上，都不约而同地将正义置于城市空间或经济的框架内，认为相互

---

① 李翔宁：《想象与真实：当代城市理论的多重视角》，中国电力出版社 2008 年版，第 86—87 页。

② Philo, Chris . and Gerry Kearns. "Culture, History, Capital: A Critical Introduction to the Selling of Places". *Selling Places: The City as Cultural Capital, Past and Present.* Eds. Gerry Kearns, Chris Philo. Oxford: Pergamon Press, 1993, p. 18.

③ ［美］大卫·哈维：《从管理主义到企业主义：晚期资本主义城市治理的转型》，余莉译，载汪民安、陈永国、马海良主编《城市文化读本》，北京大学出版社 2008 年版，第 4 页。

之间具有密切的关联性，因此，单独去解读"正义""空间"① 和"经济"往往是空洞的，只能窥视到其表层浅显的意蕴，如果想真正理解其内涵，就应该将正义置于空间或经济的语境中，去认识"空间正义"和"经济正义"的独特意义。那么，何为"空间正义"和"经济正义"呢？其理论基础又经历了何种模式的历史演变呢？

20 世纪 60 年代以来，在城市不断发展、延伸的过程中，相应地也出现了诸如城市空间的区隔、排斥、分层、贫民窟化等危机现象，这些新的城市问题成为城市规划学家和其他相关领域的学者关注的焦点问题。社会正义成为城市规划的新命题。"在 1960 年代后期，西方社会面临的尖锐矛盾导致了'规划的社会公正'的命题被广泛提出，许多人认识到，在城市规划建设过程中，住宅和物质环境的建造只是全部工作的一小部分，更重要的是要建立广泛的规划公正制度。于是 1970 年代美国的城市规划重心开始由纯粹的物质性规划，转向对城市社会问题和对策的综合研究。"② 作为人类居住和生活的场所，城市存在的主要目的是能够令公民的生活更加美好，而空间正义则要求公民在城市内应该拥有属于自己的空间权利，这就要求"平等性"应该成为城市空间最基本的属性，而城市规划过程中首先应该保障公民的空间权益，由此，"所谓空间正义，就是存在于空间生产和空间资源配置领域中的公民空间权益方面的社会公平和公正，它包括对空间资源和空间产品的生产、占有、利用、交换、消费的正义"③。可见"空间正义"要求在城市规划过程中要保证每个公民都能够平等地享受到占有、利用、消费城市空间和空间机会等的权利，以防出现空间隔离、贫民窟、蚁族等不公正的社会现象。

在人类文明史上，追求空间正义是一个永恒的主题。"空间正义思想有着非常浓厚的历史渊源，早在十八、十九世纪空想社会主义者傅立叶的'法郎吉'和欧文的'共产村'里就体现着'空间正义'的生活

---

① 空间在此指的是城市的空间。

② 张京祥编著：《西方城市规划思想史纲》，东南大学出版社 2005 年版，第 202 页。

③ 任平：《空间的正义——当代中国可持续城市化的基本走向》，《城市发展研究》2006 年第 5 期，第 1 页。

原则。"① 马克思在分析资本主义的一系列问题时，也阐释了其空间正义思想，以此深刻地批判了资本主义城市内出现的空间生产的资本化等现象。需要指出的是，西方学术界对空间正义加以集体关注并非源自马克思，而是在 1960 年代后期，伴随着西方国家普遍出现了城市危机，一些地理学家、哲学家和城市学家在对城市危机和大规模的城市扩张中出现的城市问题加以研究时，开始重视对城市空间正义的研究。

列斐伏尔最早提出了"城市权利"的概念。在《城市的权利》中，他提出了"城市权利"（The right to the city）的概念。列斐伏尔的全部著作的基本主题是对资本主义的批判，在《城市的权利》中，"被谈论的权利并不是个人或公民所具有的抽象意义上的权利，而是属于社会群体的具体权利"②。城市的权利并不是一种虚假的权利，也不是指单纯地参观城市的权利，列斐伏尔所强调的城市的权利"指的是公民操控社会空间生产的权利，城市及其居民有权拒绝外在力量（国家、资本主义经济驱动）的单方面控制"③。这种权利可以被解释为一种经过转变的城市生活的权利，一种被更新的中心性权利。在现代社会中，城市的权利变得更为重要，它表现为权利的最高形式。随着工业化的发展，在现代工业化国家中，商业与政治活动都集中到了城市的中心区域，这迫使城市居民向城市的边缘区域迁移，人们原有的日常生活方式也被迫改变以适应这种新的局势。然而，实现"城市权利"则意味着城市居民可以抵制资本积累与国家统治的需要，拒绝从城市的中心区域向边缘区域迁移。大卫·哈维和卡兹·波特（Cuz Porter）认为，"城市权利不能简单地解释为个人的权利。它需要集体努力，需要围绕社会团体进行集体政治的塑造"④。可见，"城市权利"指的是与参与城市规划、发

---

① 张天勇、王蜜：《城市化与空间正义——我国城市化的问题批判与未来走向》，人民出版社 2015 年版，第 141 页。

② Lefebvre, Henri. *Writings on Cities*. Trans. & Ed. Eleonore Kofman and Elizabeth Lebas. Oxford：Blackwell, 1996, p. 19.

③ 吴宁：《日常生活批判——列斐伏尔哲学思想研究》，人民出版社 2007 年版，第 348 页。

④ Harvey, David. and Cuz Porter. "The right to the Just City". *Searching for the Just City：Debates in Urban Theory and Practice*. Eds. Peter Marcuse etc. London：Routledge, 2009, p. 48.

展、管理等行为有关的权利，也包括占有、消费城市空间、享受城市生活等权利。同时，要求城市权利的社会集团主要是那些被排斥在权利之外的人，"城市的权利更强调的是那些在城市的空间生产中被忽略的人的权利"①。

当代新马克思主义地理学家大卫·哈维开创性地从社会正义视角对空间问题和城市规划进行了分析。在《社会正义与城市》的导言部分，哈维指出了该书的主要研究对象，即空间的本质（the nature of space）、社会正义的本质（the nature of justice）和城市化的本质（the nature of urbanism）。哈维批判地解析了罗尔斯的正义理论，指出后者的正义思想只明确地阐释了分配正义的本质，而忽略了生产正义，② 但是，哈维的社会正义理论同样是以分配为出发点。对于哈维而言，空间组织进行正义分配的首要标准是"固有的平等"（inherent equality），即"无论贡献如何，每个人都有平等地索取利益的权利"③。也就是说，在资源分配时，空间组织要公正地保障每个人的需求。由此，哈维从空间视角介入到探寻对社会资源进行公正分配的方式。在"区域概念"的基础上，哈维创造性地提出了"区域再分配式正义"（territorial distributive justice），即"社会资源以正义的方式实现公正的地理分配"④，这在本质上是一种社会资源被以公正的方式加以分配的方式，强调了地理、空间在社会资源分配中的重要性。

在对《社会正义与城市》一书进行评析时，爱德华·索亚指出，哈维的伟大贡献在于，他发现了"都市系统的'正常运作'、作为一种生活方式的都市活动的每日惯例和特性，其本身都倾向于生产和再生产一种实际收入的带有退化性质的再分配，这种分配一直以牺牲穷人的方式来使富人获利。哈维把资本主义城市看做一个在其本性上产生不平等的机器，因此在都市地理语境与社会过程和空间形式相互关系的语境中

---

① 张京祥、胡毅：《中国城市住宅区更新的解读与重构——走向空间正义的空间生产》，中国建筑工业出版社 2015 年版，第 149 页。

② Harvey, David. *Social Justice and the City*. Oxford: Basil Blackwell, 1988, p. 15.

③ Ibid., p. 100.

④ Ibid., pp. 101 – 117.

为不公平累积的加重创造了一个肥沃的土壤"①。可见，对于哈维而言，
资本主义的城市空间生产本身是不正义的，而资本主义城市化的过程就
是这种不正义不断的生产过程，城市在充当生产不平等机器的同时，也
是造成空间分配不正义的因素，要消除城市空间的不正义，就必须对空
间进行合理、公正的再分配。

在《寻求空间正义》的导论部分，城市规划学家爱德华·索亚明
确地阐释了从空间性视角解析正义的目的，"是为了增加我们对正义作
为所有社会中关键因素和动力的普遍理解。它寻求的是提升民主政治和
社会积极行动主义的更为进步、更可参与的形式，为动员和维护社会的
内在联合，草根的区域联合，以及正义指向的社会运动提供新的理
念"②。对于索亚而言，从空间性视角审视正义是实现民众政治的重要
范式，"空间正义问题确切地说是发生在第三空间领域里的空间性建构
过程中所涉及到的利益、权力和资源的分配问题"③。"城市的空间布
局"是索亚空间正义思想中的核心问题。在《亲身体验城市》(*Taking
Space Personally*) 一文中，索亚以对空间正义的论述作为文章的结尾。
与哈维一样，索亚从地理学的视角介入到对空间问题的探讨，与哈维不
同的是，他在思考空间问题时，将地理学和法学结合在一起，从地理学
与法学的融合视角对空间问题进行了解析，提出空间视角正在成为解读
诸种社会问题的新路径，"从这种法律和地理学的交叉哺育中形成了学
界的另类思潮，即对正义、民主、市民、统治权等从空间的角度进行重
新思考"④。在索亚看来，"空间正义的概念并非意味着是社会、经济或
其他形式正义的替代物，而是呈现和激发出一种强调特定的（通常是
被忽略了的）正义和不正义空间的策略和理论，包括其怎样被置入城

---

① ［美］爱德华·索亚：《后大都市——城市和区域的批判性研究》，李钧等译，上海教
育出版社 2006 年版，第 135 页。

② Soja, Edward W. , *Seeking Spatial Justice.* Minneapolis：University of Minnesota Press，
2010，p. 6.

③ 黄其洪：《爱德华·索亚：空间本体论的正义追寻》，《马克思主义与现实》2014 年
第 3 期，第 72 页。

④ Soja, Edward W. , "Taking Space Personally". *The Spatial Turn：Interdisciplinary Perspec-
tives.* Eds Barney WarfandSanta Arias. New York：Routledge, 2009, p. 31.

市空间因果关系中"①。实际上，从法学和地理学的交叉视角看待空间问题，对正义和不正义加以探寻，在某种意义上，是索亚对列斐伏尔提出的城市权利概念的继承、发展。他认为，列斐伏尔的城市权利概念，"重新确立了寻求正义、民主和公民权利的城市基础。在民族国家确立公民权和人权的数个世纪后，城市又被视作一个具有社会优势和经济优势的特殊空间和地方，是社会力量和统治等级制度运行的焦点，从而也是各种寻求扩大民主、平等和正义斗争的激烈战场"②。显然，这里存在对城市权利的斗争，"处于不平等、不公正地位空间的弱势群体要求取得更大的社会权力和更多的资源"③，也就是向那些拥有优势地位的利益群体索要民主、平等、正义、资源的斗争。索亚指出："列斐伏尔认为日常城市生活的正常运作导致不平等的力量关系，表现为城市空间中不平等、不公正的社会资源分配。"④ 具体而言，这主要指的是，哪些群体应该拥有城市权利，哪些群体不应该拥有城市权利，哪些群体可以享受城市文明的物质成果，哪些群体在城市规划中拥有更多的话语权。斗争和城市空间中社会资源分配还涉及在城市特定区域内如何进行空间性布局，即索亚所言的"寻求对塑造城市空间的控制权"⑤。

　　任平教授对"空间正义"的概念做出了界定，他认为，"所谓空间正义，就是存在于空间生产和空间资源配置领域中的公民空间权益方面的社会公平和公正，它包括对空间资源和空间产品的生产、占有、利用、交换、消费的正义"⑥。在此基础上，张天勇和王蜜提出了把握空间正义的几个方面：第一，从要素上看，空间需求、空间应得、空间公平和空间公正是构成空间正义的本质要素，空间正义就是这四个要素的

---

① Soja, Edward W., "Taking Space Personally". *The Spatial Turn: Interdisciplinary Perspectives.* Eds Barney WarfandSanta Arias. New York: Routledge, 2009, p. 32.

② Soja, Edward W., *Seeking Spatial Justic.* Minneapolis: University of Minnesota Press, 2010, p. 96.

③ Ibid.

④ Ibid.

⑤ Ibid.

⑥ 任平：《空间的正义——当代中国可持续城市化的基本走向》，《城市发展研究》2006年第5期，第1页。

相互关系及其所组成的整个运动过程。第二，从城市空间正义的伦理角度看，"空间正义就是一种符合伦理精神的空间形态与空间关系，也就是不同社会主体能够相对平等、动态地享有空间权力，相对自由地进行空间生产和空间消费的理想状态"。第三，从空间正义的运行环节上看，由空间生产正义、分配正义、交换正义和消费正义组成。① 很大程度上，任平对空间正义的定义以及后两位学者理解空间正义的三原则是国内学术界认识城市空间、城市中出现的各种正义与非正义现象的重要基础。

经济活动是一种理性的人类实践行为，经济与正义总是紧密关联的，所谓"经济正义"指的是社会经济活动领域内的正义，"指的是经济领域中的正义问题，它将正义的价值理念和原则导入到经济领域，从而对经济行为和经济活动所进行的正义价值评价及原则规范，是对经济生活世界的正义追问，它构成社会正义的重要内容和主要形式"②。可见，"经济正义"包括两方面的内涵，既有经济的原则，又有正义的尺度，经济是经济正义的存在基础，正义则是经济正义的价值原则。简言之，"经济正义"是从正义视角审视经济活动中的各种经济行为，是将正义的价值原则应用到经济领域中，目的在于对经济活动中的各种行为提供正义的指导原则和价值原则，从而使社会经济活动中的各种行为能够遵循正义的价值尺度和原则，塑造出一个和谐的经济世界，保障参与经济活动的每个个体都能拥有平等的权利。"经济正义是正义的价值理念在经济世界中的渗透，并外化为现实的制度规范和体制原则，牵引和约束经济行为及经济活动，使之趋于正义之善。它规导着经济活动中利益和意义、经济和道德、手段和目的的内在统一，以确保人之为人的存在之真理。"③

自人类社会产生了经济活动这种社会现象，经济正义就成为经济交

---

① 张天勇、王蜜：《城市化与空间正义——我国城市化的问题批判与未来走向》，人民出版社 2015 年版，第 152—155 页。

② 毛勒堂：《论经济正义的四重内蕴》，《吉首大学学报》（社会科学版）2003 年第 4 期，第 6 页。

③ 同上。

往中人们追求的最高准则。从古希腊时期的柏拉图、亚里士多德到当代的罗尔斯、诺齐克等思想界和学者都对经济正义进行过论述，他们共同谱写出西方经济正义理论的历史谱系。

在《理想国》中，柏拉图就对"什么是正义"进行了讨论。柏拉图借助苏格拉底之口阐述了正义的基本原则，即"正义就是有自己的东西干自己的事情"①。由此，正义已经与个人的幸福紧密结合在一起。对于柏拉图而言，正义本质上是城邦的原则，是城邦的幸福。

"如果我们找到了一个具有正义的大东西并在其中看到了正义，我们就能比较容易地看出正义在个人身上是个什么样子的。我们曾认为这个大东西就是城邦，并且因而尽我们之所能建立最好的城邦，因为我们清楚地知道，在这个好的国家里会有正义。因此，让我们再把在城邦里发现的东西应用于个人吧。如果两处所看到的是一致的，就行了，如果正义之在个人身上有什么不同，我们将再回到城邦并在那里检验它。把这两处所见放在一起加以比较研究，仿佛相互摩擦，很可能擦出火光来，让我们照见了正义，当它这样显露出来时，我们要把它牢记在心。"②

可见，柏拉图所谓的"正义"很大程度上指的是城邦的空间正义，在城邦正义与个人正义的辩证分析中，他不但强调了城邦整体正义的重要性，突出了城邦正义对个人正义的特殊意义，而且认为只有在城邦正义和个人正义的和谐统一中，正义才能最终实现。实际上，在柏拉图看来，建立城邦的目的并不是为了某一个阶级、少数人独享幸福，"而是为了全体公民的最大幸福；因为，我们认为在一个这样的城邦里最有可能找到正义"③。建立理想城邦的目的是以空间正义保障全体公民的幸福，幸福和正义是辩证一致的，只有全体公民都能享受幸福的成果，才能真正实现城邦正义的目标，而正义的实现是以全体公民的幸福为基础的。

---

① ［古希腊］柏拉图：《理想国》，郭斌和、张竹明译，商务印书馆 1986 年版，第155 页。

② 同上书，第 156—157 页。

③ 同上书，第 133 页。

　　亚里士多德是西方历史上第一位对经济正义进行系统论述的思想家。亚里士多德秉持与柏拉图类似的观点，他认为，"城邦以正义为原则。由正义衍生的礼法，可凭以判断［人家的］是非曲直，正义恰正是树立社会秩序的基础"①。对于亚里士多德而言，城邦是人类生活的衍生品，其建立、存在的目的就是能够给人们带来优良的生活。古希腊经济是典型的城邦经济，对于亚里士多德而言，"城邦以正义为原则"②，在此意义上，古希腊时期的经济正义本质上就是城邦经济正义。"正义以公共利益为依据"③，也就是说，在社会活动中要以保障、维护全体民众利益的平等、互利为首要原则，按照亚里士多德的话说就是，"所谓'公正'，它的真实意义，主要在于'平等'。如果要说'平等的公正'，这就得以城邦整个利益以及全体公民的共同善业为依据"④。具体到经济领域，就是在经济交往和利益分配中要秉持民众相互之间互利、平等的价值理念，从而维护每个公民应该享有的经济权益。

　　很大程度上，亚里士多德的正义观关涉的是经济领域，在《尼各马可伦理学》第五卷，亚里士多德详细地阐释了其经济正义思想。"不同品类的人们各尽自己的功能来有所贡献于社会，也从别人对社会的贡献中取得应有的报偿。"⑤ 这不但是涉及城邦内民众的分工问题，还牵涉经济关系中的分配问题，即分配的正义性。他认为，"具体的公正及其相应的行为有两类。一类是表现于荣誉、钱物或其他可析分的共同财富的分配上（这些东西一个人可能分到平等的或不平等的一份）的公正。另一类则是在私人交易中起矫正作用的公正"⑥。可见，亚里士多德视域中的经济正义主要指的是经济交往中分配和交换的公正性，他认为，分配的正义原则就是，每个人按照各自的价值被分配财物，即平等的人应该享受到平等的分配待遇，社会根据每个公民对社会公共事业

---

　　① ［古希腊］亚里士多德：《政治学》，吴彭寿译，商务印书馆1983年版，第9页。
　　② 同上。
　　③ 同上书，第148页。
　　④ 同上书，第153页。
　　⑤ 同上书，第46页。
　　⑥ ［古希腊］亚里士多德：《尼各马可伦理学》，廖申白译注，商务印书馆2003年版，第134页。

的贡献分享社会给予公民的各种福利，其中含有公民应该承担社会义务和享有相应权利，以及义务与权利对等的意义，而矫正正义是对经济交往中违反意愿的，即在私人经济交易中对违反公正原则的行为进行仲裁和惩罚，以此补偿受害方的利益，也就是经济交往过程中对侵害者进行惩罚，对受害者要加以补偿。对于亚里士多德而言，"公正在于成比例。因为比例不仅仅是抽象的量，而且是普通的量。比例是比率上的平等"①。以此，在分配正义中，亚里士多德认为，要做到分配公正，就应该遵循平等比例的原则，即平等的人应该占有或分得平等的份额。"分配的公正在于成比例，不公正则在于违反比例。不公正或者是过多，或者是过少。这样的情况常常会发生：对于好东西，总是不公正的人所占的过多，受到不公正的对待的人所占的过少。"② 关于矫正正义，在亚里士多德看来，"公正在某种意义上是违反意愿的交易中的得与失之间的适度"③，通过法官的仲裁，让违反意愿的一方将不当得利补偿给受害方，补偿的原则则是双方的利益均等，即"公正就是平分，法官就是平分者"④。除了分配正义和矫正正义之外，他还强调，在物品交换过程中也应该遵循正义原则，即实行所谓的"交换正义原则"，也就是人与人之间的平等和交换的东西等价是进行交换时应该遵循的两个基本原则，简言之，所谓交换正义指的就是经济交易中要遵循等值交换的原则。此外，亚里士多德同时还一再强调，正义是以公共利益为依据的，维护和发展全体公民的公共利益是"正义"的出发点和归宿，社会正义、秩序建立在公共利益的基础之上。

18 世纪英国经验哲学家和伦理学家大卫·休谟（David Hume，1711—1776）认为，正义对人类社会具有重要的作用，"公共的效用是正义的唯一起源"⑤。对于休谟而言，遵守正义原则是维护社会经济秩

---

① ［古希腊］亚里士多德：《尼各马可伦理学》，廖申白译注，商务印书馆 2003 年版，第 135 页。

② 同上书，第 136 页。

③ 同上书，第 140 页。

④ 同上书，第 138 页。

⑤ ［英］休谟：《道德原则研究》，曾晓平译，商务印书馆 2000 年版，第 35 页。

序的先决条件，正义与私人财产权紧密联系在一起。首先，正义是对个人财产权的尊重，私有财产权是自然权利的重要内容，应该建立确立财产权的规则，稳定全体社会成员对财物的占有，由此才能确立良好、安定的社会秩序。其次，转移财产需得到财产所有者的同意，不能以暴力、欺骗等非法手段进行，这在本质上是财产交易要秉承马克思所言的物与物之间平等交换的原则，只有严格贯彻此原则才能使经济活动双方互利受惠。再次，财产转移要以履行许诺原则为基础，建立在许诺原则上的财产交换是构成、维护经济正义的基础。休谟提出的以上三原则不但能够保障社会经济活动公正地展开，在某种意义上，也是人类社会公正、幸福的必要前提，是维护边沁等功利主义学者所言的"最大多数人的最大幸福"的保障性要素。对于休谟等启蒙思想家而言，契约是保障经济活动能够以正义原则和价值尺度得以进行的基础，很大程度上，契约是经济正义的标准，为经济活动的双方在经济交往中制定出规范和准则，在经济交往和分配中，只有按照彼此订立的契约去行事，才能是真的正义，而违反了契约就是非正义。

18 世纪经济学家亚当·斯密（Adam Smith，1723—1790）认为，每个人都可以作为市场主体自由地参与市场竞争，追求利益的权利，"每一个人，在他不违反正义的法律时，都应听其完全自由，让他采用自己的方法，追求自己的利益，以其劳动及资本和任何其他人或其他阶级相竞争"[①]。由此，参与市场经济活动的每个主体都是平等的。在亚当·斯密看来，"禁止人民大众制造他们所能制造的全部产品，不能按照自己的判断，把自己的资财与劳动，投在自己认为最有利的用途上，这显然是侵犯了最神圣的人权"[②]。也就是说，每个人不但拥有自由参与市场活动的均等机会，而且参与经济活动的权利也是神圣不可侵犯的。可见，"自由""机会均等"和"个人权利不可侵犯"是亚当·斯密经济正义思想的关键词。

边沁、穆勒等功利主义哲学家的核心思想或基本主张是"最大多

---

① ［英］亚当·斯密：《国民财富的性质和原因的研究》（下卷），郭大力、王亚南译，商务印书馆 1983 年版，第 252 页。

② 同上书，第 153 页。

数人的最大幸福"，实际上，这正是功利主义哲学家追求的经济正义的目标，"力求将行为者的自我利益和他人利益、社会利益沟通起来，架起一座由利己走向利他的桥梁"①。由此，个人的自我利益和社会的整体利益具有一致性，社会的公共利益就是个人利益的合成。他们将能否提高人的功用利益视为正义与否的标准。"因此，当一种经济制度或者经济政策最大限度地给人们带来经济利益时，它就是正义的。这样一来，正义就成为促进功利的手段而不是独立的标准，唯一的标准乃是功利。"② 与亚当·斯密一样，穆勒等功利主义者同样认为，市场经济活动中的每个主体都拥有平等的机会、平等参与自由竞争的权利，而且在不妨碍其他人行使自己权利的时候，每个人都应该按照权利获得自己应得利益。"以功利原则为基础的经济正义观，把个人的经济利益作为评价正义的第一要义，旨在强调个人权利的实现和保障的优先性。"③

马克思从经济视角对"正义"问题进行了分析。"马克思的经济正义思想源起于对现实物质经济利益的关注，利益在马克思的经济正义思想中具有基础性的位置。"④本质上，马克思的经济正义思想是一种实践正义。对于马克思而言，经济正义的最终目标旨在追求现实生活中人与人之间在经济利益方面平等的理念与原则，他试图探寻到一条可以实现经济正义的途径。在资本主义社会的经济关系中，工人阶级受到资本家无情的折磨、剥削、压榨、奴役，在此意义上，对于工人阶级而言，资本主义经济本质上是不道德、非正义的，是一种异化经济。在马克思看来，只有彻底消灭私有制，消解了资本家与工人阶级之间的雇佣劳动关系，实现人的自由而全面发展才能获得真正的经济正义。总之，"马克思主义最简洁有力的观点在于：资本主义的正义是维护资本主义生产，其法律和国家已经背离了其本应代表的社会整体利益，故本身就不存在正义；只有在高度发达的经济基础之上消灭一切非正义的社会现象，追

---

① 何建华：《经济正义论》，博士学位论文，复旦大学，2004 年，第 59 页。
② 毛勒堂：《西方经济正义思想的历史脉动》，《云南师范大学学报》2005 年第 3 期，第 30 页。
③ 同上书，第 31 页。
④ 毛勒堂：《马克思的经济正义思想》，《思想战线》2004 年第 4 期，第 1—2 页。

求全人类的彻底解放，才能实现人类社会真正意义上的正义。现代社会正义的主流价值观是反对国家对个人生命、自由、私有财产的侵犯，主张依据法治的原则限制政府的权力，倡导自由的经济秩序"①。

在《正义论》中，美国学者约翰·罗尔斯从政治、经济、法律等方面对正义问题进行了详细的解析。对于罗尔斯而言，"正义的概念就是由它的原则在分配权利和义务、决定社会利益的适当划分方面的作用所确定的。而一种正义的观念则是对这种作用的一个解释"②。经济正义是罗尔斯正义思想的核心观念，在罗尔斯的视域中，经济是社会发展、进步的基础，经济正义是社会正义观念得以确立的前提，人们的利益才能得到保障。在论述正义的两个原则时，罗尔斯指出，"第一个原则：每个人对与其他人所拥有的最广泛的基本自由体系相容的类似自由体系都应有一种平等的权利"③。可见，人与人之间都是自由而平等的，包括平等的政治权利，当然也有平等的经济权利。"第二个原则：社会的和经济的不平等应这样安排，使它们①被合理地期望适合于每一个人的利益；并且②依系于地位和职务向所有人开放。"④ 显然，在此，"利益"很大程度上指的是财富的分配问题，即每个人都应该实现自己所期望的利益，由此要相应地调节社会和经济利益的分配。和言论、集会自由等一样，保障个人财产的权利也是一个正义社会中公民拥有的基本权利。按照罗尔斯的话说，"两个正义原则确立了社会和经济安排必须尊重的一种有关个人的公正理想"⑤。

在第五章中，解析"分配的份额"时，罗尔斯对公共利益做了详细的分析，他赋予公共利益两个特点：不可分性和公共性。公共性指的是，许多个人要求或多或少地享有公共利益，"但是如果他们都想享有

---

① 胡毅、张京祥：《中国城市住宅区更新的解读与重构——走向空间正义的空间生产》，中国建筑工业出版社 2015 年版，第 147 页。
② ［美］约翰·罗尔斯：《正义论》，何怀宏等译，中国社会科学出版社 1988 年版，第 8 页。
③ 同上书，第 56 页。
④ 同上。
⑤ 同上书，第 252 页。

它，那么每个人就必须享有同样的一份"①。罗尔斯还提出了"最少受惠者"的概念，在进行社会分配时，可以通过"差别原则"，借助调节转让，那些状况较好者对较不利者进行补偿，很大程度上，这是因为状况较好者的财物的获得建立在牺牲最少受惠者利益的基础上。

罗尔斯之后，在《无政府、国家与乌托邦》（Anarchy, State, and Utopia）中，哲学家诺齐克（Robert Nozick，1938—2002）提出了"持有的正义原则"。诺齐克特别强调个人权利的至高无上的绝对地位，"权利原则"是其正义理论思想的基础，对他而言，"经济领域中的'个人权利'就是个人对社会经济利益的'持有权利'或'持有资格'，经济正义就在于这种'持有权利'或'持有资格'的正义性，这就是诺齐克'持有正义'原则"②。在该书第七章，诺齐克阐释了组成持有正义的三个主要论点，其中第二个论点是"转让的正义原则"，"涉及从一个人到另一个人的持有的转让。一个人可以通过什么过程把自己的持有转让给别人呢？一个人怎么能从一个持有者那里获得一种持有呢？"③ 本质上，这种"转让的正义原则"指的是经济交往中财富或利益的转让要遵循公正的原则，只有那些出于自愿交换、馈赠的转让才符合转让的正义原则。在论述"转让的正义原则"时，诺齐克指出，有些实际持有状态并不符合转让的正义原则，"有些人偷窃别人的东西或欺骗他们、奴役他们、强夺他们的产品，不准他们按自己的意愿生活，或者强行禁止他们参加交换的竞争"④。基于这些转让中出现的非正义现象，诺齐克提出了持有正义的第三个论点，即"对持有中的不正义的矫正"，即通过一些措施对持有中的不正义现象进行矫正，以实现持有的正义性，很大程度上，这契合了亚里士多德提出的矫正正义观。诺齐克对持有的正义性做了具体的总结，他认为，"如果一个人按

---

① ［美］约翰·罗尔斯：《正义论》，何怀宏等译，中国社会科学出版社 1988 年版，第257 页。

② 毛勒堂：《西方经济正义思想的历史脉动》，《云南师范大学学报》2005 年第 3 期，第32 页。

③ ［美］诺齐克：《无政府、国家与乌托邦》，中国社会科学出版社 1991 年版，第156 页。

④ 同上书，第158 页。

获取和转让的正义原则，或者按矫正不正义的原则（这种不正义是由前两个原则确认的）对其持有是有权利的，那么，他的持有就是正义的。如果每个人的持有都是正义的，那么持有的总体（分配）就是正义的"①。在此，诺齐克指出了正义、持有和分配之间的辩证关系。实际上，分配正义是其经济正义思想的最终归宿点，某种意义上，持有正义的提出是为其分配正义思想做理论上的铺垫，对诺齐克而言，持有正义是分配正义的理论基础，"如果所有人对分配在其份下的持有都是有权利的，那么这个分配就是正义的。如果一种分配是通过合法手段来自另一个公正的分配，那么它也就是公正的。从一种分配转到另一种分配的合法手段由转让的正义原则规定的"②。这是诺齐克的分配正义的整个原则，而转让正义和分配正义是其经济正义思想的核心原则，是实现经济正义的理论基础。

经济正义不仅仅指亚里士多德到罗尔斯、诺齐克等思想家和学者提出的经济正义思想或经济正义原则，而且体现在现实生活中具体的经济活动中，社会经济活动的每一个环节都渗透着经济行为的主体对经济正义的追求，经济正义是保障经济活动健康运行的基本伦理要求。"经济正义在经济活动中表现为经济活动正义，经济活动正义是经济正义的精神理念和价值原则在经济过程中的体现和关照，它集中体现在对经济活动的目的、过程和手段诸方面的合理性和目的性的评价和审视。"③经济活动正义本质上追求的是通过公正合理的价值原则在促使经济活动健康运行的基础上，使经济活动的主体都能自由、平等地参与经济活动的各个环节，从而保证各个主体能够共享经济给人类带来的幸福。

一般而言，经济活动的运行过程包括生产、交换、分配、消费四个环节，这四个环节都涉及正义问题，因此，经济活动正义相应地具体表征为生产正义、交换正义、分配正义和消费正义。"交换正义是经济秩

① ［美］诺齐克：《无政府、国家与乌托邦》，中国社会科学出版社 1991 年版，第 159页。

② 同上书，第 157 页。

③ 毛勒堂：《经济正义：经济生活世界的意义追问》，博士学位论文，复旦大学，2004年，第 73 页。

序的保障，分配正义是经济正义的基本形式，消费正义是实现经济正义的基本环节，而生产正义则是实现经济正义的关键。"① 在构成经济活动的四个基本要素中生产居于主导地位，简言之，生产正义指的是生产活动的正当合理性，"生产正义的本质在于诉求生产活动中的合规律性和合目的性的统一，从而追求生产效率和正义价值的内在统一；关注生产活动对于人的自由存在本质的确证意义，并因此包含着对劳动权利的要求和对劳动的尊重；要求在生产过程中注重对自然生态的保护和尊重；强调人的自由发展尺度和生态保护的统一"②。可见，生产正义不但可以促进资源的优化配置和生产力的提高，而且更加注重生产关系中人的自由、平等和基本权利。交换是经济活动中经济行为主体之间的价值交换活动，交换活动的顺利展开是以交换主体的平等自由为基础的。"交换正义是指交换行为主体在进行交换活动时应遵循合理性标准和正义的价值原则，是对主体的交换行为、交换过程、交换的内容等所进行的正义与否的价值评判和追问。"③ 交换正义是一种价值尺度，是交换主体在进行具体的交换行为时必须遵守的基本准则，而交换正义的实现则基于交换主体之间的平等互利。平等、自愿、诚信是交换正义的三个基本原则，只有建立在这三个原则上的交换行为才是公正的。分配正义是人类追寻的一个永恒的经济目标，如上文所述，从亚里士多德到诺齐克都对分配正义进行过详细的论述。具体而言，"分配正义所主要关注的是社会成员或群体之间在经济权利和义务、权力和责任的配置问题，对分配的前提、程序、标准以及由此形成的结果加以是否合乎理性和人的价值尊严的追问，并进一步诉求分配的合理性和合目的性，从而要求社会的经济分配既合乎经济效率的原则，又有助于促进人的自由之增长，最终提升生命的质量和存在的意义"④。由此，分配正义本质上不仅是对经济活动中出现的利益矛盾冲突的调节原则，而且是对人的价值

---

① 何建华：《经济正义论》，博士学位论文，复旦大学，2004年，第123页。

② 毛勒堂：《经济正义：经济生活世界的意义追问》，博士学位论文，复旦大学，2004年，第77—78页。

③ 同上书，第80页。

④ 同上书，第83页。

尊严的维护。消费正义主要指的是正义视角关照下的消费目的、消费方式、消费内容，实质上就是消费活动的正当性。"消费正义的旨趣乃是通过对消费主体的消费行为进行合理性与合目的性的追问，旨在引导人们的消费，使消费尺度与人的发展尺度有机地统一起来，从而促进人的自由发展。"① 作为一种价值尺度或价值原则，消费正义将人们的消费行为纳入伦理学关注的范畴中，引导人们理性地看待、反思消费行为，主张要合理、适度、正当地进行消费，放弃非理性、不健康的消费理念和消费行为。作为经济活动正义的四个基本组成部分，生产正义、交换正义、分配正义和消费正义在现实经济活动中紧密关联，共同表征着具体经济活动的正义原则和价值尺度，其中每个环节的正义与否都牵涉整体经济或经济活动能否公正地开展，最终的经济目标能否顺利实现，并且直接影响到经济主体在具体经济活动中的地位和利益，影响到社会经济活动能否健康运行。

第三节　消费正义与城市化运动：从古典时期到中世纪

空间正义理论和经济正义理论彼此之间并非毫无关联，列斐伏尔、哈维和索亚等学者的空间正义理论基于对 20 世纪 60 年代以来西方城市危机的应对分析，日益严重的阶级对立、种族冲突和贫富分化等问题导致社会上各种组织力量不断地为争夺有限的城市资源进行斗争。某种意义上，对城市资源的争夺本质上就是对城市经济资源的争夺，包括对城市空间本身的争夺，因为按照马克思对商品的定义，城市空间本身也具有商品的属性，是一种特殊的商品。对城市资源的争夺也促使城市化过程中城市资源在社会各个团体和组织之间被再分配，各种空间的非正义现象和诸种城市危机就产生在这种再分配的过程中，正如哈维所说，

---

① 毛勒堂：《经济正义：经济生活世界的意义追问》，博士学位论文，复旦大学，2004年，第 88 页。

"这个城市化进程的结果必定是不平等和不公正"①。"以列斐伏尔、索亚和彼得·马库塞为代表的西方马克思主义学者将地理学与社会学科相互交叉，从社会地理学角度对这次危机进行分析和解说，由此推动了经济公平和经济正义的研究向空间领域的转向，提出了著名的空间正义理论。"② 列斐伏尔的城市权利理论本身就包括城市居民参与城市空间生产、享有城市经济成果的权利，"城市居民单凭住在城市这一事实，便拥有明确的空间权利，即公开公正地参与城市空间生产的过程，得到和享用城市尤其是更宝贵的城市中心生活的优势，不受强加的各种形式的空间隔离和限制，享受满足基本需要的健康、教育和福利等公共服务"③。如上文所说，大卫·哈维的空间正义思想主要关注的是城市空间中社会资源分配的公正性。对于哈维而言，"只有从公共和私人的投资的位置或空间格局中获得积极的（对社会有益）需求或收益增值率，一个地域或区域的资源分配才可以更公正"④，是否拥有城市经济权是人们实现空间正义的重要标志。索亚认为，资本主义城市的固有特征是，"城市建立在具有差异的财富、特权结构及空间优势中"⑤，"资本主义工业城市自身像一台机器，不间断地制造并维持着分配的不平等，以及哈维所说的土地非正义"⑥。可见，对于索亚而言，资本主义城市的空间结构本身就具有非正义性特征，是生产不公正的机器，是造成经济不公正的罪魁祸首，可以说，只有对城市和城市空间自身进行结构性的变革才能消除分配不公。

"城市权利不仅包含某些权利的形成和城市人口的政治素养，也是

---

① Soja, Edward W., *Seeking Spatial Justice*. Minneapolis: University of Minnesota Press, 2010, p. 88.

② 乔洪武、师远志：《经济正义的空间转向——当代西方马克思主义的空间正义思想探析》，《哲学研究》2013 年第 12 期，第 19 页。

③ Soja, Edward W., *Seeking Spatial Justice*. Minneapolis: University of Minnesota Press, 2010, pp. 99 - 100.

④ Ibid., p. 85.

⑤ Ibid., p. 48.

⑥ Ibid., pp. 48 - 49.

对城市空间动态构成的反思。"① 城市权利不仅意味着城市居民共享社会、经济发展的成果，更重要的是他们应该有权利平等自由地参与城市政治、经济活动，可以公开、公平地参与城市规划，参与所有生产都市空间的过程，介入对城市空间动态构成的决策，从而能够享受城市生活的特定经济福利。这实际上反映出 20 世纪 60 年代以来城市规划思想发展的一个趋向，即"随着社会环境的改变和民主化进程的推进，公众更直接、更有效地参与规划制定和实施的全过程"②。在《论空间正义》一文中，皮里在对正义的空间所指（the spatial reference of justice）进行解析时指出，空间正义是"空间中的社会正义"（social justice in space）的简略表达形式。③ 显然，皮里将空间正义提升到社会正义的高度，本质上是空间视域中社会正义的表征形式，而作为社会正义的重要组成部分，经济正义毋庸置疑地属于其所说的空间正义的范畴。实际上，在文中谈及的"领地社会正义概念"（territorial social justice）就涉及了经济空间分布的正义性问题。同样，在《正义与空间想象》中，穆斯塔法·戴安科认为，20 世纪 60 年代和 70 年代城市敏感性增强的原因之一是，"城市功能日益增强，城市交换价值日益受到重视，对使用价值的损害日益获得关注"④。在此，戴安科将城市空间归纳到商品的范畴，暗示了城市空间价值对社会正义的重要性。实际上，列斐伏尔、哈维和索亚的空间正义思想很大程度上关涉的是城市空间中经济的正义性问题，包括平等地参与城市空间生产、分享城市经济成果等权利；皮里和戴安科关注的则是城市经济正义与城市的空间性。值得注意的是，无论他们是从空间的视角审视经济正义的问题，还是从经济的角度解析空间正义的问题，两者本质上都属于经济、空间和正义的辩证互动关系问题。城市自身和经济空间都是人类社会生活中不可忽视、不可或缺的资

① Dikeç, Mustafa. "Justice and the Spatial Imagination". *Searching for the Just City*: *Debates in Urban Theory and Practice*. Eds. Peter Marcuse etc., New York: Routledge, 2009, p. 83.

② 张京祥编著：《西方城市规划思想史纲》，东南大学出版社 2005 年版，第 203 页。

③ Pirie, G H. "On Spatial Justice". *Environment and Planning A*, 2（1983）: p. 471.

④ Dikeç, Mustafa. "Justice and the Spatial Imagination". *Searching for the Just City*: *Debates in Urban Theory and Practice*. Eds. Peter Marcuse etc., New York: Routledge, 2009, p. 73.

源，都应该被置于正义理论的框架内加以考察，无论是城市空间自身，还是城市中各种经济产品的生产、交换、分配和消费都应该以正义原则为基本价值准则。由此，对经济正义与城市规划的关注不仅要重视经济不正义的各种表征形式和城市空间的有机关联，而且要探寻造成不正义的深层次原因。实际上，由于城市中不同阶层和群体之间存在着索亚所言的政治权力和经济实力差异等差异权，不公正的经济资源或城市空间的生产、交换、分配、消费总是显得格外突出，往往表征为典型的社会不正义事件或现象，最终演变为社会的热点问题，进而促使人们对经济正义的诉求更加迫切。实际上，通向一个城市、体验一个城市的权利就包括对该城市的经济产品和空间本身进行消费的权利，因此，从经济正义的视角审视城市规划问题和从城市规划的基点考察经济正义问题具有极为重要的现实意义，这也是历史上人们不断追问、探究的问题。

"在西方文化中，一般正义理论的发展有着深刻和独特的根源，大多数传统观念源于希腊城邦，或者城邦国家的形成，特别是追溯到大约公元前 600 年左右的伯利克里时代的雅典城，当时许多西方作家声称民主社会首次得以广泛地实践。"① 在论述希腊城邦政治、正义、民主、公民身份时，索亚指出，"早期的正义观念主要涉及以城市为基础的'公民'权利和公民行为，这在后来被称为公民社会或公共领域，那些合格的公民参与决定如何最好地维护获得城市资源的公平性"②。

古希腊时期，市场不仅是市民参与消费活动的空间，也是城市经济活动的主要表征，支撑了城市的发展。市场的出现给市民的生活带来了便利，刺激了市民的消费欲望，增加了市民的消费需求，促进了城市经济的进一步发展。市场是商品的世界，在市场上，各种商品被直观地展示给消费者，供消费者随意浏览、选择、购买。消费者通过购买自己欲求的商品满足自己日常生活的需要。此时，物和人共同构成了城市日常生活的空间，脱离这个空间，市民的日常生活可能会失去意义。古希腊时期，城市是唯一拥有集市的地方。哲学家索尔兹伯里的约翰（John of

---

① Soja, Edward W. , *Seeking Spatial Justice.* Minneapolis: University of Minnesota Press, 2010, p. 74.

② Ibid. , p. 75.

Salisbury，约 1115—1180）把市场称为城市的"胃"，倘若失去了"胃"，城市的生命必然会戛然而止。荷马则在《伊利亚特》中生动细致地描述了古希腊城市世俗社会的生活场景，在第十八卷中，他细腻地刻画了市场上工匠制造铠甲和市民聚会的情景。雅典是古希腊时期最重要的中心城市，雅典城内的市场是当时最具代表性的消费空间。

古希腊人重视公共生活，由此建造了众多公共生活空间，如神庙、广场、露天剧场等公共建筑。这些公共建筑是城市公共生活的物质载体，构成了城市公民进行公共生活和政治生活的空间。广场（agora）是雅典的城市中心和象征，每个城邦至少拥有一个广场，借助主要的街道广场与市内的其他地区相连。"本质上，广场是露天空间，通常位于街道系统的中心位置，其建筑形式发展缓慢。随着城市的发展，行政建筑、柱廊、圣坛、雕像和其他公共建筑汇聚在广场周围，但它们彼此之间仍然保持独立。"[1] 最初，雅典人把广场视为节日典礼和公民聚会的地点。作为雅典的政治活动中心，不同身份背景的公民可以在广场交流信息、商议政事、辩论、行使公民权利，广场成为人们接触社会、参与政治活动、进行社会交际的最佳场所。芒福德对此进行过精辟的概括："广场还是一种非正规的俱乐部，如果谁在这里停留的时间稍微长一点，他就有可能在此碰上自己的亲朋好友……像自发的、面对面的接触、交谈、邂逅相逢以及调情嬉戏都是在这种开放场所中发生的。"[2]

作为消费空间的广场，其承载的经济功能的实现主要体现在通过商品交易，满足市民的吃、穿等日常生活的基本需要，为市民提供维系身体存在与发展的物质产品。借助消费活动购买生活必需品是人们维持生命延续的主要途径，广场则为人们进行消费活动提供了重要的空间。罗马帝国地理学家帕萨尼亚斯（Pausanias）曾感叹过，城市中如果没有作为市场功能的广场，这是无法想象的。在雅典时期，城市里的广场上出现了众多摊位，演变为商品交易的场所，到处摆满了蔬菜、水果、奶

---

① Owens, E. J., *The City in the Greek and Roman World.* London and New York：Routledge，1998，p. 153.

② Mumford, Lewis. *The City in History：Its Origins，Its Transformations，and Its Prospects.* San Diego：Harcourt Brace & Company，1989，p. 150.

酪、罐子等各种各样的商品，成为商品景观空间。据桑内特考证，"在民主制度下，责任感与自我控制是集体的行为——是属于人民的。当克利斯梯尼于公元前 508 年引进民主改革时，他宣布人民拥有'平等说话的权利'，意思是说'在广场中人人平等'"①。广场是雅典城内最明显的公共生活空间，是雅典的主要市政设施，是古希腊社会政治、道德自由和社会秩序在建筑形态上的展示，也是古希腊政治和社会生活展开的公共空间。实际上，广场的开放性特征是古希腊民主政治的具体展示，在桑内特看来，"大约从公元前 600 年至 350 年，雅典的民主实践主要展现在城市的两个地方，广场和剧场。在广场上和剧院里践行着两种不同形式的民主。广场使公民忘却个人关注的问题，注意到城市里他人的存在和需要"②。桑内特还列举了一系列表征广场民主特征的例证。他指出，雅典将公民放在广场和剧场，每个空间都赋予群众不同的说话体验。"在广场上，许多活动正在发生，人们到处走动，同时而快速地陈述着不同的事情。没有一种声音可以支配整体。"③"雅典民主的发展影响了广场的外表与建筑，从人们在广场里移动的方式可以看出广场对民主参与所产生的效果。人们从一个群体走进另一个群体，可以发现城市最近发生了什么事，并且可以拿出来跟大家讨论一番。"④ 在考证资产阶级公共领域的起源问题时，哈贝马斯指出，"在高度发达的希腊城邦里，自由民所共有的公共领域（koine）和每个人所特有的私人领域（idia）之间泾渭分明"⑤。显然，对于雅典民众而言，广场是典型的公共领域，对于古希腊人而言，公共领域是自由王国和永恒世界，公共领域为个人提供了广阔的表现空间，在公共领域内，"公民（homoioi）之

---

① Sennett, Richard. *Flesh and Stone*：*The Body and the City in Western Civilization*. New York：W. W. Norton & Company, 1994, p. 65.

② Sennett, Richard. *The Spaces of Democracy*. Ann Arbor：University of Michigan, 1998, p. 15.

③ Sennett, Richard. *Flesh and Stone*：*The Body and the City in Western Civilization*. New York：W. W. Norton & Company, 1994, p. 52.

④ Ibid., p. 55.

⑤ ［德］哈贝马斯：《公共领域的结构转型》，曹卫东等译，学林出版社 1999 年版，第3 页。

间平等交往，但每个人都在力图突出自己"①。可见，广场清晰地表征着希腊民主的民主制原则以及民主时代希腊的社会公共生活。

在具体的建设中，广场与城市的棋盘式街道系统相适应，城市中的公共空间向全体公民开放，具有明显的开放、自由、民主特征。广场是古希腊城市中表征民主的公共领域，展示出以城市为基础的公民权利，在那里，"那些合格的公民参与决定如何最好地维护获得城市资源的公平性"②，由此，广场成为展示以城市为基础的空间概念化的经济与政治正义、民主。然而，"严格地说，民主和正义在雅典城邦均极为有限，大部分的人口如奴隶、几乎所有的女人、简单的工匠和其他一些不符合公民资格的人则被排除在民主制度之外"③。广场表征的民主实际上只是古希腊的城市生活明确界定的公民或城邦人的民主，是一种片面的民主。虽然广场对所有人开放，但是开放是有资格限制的，女人、奴隶等不具备公民资格的人则被广场所排斥。据桑内特考证，"有人估算过，公元前4世纪时，阿提卡总人口数在15万到25万之间，公民人数约2万到3万。在整个古典时代，公民占总人口的比例不会超过15%到20%，成年男子也不超过一半"④。显然，能够被广场接纳的人数极为有限，大多数民众都是被迫远离广场的局外人。实际上，广场的空间布局、空间结构、表征的内涵早已将这种空间的不平等或不正义以一种虚假的正义、民主形式遮蔽掉了，广场呈献给人们的只是一种"民主表象"。"早期古希腊的广场在承担着贸易集市功能的同时，其'聚会'功能也逐渐被希腊人创造性地加以发展，正如英国戏剧学家威彻利所指出的：'广场甚至以压倒卫城的优势迅速发展，直至最后变成希腊城市中最重要的、最富活力的中心'。"⑤广场被塑造成城市最重要的中心已

① ［德］哈贝马斯：《公共领域的结构转型》，曹卫东等译，学林出版社1999年版，第4页。

② Soja, Edward W., *Seeking Spatial Justice*. Minneapolis：University of Minnesota Press, 2010，p. 75.

③ Ibid., p. 74.

④ Sennett, Richard. *Flesh and Stone：The Body and the City in Western Civilization*. New York：W. W. Norton & Company, 1994, p. 52.

⑤ 张京祥编著：《西方城市规划思想史纲》，东南大学出版社2005年版，第10页。

经表明其在很大程度上支配着城市的经济、政治声音，是城市权力的象征，不可能成为正义的空间。对于被广场排斥的那些非公民、边缘人而言，城市不但剥夺了他们参与广场规划、生产的权利，而且将他们平等地参与分配城市空间的权利消解掉。在城市空间生产和分配的不正义面前，他们彻底沦落为城市中最早的弱势群体，进而丧失了识别城市的能力。

古罗马人极其热衷于洗浴，一方面，他们认为，只有身体得到清洁，呈现为健康的状态，灵魂才能得到拯救；另一方面，他们继承了希腊人钟爱洗浴的传统。虽然当时的有钱人在自己家中修建舒适、雅致的豪华浴室，但是对大众开放的公共浴场依然是罗马城内重要的公共建筑，是市民清洁身体的消费空间。浴场是权力与民主结合的糅杂空间。芒福德指出："对于古罗马公共建筑而言，规模就是一切，古罗马建筑师为社会生活的各种集体场所都寻觅到一种大规模形式，如市场、剧场、浴场、赛马场。"[1] 古罗马在城市空间类型上"表现为纪念性和享乐型建筑空间的快速发展"[2]。纪念性建筑与空间指的是帝国时期城市广场中建造的神庙、凯旋门等公共空间与建筑，这些纪念性建筑与空间以宏伟的外观、整齐有序的空间结构展示出皇帝的绝对权威、高尚品德、丰功伟绩，映射出罗马人对神和皇帝的崇敬。浴场是与皇帝权力密切相关的公共建筑，是炫耀皇帝权威的公共空间，同时，罗马城的诸多皇家浴场也以皇帝的名字命名，如尼禄浴场、图拉真浴场、卡拉卡拉浴场等，浴场也因此具有了纪念性。但是，公共浴场更多的是以享乐型空间的面孔呈现于罗马人的日常生活中，在那里，他们可以尽情地追求世俗的享乐。对他们而言，城市中的公共浴场是践行这一理念的最佳空间。皇家浴室规模就极为庞大，例如，卡拉卡拉浴场竟然最多可供1600 人同时洗浴，德里克先浴场的众多大厅居然平均能达到 29 米高。浴场的整体建筑结构非常复杂，砖石结构和拱顶型设计使浴场的整体空间得以最大化，拱形曲线使美与力得到完美的融合，这种结构令整个浴

① Mumford, Lewis. *The City in History: Its Origins, Its Transformations, and Its Prospects.* San Diego: Harcourt Brace & Company, 1989, p. 225.

② 于雷：《空间公共性研究》，东南大学出版社 2005 年版，第 32 页。

场显得气势恢宏，肃穆庄严。

在《希庇亚斯，或洗浴》（*Hippias, or The Bath*）中，吕西安（Lucian）细致地描述过一个 2 世纪的城市公共浴场。在他的印象中，这座浴场规模宏大、雄伟壮丽，设计过程中充分考虑到了采光原则，入口高大。浴场的内部装饰也极为奢华，地面通常由瓷砖铺筑而成，有大理石和镶木的通道、雕花的天花板等，整个内部空间近似于精美的艺术展厅。吕西安描述的浴场内部有高大、明亮的大厅，大厅中有两座白色大理石雕像，一座是健康女神海吉娅（Hygieia），另一座是医神爱斯库拉皮厄斯（Aesculapius）。然而，无论是宏伟壮丽的外观，还是富丽堂皇的内部空间，并非单纯地只反映出建筑技术的进步，或是对时代艺术的具体展现，浴场建造的这种风格更是想展示出建筑与权力之间的关系。如上文所述，罗马时期的公共建筑之所以被建造得宏伟、壮丽、豪华，主要为了彰显皇帝的权力与威望，换言之，公共建筑是为政治目的服务的，是一种象征性符号。桑内特指出，权力需要空间，而这些空间必须经过细心营造。

浴场还具有与权力相悖的另一副面孔，即浴场还是一种特殊的民主正义空间，是罗马严格等级社会中的平等空间，其民主特征主要在于浴室向各个阶层的公民开放。"自由人、奴隶、妇女、儿童——人人可以进入澡堂，甚至外国人。"① 罗马是等级森严的社会，各个阶层之间具有严格的界限，每个人都是特定阶层的成员，在社会上拥有与自己身份相配的社会地位。然而，古罗马法律却有一项特殊的规定，公民进入公共浴场的权利是受罗马当局保护的，即每个公民都有平等自由进入公共浴场的权利。公共浴场收费极低，罗马城内的普通平民都能负担得起，他们经常来浴室进行消费，地位最低的奴隶也可以陪主人进入浴场洗浴。贵族，甚至皇帝，对洗浴更加情有独钟，他们也是浴室的主要消费者，经常在浴室和普通平民共同洗浴。"一次，罗马皇帝哈德良光临浴池，发现一个退役老兵靠着墙，身子在墙上蹭来蹭去，他感到很奇怪，

---

① ［法］保罗·维纳主编：《古代人的私生活——从古罗马到拜占庭》，李群等译，三环出版社 2006 年版，第 190 页。

走过去问个究竟。得知老兵掏不起搓澡费就自己搓澡后，他当即替老兵付了搓澡费。"① 事实上，空间的民主化背后依然隐含着统治阶层的政治目的，皇帝和贵族来公共浴场固然怀有洗浴的目的，然而，更重要的是，他们想借在此与平民共同泡澡缓和两个阶层之间的关系，展示个人的亲民形象，赢得公众的支持。浴场成为统治阶层和平民之间最佳的直接对话的公共空间，在二者对话的过程中，双方之间的等级界限暂时得以遮掩，平民的心声直接传递给上层人士，二者之间的距离被拉近。因此，浴场被赋予极强的政治性意义，成为兼具权力与民主正义双重特征的复杂空间。

在公共浴场中，罗马人纵情享乐的背后却隐含着贵族和有钱人炫耀、堕落的因素。虽然穷人花上几个硬币也可以在豪华的公共浴场中度过几个小时，但是受自身的经济能力所限，他们只能自己完成基本的洗浴活动，甚至连有偿的搓澡都负担不起，更不用提按摩、脱毛、饮酒等享乐消费了。贵族和有钱人的洗浴过程则与穷人的洗浴形成了鲜明的对照，他们通常衣着华丽地来到公共浴场洗浴，得到奴隶或按摩师等浴场内工作人员的全程服务。例如，"有钱人手头宽裕，洗冷水浴前后都请按摩师按摩，穷人消受不起这样奢侈的享受"②。他们有意或无意在通过洗浴引起他人的注意，展示自己的财富、身份、地位，浴场成为他们进行自我炫耀的空间。因此，尽管浴场向各个阶层的人开放，表面上是罗马城内最民主的公共空间，然而，表面的民主、平等背后隐藏着巨大的阶级差别和不平等。公共浴场同样是体现阶级差异、财富不平等、权力不均衡的物质空间。在《佩特隆留斯·阿比特的登徒子流浪记》（*The Satyricon of Petronius Arbiter*）的第七十三章中，一位经常大宴宾客的暴发户特里马尔奇奥（Trimalchio）就公开宣称，"没有比洗浴时周围没有贱民更美的事了"③。

---

① ［法］让－诺埃尔·罗伯特：《古罗马人的欢娱》，王长明、田禾、李变香译，广西师范大学出版社2005年版，第34页。

② 同上。

③ Petronius, Arbiter. *The Satyricon of Petronius Arbiter*. New York：Horace Liveright，1927，p. 139.

　　古罗马的公共浴场本质上是一个充满悖论的矛盾空间。浴场经过精心建造的外观和装修豪华的内部空间都是为了适应皇帝权力的需要，是炫耀帝国财富、展示皇帝权威的空间形式，这彰显出进行城市规划时空间生产的非正义性，民众对城市规划不具备任何话语权，即民众参与城市生活、城市规划、城市管理的权利被剥夺。在对城市中的各种空间，尤其是经济空间进行规划、营造、管理时，皇帝是绝对的权威，在此意义上，民众整体上丧失了城市权利。另外，公共浴室向各个阶层开放，包括女人和奴隶这些古希腊时期被社会排斥的边缘人都享有进入其中洗浴的权利，这充分展示出作为经济和城市发展的成果公共浴室保障了社会全体民众平等、自由地共享城市的经济利益，是分配正义的具体体现形式。此外，公共浴室逐渐演变为奢侈、堕落的空间，由其滋生出的炫耀型、享乐型消费理念，追求物质消费享受成为生存大众的生活目标，彻底违背了消费正义的原则，古罗马人无论是在消费目的，还是消费方式上都出现了极大的偏差，这种不健康、非正义的消费理念某种程度上成为古罗马晚期城市衰落的重要原因。实际上，皇帝和有钱人主动为市民修建豪华浴场或乐于捐助公共浴场具有极大的目的性，对他们而言，公共浴场是一种隐形的阶级统治的工具，借助为民众提供豪华的洗浴空间，他们旨在将众多民众培养成沉溺于休闲奢侈享受的群体。借此，罗马民众不但因皇帝给他们提供了享乐空间而对皇帝感恩、依赖、顺从，也在休闲享乐中逐渐失去或者减少批评政府、抨击时政的想法和动力。在此意义上，作为消费空间的公共浴场不但演变成规训大众身体的场所，也是对民众实施思想控制的空间。

　　在中世纪早期的城市中，街道和广场是进行商品交易的主要消费空间，与教堂相比，街道和广场是露天的世俗公共空间。小商小贩走街串巷叫卖自己的商品，直接将商品展示、出售给人们，由此，街道实质上成为一种"流动的"消费空间；教堂附近的广场则演变成古典时期城市中的市场，芒福德认为，"市场之所以要设在教堂附近，是因为教堂是居民们常常相聚的地方"①。可见，市场的出现、存在仍与"神的空间"有千丝万缕的联系，但是当时的市场与现代的市场存在巨大差异，主要在于当时城市中的市场类似于现在的乡村集市，是定期举行的，并非每天都存在。和宏伟、高耸、精美的教堂相比，作为消费空间的街道不但没有被精心铺设，很多时候还泥泞不堪，而且相当狭窄，呈弯弯曲曲的曲线状态，缺乏一种有机的秩序感，这与基督教教义强调秩序完全背道而驰。桑内特认为，这是因为"作为基督徒，他们知道世俗空间看起来必须与神圣的空间有所不同"②。虽然广场位于教堂附近，然而其并非是教堂的一部分，与教堂相比，广场担当的是世俗消费空间的角色，在基督教城市中，是次要的公共空间。

桑内特对中世纪早期城市中的世俗经济空间和神的空间进行过对比，在他看来，"的确，教堂之外所有世俗的中世纪城市空间都是市场。人们可以在街道上、房间里、露天广场上等一切场所进行买卖活动。但是，这些集市广场并不是城市的世俗活动中心，否则会赋予世俗空间一种与神圣空间相似的地位。集市广场很少经过设计"③。实际上，世俗的经济空间和神的空间在城市中处于不同的等级和地位，明确地体现出肉体的需要和精神生活之间发生的俗教之争。两者的对比和竞争是为了告诫市民：狭窄、弯曲的街道和世俗的广场"所象征的私人生活是卑微与无足轻重的，只有教堂所象征的才是共同的、高尚的生活，也是唯一值得追求的理想境界"④。这种对理想境界的追求使街道和广场等经济空间都成为教堂的附庸，只有在教堂中，人们在经济空间中滋生出的世俗欲望才能得到净化。列斐伏尔认为，"所有的'主体'都处于一个空间中，在这个空间内，他们必须认识自我或者迷失自我"⑤。对

---

① Mumford, Lewis. *The City in History: Its Origins, Its Transformations, and Its Prospects.* San Diego: Harcourt Brace & Company, 1989, p. 306.

② Sennett, Richard. *The Conscience of the Eye: The Design and Social Life of Cities.* New York: Alfred A. Knopf, 1990, p. 127.

③ Ibid., p. 16.

④ 于雷：《公共空间性研究》，东南大学出版社 2005 年版，第 37 页。

⑤ Lefebvre, Henri. *The Production of Space.* Trans. Donald Nicholson-Smith. Cambridge, Mass.: Blackwell, 1991, p. 35.

基督徒而言，在"神的空间"教堂内，当人摆脱掉自己的欲望，向上帝靠近时，人才能彻底认识自我，而在世俗的经济空间内，欲望只能使人迷失自我。这种对神的空间的推崇，对与经济生活相关的世俗空间的压制本身就是对经济活动的抑制，由此，民众参与经济活动的机会并不多，更不要谈经济活动的正义性了。同样，教堂的高尚与世俗空间的卑微理念令中世纪早期的城市规划实践单调、毫无生机可言。

芒福德指出："城市化运动的含义，就是一种由古老的都市聚落逐渐向新型的、或多或少的自治性城市演变的渐进过程；也是新型聚落向封建领主的暂住和庇护逐渐就范的过程，居民获得了特权和恩惠，向城镇大量涌进，终于形成了永久性的工匠和商贾群体。"① 城市化运动不但直接促使城市得以兴起，而且刺激了城市建设，城市文明逐渐繁荣，城市生活浮现端倪，世俗的经济活动在城市中兴起。11 世纪至 12 世纪西欧的城市在不断的扩张、快速发展中，呈现出质的飞跃。最先兴起的城市往往是位于海滨的城市，如热那亚、威尼斯。城市中日渐兴旺的商业活动促使商人和手工业阶层建立起各种商会，商业活动的蓬勃发展和诸种商会的成立为居民提供了更多的消费品，刺激了人们的消费欲望。此时，虽然基督教依然束缚着人们的思想，精神生活仍受重视，但是包括消费活动在内的各种世俗生活也开始复苏，市民阶层或资产阶级开始形成，并逐渐壮大，市民向往世俗生活的意识得以增强，消费活动成为城市中重要的日常景观。城市中商业活动和世俗生活的复苏吸引了更多人口涌向城市，各种经济活动也纷纷在城市中开展。对世俗生活的追求促使城市建设也随之得到更大的发展，尽管教堂仍然是最重要的城市意象元素，是城市中最重要的建筑物，占据着城市的中心位置，但是，商店、码头、行会等与世俗生活密切相关的公共建筑物也逐渐增多，并日益凸显其在市民日常生活中的重要性。

"10 世纪后随着城市的兴起，西欧城市中新的市民文化更多地代表了大多数市民的公共利益及其价值观的要求，建立起了相对公平的社会

---

① ［美］刘易斯·芒福德：《城市文化》，宋俊领、李翔宁、周鸣浩译，中国建筑工业出版社 2009 年版，第 28 页。

生活游戏规则，营造出城市生活中平等相待、亲切和睦的交往氛围和广泛参与城市建设与管理事务的公众意识。"① 汤普逊指出，在 11 世纪到 12 世纪，"没有一个运动再比城市的兴起具有更持久的意义。城市运动，比任何其他中世纪运动更明显地标志着中世纪时代的消逝和近代的开端"②。城市化运动的发展促使城市中诸种与人们世俗生活密切相关的经济空间被生产出来，同时，这些经济空间对人们的交换和消费等经济活动具有十分重要的意义，也开启了民众对城市规划、城市发展、城市扩张等活动的关注，人们不但希望能够享受城市经济的果实，而且开始考虑城市经济空间的生产与自身经济利益的关系。实际上，无论是商业交易，或是工业生产，还是城市中市场的形成，都是为了满足市民的日常生活消费，为市民的消费活动服务。其中，市场是市民进行消费的场所，商品在市场的摊位上得以展示，市民和商人面对面地直接进行商品交易，而所有的商品交易都是为了满足市民或上层贵族的消费需求。在中世纪中期，商人和匠人是市民所需生活用品的主要供应者，商人们在市场上或商店中出售别人生产的产品，工匠们则亲自将自己制造的产品带到市场上去兜售，因此，商人、工匠、市场共同促成了中世纪城市中世俗消费的兴起，消费则是刺激城市兴起的一个积极因素。很大程度上，商人更为关注交换的正义性，为了能够令自己的商品顺利出售，他们希望能平等、自由地从事经济活动；手艺人在重视交换正义的同时，也希望能保持生产的正义性，以此能够让自己的劳动价值得到尊重，同时让自己的劳动效率得以提高。客观上，他们的经济活动也促使城市中世俗的经济空间得到很大的发展。实际上，城市中世俗消费的兴起也充分证明了在当时的教俗之争中，在与神的空间的博弈中，世俗空间的地位得到提高。作为消费空间的市场在城市中的地位愈加重要即是最明显的例证。

列斐伏尔认为，中世纪城市，在不失去其政治功能的条件下，主要与商人、工匠和银行业相关。城市将以往处于半流浪状态，生活在城外

---

① 张京祥编著：《西方城市规划思想史纲》，东南大学出版社 2005 年版，第 35 页。

② ［美］汤普逊：《中世纪经济社会史（300—1300 年）》（下册），耿淡如译，商务印书馆 1997 年版，第 407 页。

的商人吸纳进来。可见，对列斐伏尔而言，中世纪城市明显具有商业城市的特征。中世纪末期，商品、商人、市场成功地渗透入城市中。商业旨在为人们提供生活和生产所需的产品，这直接满足并刺激了人们的消费需求，也就是说，商业赋予中世纪城市消费特征。因此，我们可以将中世纪中晚期城市划分入韦伯提出的"消费城市"的范畴。事实上，中世纪中晚期城市主要是消费而非生产的中心。在此类消费城市中，"当地市场的大消费者主要来自居住在当地的企业家，只是他们通常不一定住在当地；工人与匠人则为大众消费者；商人与地主则构成另一部分的大消费者，他们本身的生计是间接依赖城市经济活动的"[①]。"15世纪以前及15世纪期间，城市是工商业唯一的中心。任何城市都与乡村截然不同。城市与乡村的分工十分明确，乡村以从事农业为限，而城市则从事贸易及工艺。"[②] 贸易和商业使城市成为供给和需求中心，城市演变为消费中心，消费者聚集到城市里，购买物品，交流信息。此时，城市中的商业活动仍然以零售业为主，商人和消费者面对面地进行商品交易成为消费的主导形式。消费不能在真空状态中进行，需要在城市的物质空间内展开，作为城市意象基本元素的街道和商店是具体的消费空间。城市的发展受城市功能的支配，城市形态的建设和改造是受城市功能制约的。因此，街道和商业化店铺的出现是由中世纪中晚期城市的商业化特征决定的。桑内特则将街道、店铺、市场或集市称为"经济空间"（Economic Space），这一称谓明确地显示出这些空间的商业和消费特征。在某种意义上，中世纪城市中作为经济空间的街道、店铺、市场本质上是城市化运动中对城市空间进行再创造的产物，是对城市空间资源的分配、交换和消费，而这些空间对全体民众开放的特征体现出城市空间的正义性，是与神的空间相对照的新的民主空间，赋予大众共享城市空间资源的权利，是全新的社会平等的表征，属于典型的城市经济空间生产的正义。

---

① ［德］马克斯·韦伯：《非正当性的支配——城市的类型学》，康乐、简惠美译，广西师范大学出版社2005年版，第7页。

② ［比利时］亨利·皮郎：《中世纪欧洲经济社会史》，乐文译，上海人民出版社2001年版，第162页。

空间是人们进行日常活动、感知世界的基本媒介，消费和空间具有密切的关系，消费活动必须在具体的物质空间内才能得以展开，更重要的是，消费本身也能生产出特定的空间，即在人们日常生活中塑造出诸种消费空间。不同的消费空间具有不同的空间结构，也赋予人们不同的消费经验。街道是开放性的空间，没有终结点，也没有封闭点，城市中所有的街道构成一个巨大的、畅通无阻的店铺。但是，人类最初建造街道旨在供出行使用，并非出于商业目的，街道上通常进行的交易主要是买卖物品。店铺是满足中世纪人们购物需求的另一种消费空间。与街道不同，店铺是封闭性的空间，除了陈列、展示、出售商品之外，有的店铺主要是满足人们某种特殊服务需求，如酒馆、理发馆、浴池等。街道和店铺具有复杂的双重关系，城市中众多比邻而居的店铺自然地建构起一条条街道，而店铺总是位于城市的主要街道或商业街的两侧。店铺是中世纪中晚期城市的主导消费空间，在 12 世纪末期的伦敦，"狭窄的街道上排列着住房和店铺。大部分是木质结构，街道多未铺垫"①。"中世纪中期以后，许多城市有了'商店'，一般是一层或者二层的楼房，是用来展示要出售的商品的，特别是城市的那些坐商或者是流动商人的布匹。"② 很大程度上，这种对城市经济空间的布局反映出城市规划中强调高度有序化，实际上，"在思想上中世纪的'规划师'们更倾向于按照生活的实际需要来反映当时基督教生活的有序化和自组织性，并按照市民文化平等和大众利益的原则毫不夸张地布置他们的生活环境"③。

如果说消费只是街道承载的诸多功能之一，而且并不是其担负的主要功能，那么，店铺则是消费衍生物，并且消费是其肩负的主导功能。实际上，人类的消费需求是一种催化剂，不但直接刺激了商品的生产、生产技术的改进和生产力的提高，还催生出众多与消费密切相关的空间。在中世纪中晚期城市中，店铺并非唯一由消费需求建构出的消费空

① [美] C. 沃伦·霍莱斯特：《中世纪欧洲简史》，陶松寿译，商务印书馆 1988 年版，第 151 页。

② [德] 汉斯－维尔纳·格茨：《欧洲中世纪生活：7—13 世纪》，王亚平译，东方出版社 2002 年版，第 260 页。

③ 张京祥编著：《西方城市规划思想史纲》，东南大学出版社 2005 年版，第 40 页。

间，虽然城市中的集市和市场是商业贸易发展的产物，但是商业贸易的目的主要是满足人们的日常消费需求，可以说，集市和市场也是消费催生的产物。从 11 世纪起，"很多市镇每年有一次市集，并有规模较小而次数较多的市集来出售生活上的日常必需品。在每周或每天的市场上，肉类和谷物的买卖占重要部分。那些规模较大的每年一次的市场是经营工业产品的"①。实际上，汤普逊多次论述过中世纪城市内的市场，他指出，中世纪中期，当城市生活变得更加安静文明时，固定的市场和集市出现了，而且"市集和市场在中世纪时代所引起的经济作用远多于在今天所起的。它们是分配地方产品和从外面买入必需品的主要的而又常常是独一无二的媒介"②。

城市的兴起和贸易复兴也推动了市场的繁荣，"在城市形成以后，这些市场就越来越多，而它们的地位也比以前重要得多。在 12 世纪，庞大的贸易刺激了市场的大量增加，以致我们看到有关市场过多的怨言"③。谈及巴黎附近的圣丹尼集市时，亨利·皮郎对中世纪中晚期巴黎的集市做了历史的考究，他指出，"除了这个集市以外，其他集市都是在贸易复兴时才出现的，其中最古老的在 11 世纪形成，12 世纪集市已经很多，直到 13 世纪还在增加"④。集市和市场对市民具有极强的控制力，市民的日常消费受到市场的位置和市场供应商品的制约。芒福德曾描述过巴黎最重要的伦第市场（Lendit Fair）："12 世纪时，伦第市场为巴黎的铁匠和纺织工提供了一个销售产品的机会。巴黎人发现他们的顾客越来越多，甚至有从远方来的。"⑤ 到 13 世纪，市场变得热闹非凡，充斥着各种商品，市场不再在露天下进行商品交易，可以是特定的

---

① ［美］汤普逊：《中世纪经济社会史（300—1300 年）》（上册），耿淡如译，商务印书馆 1997 年版，第 362 页。

② 同上书，第 184 页。

③ ［美］汤普逊：《中世纪经济社会史（300—1300 年）》（下册），耿淡如译，商务印书馆 1997 年版，第 186 页。

④ ［比利时］亨利·皮郎：《中世纪欧洲经济社会史》，乐文译，上海人民出版社 2001 年版，第 93 页。

⑤ Sennett, Richard. *Flesh and Stone: The Body and the City in Western Civilization*. New York: W. W. Norton & Company, 1994, p. 199.

大厅、拱廊街、有屋顶的广场，市场内摊位林立，嘈杂的讨价还价声、吃喝声渗透到市场的每个角落。根据皮郎的考察，中世纪中晚期，并不是每个重要的中心城市都有集市，集市通常设置在诸侯授权举办的城市内，如当时的一流城市米兰、威尼斯就没有集市，而布鲁日、里尔等次等城市却有定期举办的集市。集市或市场也是城市中主要的公共领域，城市中的主要市场是城市的物质和社交中心，普通市民都能够聚集在此进行交易活动的同时，还参与当地的社会和文化活动。很大程度上，市场成为表征交换正义和消费正义的标志性空间。芒福德也认为，11世纪之后，市场成为城市社区的主要活动中心，也是城市标志性的建筑。市场和集市的存在不但为全体市民提供了更多的生活必需品，也是中世纪经济最显著的特点，更体现出城市民众对城市空间和城市经济生活的共享权。"共享权代表整个物产权体系和生产关系，不只是平等使用权，是一种理想的城市模式，不仅拥有平等分配权，还要支持全面发展市民的能力。"① 实际上，"早期的正义观念主要关涉以城市为基础的'公民'权利和公民的行为，这在后来被称为公民社会或公共领域，那些合格的公民参与决定如何最好地维护获得城市资源的公平性"②。在城市规划中公民推动街道、店铺、市场等城市经济空间的发展是一种典型的城市权的表征，不仅意味着民众都能享受城市经济的成果，还可以从公民的整体利益出发，公开、公平地参与城市规划和都市空间的生产过程。

第四节 经济正义与城市规划：从现代到后现代

14—15世纪，文艺复兴运动在意大利城市中兴起，随后席卷整个西欧。文艺复兴本质上是一种城市现象，因为城市是孕育这场运动的载体，城市繁荣、文化发展则是促成文艺复兴出现的社会背景。城市不仅

---

① Marcuse, Peter. "From Justice Planning to Commons Planning", *Searching for the Just City: Debates in Urban Theory and Practice*. Eds. Peter Marcuse etc., New York: Routledge, 2009, p. 91.

② Soja, Edward W., *Seeking Spatial Justice*. Minneapolis: University of Minnesota Press, 2010, p. 75.

为文艺复兴时期的市民提供了具体的物质环境，也鲜明地展示出经济生活、城市规划、建筑艺术等和市民生活密切相关的革新成就；城市规划、建设不但日臻世俗化，也更加完美，理想城市的模式初见雏形。城市使人的生活发生巨大变化，城市建设更加关注人的世俗需求，城市中不但充斥着世俗生活的场景，满足市民世俗生活需要的空间也越来越多。

15 世纪，随着新兴资产阶级的成长，消费热的兴起，城市中满足市民世俗生活需要的场所越来越多，城市规划、设计、建设都以为城市经济活动和全新的城市生活提供保障和便利为出发点。教堂的宗教性功能逐渐弱化，演变为城市公共活动的中心，店铺、市场等与市民的日常生活密切相关的场所渐趋成为城市的标志性建筑。这种城市建设的世俗化趋势实际上是布莱恩·威尔逊所指的有意识进行的世俗化的变化，因为城市中的世俗活动场所基本上都是人为设计、建造的，旨在满足市民的物质生活需求，这是一种典型的城市空间生产和分配正义性的体现。"城市化是空间的生产与再造，城市化过程中产生的诸多问题本质上就是城市空间生产、分配、交换和消费的问题，是城市空间生产、分配、交换、消费是否合理，是否合乎正义的问题。城市化的问题叩响了空间正义的大门。"① 15 世纪起，很多意大利城市为商业活动规划、开辟出专门的交易场所或市场，佛罗伦萨市内规划出的"旧市场"和威尼斯市内建造的里亚尔托桥区都是城市著名的商业区，是市民购买商品的重要消费空间。一些街道也被改造或演变成专门的商业区，通常街道上还搭设了许多简易的小摊位，人们在自家的房门口摆设摊点，出售各种商品。② 城市建设和生活世俗化将人们从宗教义务和宗教意识中解放出来，这不但标志着中世纪宗教共同体趋向瓦解，同时进一步增强了普通市民对世俗生活的向往、追求。

城市世俗化趋势深刻地影响了建筑理论、城市规划与设计的发

---

① 张天勇、王蜜：《城市化与空间正义——我国城市化的问题批判与未来走向》，人民出版社 2015 年版，第 45 页。

② 王挺之、刘耀春：《欧洲文艺复兴史：城市与社会生活卷》，人民出版社 2008 年版，第 112 页。

展。15 世纪的意大利人文主义者莱昂·巴蒂斯塔·阿尔伯蒂（Leon Battistta Alberti）提倡的"实用"（utilitas）、"美观"（venustas）的城市建设原则和佛罗伦萨建筑师菲拉雷特（Filarete）提出的理想城市方案正是世俗生活对城市建设影响的典型实例。城市完美的形态不但体现出城市规划和建筑技艺的进步与完善，也改善了市民的日常生活环境；理想城市不但是文艺复兴时期政治与建筑艺术密切结合的产物，也是市民世俗生活需求导致的结果。创作于 1443—1452 年的《论建筑》一书集中体现出了阿尔伯蒂的城市规划思想，实际上，这部著作是对维特鲁威《建筑十书》的回应。在书中，他将城市规划思想归纳为两个基本原则："实用"与"美观"。这实质上是对维特鲁威倡导的在城市规划中采用"实用""美观"原则的继承。阿尔伯蒂认为，建筑学有自身的实用性起源，建筑设计中应该重视建筑的实用性。"他按照不同类型建筑物的功能，对维特鲁威所提出的'实用'（utilitas）的概念加以细分。他将那些仅仅服务于需求（necessitas，生活之必需）的建筑物，与那些服务于特殊用途（opportunitas，适合某一给定的用途）的建筑物，以及那些服务于娱乐（volupta，短暂的享乐）的建筑物各个区别开来。"① 可见，对阿尔伯蒂而言，"实用"就是根据不同功能，对建筑类型的细分，而对建筑物的分类则是按照其服务于世俗生活的不同用途进行的。这是他将建筑视为一门社会艺术，直接关涉人们的福利和健康的观点的具体体现。在他看来，建筑物是城市的主要组成要素，建筑的社会功能应该与城市的整体环境保持协调。具体而言，文艺复兴时期，意大利城市中的住宅是服务生活需求的建筑物，店铺是满足人们消费需求的建筑物，戏院则是服务于大众娱乐的建筑物。虽然这些建筑物承载着不同功能，但是它们都为人们的日常生活服务，明显地展现出城市世俗化的趋势。与中世纪一样，店铺、市场等建筑仍是城市重要的消费空间。15 世纪，建筑师菲拉雷特设计了一个名为"斯弗金达"（Sforzinda）的想象之城，这座城市是

---

① ［德］汉诺－沃尔特·克鲁夫特：《建筑理论史——从维特鲁威到现在》，王贵祥译，中国建筑工业出版社 2005 年版，第 23 页。

"一座中心构图式八角形平面，放射形街道布置的城市。在城市的中心地段是一个中央广场，周围布置有市场、公爵的宫殿和一座主教堂"①。"大型食物市场的南面将建造澡堂和妓院，在大型食物市场的东边是客栈和小酒店。在这里还要建造屠夫的商店，以及出售鲜鱼和猎鹰的木桩。在商人广场的西面将建造带有监狱的市政厅，在商人广场的北面建造市长官邸。"② 斯弗金达的城市布局不仅体现出市场、酒店、商店等建筑所起的社会功能和城市的整体环境相得益彰，也展示出文艺复兴时期重视秩序、几何规则的理想城市的形态、布局特点，更彰显出市场、客栈、小酒店、商店等消费空间在城市布局、结构中的重要位置。

在分析 16 世纪、17 世纪以及 18 世纪西欧城市发展的原因时，维尔纳·桑巴特指出，"我们的整个文明进程中最有意义的事件之一就是 16 世纪开启之时一批城镇的人口出现了快速增长。这一发展的结果是人口达到六位数的城市的出现。18 世纪末，以伦敦和巴黎为典型的这类城市已接近于现代大都市"③。在他看来，这些城市迅速发展的重要原因源自这些城市是典型的消费型城市。伦敦和巴黎之所以成为最大的城市，基本上应该归因于消费向某个国家的城市中心的集中。

通过对伦敦集市的历史演变状况的考察，布罗代尔向读者展示出一幅城市、经济与现代生活方式演变的画面。虽然在向消费中心的演进过程中，伦敦市内集市的重要性在逐渐弱化，但是集市仍然是居民购买消费品的重要经济空间，是日常生活中不可或缺的公共空间，也是孕育现代生活方式的主要媒介，"集市使一切加快节奏，甚至也合乎情理地使店铺的生意兴旺。例如，17 世纪末英国的兰开斯特，店主威廉·斯图

---

① ［德］汉诺－沃尔特·克鲁夫特：《建筑理论史——从维特鲁威到现在》，王贵祥译，中国建筑工业出版社 2005 年版，第 30—31 页。

② 王挺之、刘耀春：《欧洲文艺复兴史：城市与社会生活卷》，人民出版社 2008 年版，第 75 页。

③ ［德］维尔纳·桑巴特：《奢侈与资本主义》，王燕萍、侯小河译，上海人民出版社 2005 年版，第 30 页。

脱'每逢集市',总要多请帮手"①。可见,集市是城市中重要的公共消费空间,集市的兴盛不但直接体现出商业的繁荣,也暗示出市民对消费的热衷。集市的壮大和城市的扩张是同步进行的,集市的数量不断增多,规模也持续扩大。

在桑内特看来,18世纪初期,"不管是在伦敦还是巴黎,出售大量商品的露天市场都是在这个时期形成的。人们在船上出售货物,也在特定的城区做买卖。和中世纪市场不同,圣日耳曼市场和霍勒市场是永久的交易场所,每个售货者均有政府颁发的营业执照"②。这实际上是消费现代性的重要表征,伦敦、巴黎等城市生活的现代化随着城市的扩张开始,消费逐渐塑造出一种特殊的城市生活方式。这种城市生活方式就是路易·沃斯提出的"作为一种生活方式的都市主义"的根源,也是一种新型城市权利的表征,即"城市权利'不能简单理解为访问或回归传统城市权'。相反,'它只能被阐释为转变和更新的城市生活权'"③。

17世纪,在西欧城市中出现了为数众多的零售商店,城市中的商店和市场之间构成一种互补关系,商店通常开设在靠近市场的地方,经营亚麻布、杂货等日常用品,专门销售食品的商店直到18世纪末才出现,当时,具有现代特征的商店成为推动城市经济繁荣、现代生活方式、城市扩展的重要动力,因为消费活动的兴盛是刺激经济发展的催化剂,对物质生活和时尚商品的渴望令人们不断地觊觎物品积累和购买更多的消费品,大城市商业和消费中心的地位促使人们格外偏爱大城市生活。实际上,无论是市场,还是集市,或是商店,都是列斐伏尔所言的城市权利的具体表征形式,因为这些城市中的消费空间具有明显的平等特征,任何民众都可以随意进入,进行消费活动,所有的市民都有支配

① [法]费尔南·布罗代尔:《形形色色的交换》,顾良译,生活·读书·新知三联书店1993年版,第8页。

② Sennett, Richard. *The Fall of Public Man*. Cambridge:Cambridge University Press,1976,p. 58.

③ Harvey, David . and Cuz Porter. "The Right to the Just City". *Searching for the Just City*:*Debates in Urban Theory and Practice*. Eds. Peter Marcuse etc. London:Routledge,2009,p. 45.

这些空间的权利，而"城市权利不仅是产权所有者的权利，更是城市所有人的权利"①。"早在 18 世纪，一些我们可以称之为中产阶级风格的东西在英国形成了，而且平民因素慢慢地进入当时的社会生活。"②中产阶级风格的形成、宫廷和贵族社会对物质文化的追求、平民对社会生活的参与共同促使 18 世纪的英国成为"品位"（taste）时代。在此，"品位"主要指对奢侈和时尚商品的渴望，奢侈和时尚成为时代消费的重要主题。对奢侈、时尚、品位的追求刺激了消费的需求，消费需求的不断增长则促使零售业在城市中迅速地扩散，最终延伸到乡村，零售业的发展也使城市中与商业相关的建筑物和商业设施迅速增加。

　　哈贝马斯和桑内特都指出，18 世纪，随着城市的发展，城市中的社会交际网络也得到长足发展，供人们聚会的公共空间也越来越多，咖啡馆、咖啡厅等场所成为城市中重要的社交中心。哈贝马斯认为："1709 年，斯蒂尔和艾迪逊出版第 1 期 *Tatler* 时，咖啡馆已经非常普遍，出入咖啡馆的人已经形成广泛的圈子……报刊文章不仅被咖啡馆成员当作讨论的对象，而且还被看做是他们的一个组成部分。"③ 据桑内特考证，"在 17 世纪末和 18 世纪初，咖啡馆是伦敦和巴黎最常见的聚会场所……当时的咖啡馆是一个被浪漫化和过度理想化的地方：充满了欢声笑语，人们之间彬彬有礼，气氛非常融洽，一杯咖啡就能使人们成为好朋友……当时的咖啡馆还是伦敦与巴黎的主要信息中心"④。两位学者均认为，咖啡馆等公共空间的出现，是贵族社会和市民知识分子进行社会交往的产物，是文学批评中心和政治批评中心，然而，不可否认的是，咖啡馆的出现在很大程度上也与宫廷、贵族和富裕的中产阶级热衷

---

① Dikeç, Mustafa. "Justice and the Spatial Imagination". *Searching for the Just City: Debates in Urban Theory and Practice*. Eds. Peter Marcuse etc., New York: Routledge, 2009, p. 74.

② ［德］维尔纳·桑巴特：《奢侈与资本主义》，王燕萍、侯小河译，上海人民出版社 2005 年版，第 128 页。

③ Habermas, Jürgen. *The Structural Transformation of the Public Sphere: An Inquiry into a Category of Bourgeois Society*. Trans. Thomas Burger with the assistance of Frederick Lawrence. Cambridge, Massa.: The MIT Press, 1991, pp. 42 – 43.

④ Sennett, Richard. *The Fall of Public Man*. Cambridge: Cambridge University Press, 1976, p. 125.

于饮用咖啡密切相关，是这些阶级生活品位催生的产物。因此，很显然咖啡馆也是典型的消费空间，是一种全新的公共领域，标志着与传统的家庭等私人领域之间形成明显可知的界线。这也证实了自 16 世纪以来，消费文化在不断地演变，到 18 世纪成为一种重要的文化认知形式，也成为定义西方现代性核心价值的重要因素。麦克肯德里克认为，如果不相信现代性，消费社会就无法存在，他将消费比作现代性和工业化。事实上，消费社会是现代性进程中的一个阶段，是现代社会呈现出的一种特殊形态，而消费主义则是主导消费社会的意识形态。

法国社会学家布迪厄发现趣味具有阶级区分的功能，每一个特定的社会阶层都有表达自己身份的特定方式，这主要体现在对生活方式的选择上。对他而言，趣味是表达身份和选择生活方式的重要出发点，是特定阶层成员通过自己选定的生活方式和消费行为寻求自己的阶级归属感，不同的趣味会造就不同的消费观，不同的消费观则决定了一个人在社会中的阶级归属。他指出，"趣味以一种本质的方式对人进行区分。因为趣味是一个人拥有的一切，包括人与物的基础，也是建构自己与他人关系的基础，由此人们对自己进行分类，同时也被他人进行分类"①。19 世纪，不同社会阶层的生活方式和审美趣味不但产生出不同类型的消费观，促使同属一个社会阶层的人生活在城市的同一个区域，而且生产出符合各自趣味的消费空间。由此，消费空间成为身份表征的重要媒介。

无疑，中产阶级和工人阶级的生活方式与审美品位存在巨大的差异性，因此，19 世纪伦敦的中产阶级竭力逃避与工人阶级生活在一起，搬迁到伦敦西区（West End）去居住，而工人阶级则将家安置在市内传统区域内。由此，伦敦东区和西区形成两个特征差异极为明显的区域。中产阶级的经济实力、生活品位、消费观念决定了其是城市中重要的消费大军，是消费风尚的引导者、消费理念的创造者、消费需求的生产者，他们生活的区域往往也是城市中主要的商业区，是展示消费时尚

---

① Bourdieu, Pierre. *Distinction: A Social Critique of the Judgment of Taste.* Trans. Richard Nice. London: Routledge, 2010, p. 49.

和城市消费景观的窗口。在 19 世纪早期，简·奥斯丁生活的时代，伦敦西区已经是贵族等上层阶级的居住地，也是商品销售的中心。随着中产阶级西进，到 19 世纪中叶，伦敦西区作为消费中心的地位彻底得以确立，成为大众消费狂欢的场所。"在西区，为数众多的人公开地、炫耀性地购物消费。多数伦敦人将西区描述为购物和娱乐中心，是伦敦最时尚的区域，最富有的游客和商人都投宿梅菲尔（Mayfair）街上的旅馆。"① 每年春季和夏季，贵族、上流社会阶层和富有的商人都会汇聚到伦敦西区进行消费，在短短的几个月内，他们将数百万英镑花费在购买时尚商品和奢侈娱乐上。伦敦西区演变为时尚潮流的引领者，休闲娱乐的最佳场所，"大型百货商店的发展迎合了消费者的口味，使伦敦、英国、甚至全世界的消费者涌入到西区"②。

19 世纪的巴黎呈现出相同的景象。巴黎城内的消费空间更为明显地彰显出阶级品位和阶级区分的特征，大卫·哈维对此进行过明确的描述，他指出，虽然某些产品的消费者基础已经扩充到下层中产阶级甚至收入较多的工人，但是，"旧有的区隔依旧存在——托尔托尼咖啡馆和意大利大街仍然主要聚集着上层资产阶级，神庙大道则是焦虑的中产阶级，另一方面，由金钱民主制支撑的大众消费主义则在同时间在各处蔓延，有些空间（例如香榭丽舍大街）因此变得一团混乱"③。可见，不同阶层的人会选择不同的消费空间去实践自己阶层的消费品位，消费空间成为阶级区分的重要工具，消费已然演变成展示个人身份的重要方式，空间则是维系特定阶层属性的重要媒介。哈维对 19 世纪巴黎咖啡馆的论述充分表明消费空间已经演变成阶级分野的工具，他指出，"咖啡馆也非纯粹的私人空间：只有经过选择的，为了商业与消费目的的公众才能进入。贫穷的家庭将其看做是一个排他的空间，这个空间从穷人

---

① Weightman, Gavin. and Steven Humphries. *The Making of Modern London* 1815 – 1914. London: Sidgwick & Jackson, 1985, p. 42.

② Ibid. , p. 47.

③ Harvey, David. *Paris, Capital of Modernity*. New York and London: Routledge, 2003, p. 220.

身上劫取黄金并内化为自身的一部分"①。男性移民和工人阶级经常光顾的消费场所则成为展示其所属社会阶层的重要表征物，在哈维看来，"大多数工人必须在别处生活消费，他们当中的大部分人不得不依靠微薄的工资维持生活，并且要面对极不稳定的就业条件。男性移民中的大部分人都到小饮食店吃喝，找乐子则去咖啡馆、舞厅、有娱乐节目的餐馆和酒馆"②。尽管幸运的男性工人可以集中在巴黎市中心，但是他们的社交、谈论政治和娱乐的中心基本上都是小规模的店铺。大多数资产阶级都会远离这类场所，而将拱廊街、购物中心作为自己经常光顾的消费空间，在那里，他们不断地践行着自己的消费理念、展示自己的消费品位。此外，巴黎街头和商场里出现了漫无目的闲逛的游荡者，街道是游荡者主要的活动空间。游荡者悠闲地穿越拱廊街，幻想、思考、体验着现代性，在巴黎城的街道上东游西逛，在体验真正城市生活的同时，也对现代巴黎有了更深入的了解。

19 世纪西欧城市规划实践的两个重要特征是，城市公共环境改良和城市美化运动。事实上，城市公共环境改良和城市美化运动是贯穿西欧城市化运动整个过程的两个重要实践活动。19 世纪在西欧肆虐的鼠疫，各种新型空间的出现使城市环境更加恶化，使西欧各国政府意识城市公共卫生的重要性，开始关注城市的整体卫生环境，对城市公共环境进行治理。城市美化实践则是中世纪晚期西欧城市展开的城市化运动的重要组成部分，19 世纪西欧的城市美化运动主要体现在法国奥斯曼对巴黎进行的改造运动。虽然城市公共环境改良和美化运动的主旨是为市民创造良好的生活环境，但是，消费空间是市民日常生活中必不可缺的公共空间，对城市环境的改造必然不可缺少对经济空间的改造。19 世纪对城市消费空间的美化或改造集中体现在对作为消费空间的街道的改造上。

对巴黎林荫大道的改造是奥斯曼主持的巴黎改建计划的一部分，充分展现出奥斯曼对都市空间概念的认识，也体现出他重新塑造巴黎内部

---

① Harvey, David. *Paris*, *Capital of Modernity*. New York and London: Routledge, 2003, p. 221.

② Ibid.

空间结构和空间关系的决心，是巴黎现代化进程中不可或缺的一环。尽管奥斯曼对巴黎街道改造的最初目的是维护社会治安，但是他对巴黎街道实施的改造很大程度上促进了消费发展，因为街道本身不但是城市重要的消费空间，也是宣传消费的重要场所。经过奥斯曼改造后，19 世纪的巴黎出现了新的大道，大道被确立为重要的公共展示中心，大道沿线的咖啡馆和其他娱乐场所则成为展示资产阶级奢侈生活和女性时尚的空间，大道完全成为商品拜物教统治的公共空间，也是中产阶级炫耀财富、身份、地位、权势的公共舞台。更为重要的是，新大道彻底演变成广告的世界。事实上，在 19 世纪初期，巴黎的林荫大道已经成为吸引广告的重要公共领域，1851 年，一个企业主甚至宣称，广告已经入侵城市的每个角落，尤其是巴黎的林荫大道，到 19 世纪中叶，壮丽华美的广告在林荫大道上成倍增长，成为巴黎颇具特色的都市景观。由此，街道成为消费、时尚、广告的世界，是巴黎现代性最具代表性的空间，毫不夸张地说，巴黎之所以被赋予现代之都的美誉很大程度上源自与消费密切相关的巴黎街道。

在论述城市文化与后现代生活方式时，迈克·费瑟斯通（Mike Featherstone）指出，在 19 世纪后半叶，最早在巴黎，然后又在其他城市中发展起来的百货商店被想象为"消费的宫殿""梦幻的世界"，是新的消费者来朝拜商品的"庙宇"①，而 19 世纪四五十年代的巴黎商业中心是一个有序的空间。② 本雅明认为，1822 年之后在巴黎出现的拱廊是百货商店的先驱，并且始终是外国人感兴趣的地方，③ "百货商店利用'闲逛'来销售商品。百货商店是闲逛者的最后一个逗留之处"④，"奥斯曼的城市规划思想是放眼望去视野开阔的通衢大道"⑤。对于本雅明而言，以游荡者为代表的当时巴黎的各个群体都可以优哉游哉地游走

---

① Featherstone, Mike. *Consumer Culture and Postmodernism*. London: Sage Publications, 1991, p. 102.

② Ibid. , p. 102.

③ ［德］瓦尔特·本雅明：《巴黎，19 世纪的首都》，刘北成译，上海人民出版社 2006 年版，第 3 页。

④ 同上书，第 20 页。

⑤ 同上书，第 24 页。

在拱廊里、百货商店内、大道上，可以说，拱廊、百货商店、大道是巴黎具有民主特征的公共空间。某种意义上，巴黎城内出现的这三种与消费密切相关的新型空间是 19 世纪资本主义高速发展和城市化运动深化的产物，其蕴含的民主特征是公民社会意识的确立催生的结果。无论是当时城市规划中践行的城市公共环境改良运动，还是人本主义的城市规划思想家秉持的将关心人和陶冶人作为城市规划的指导思想，都将民众的城市权作为进行城市规划与设计时考虑的首要问题，很大程度上，大道、拱廊、百货商店就是这些城市规划思想的衍生物，是巴黎在进行城市空间生产的过程中营造出的新型的民主、正义空间，直接体现出城市空间分配的正义性，彰显出民众共享经济成果的社会风貌，按照索亚的话说就是，巴黎的民众拥有了明确的空间权利，"得到和享用了城市尤其是更宝贵的城市中心生活的优势"①，同时，一种新型的民主、正义的空间意识也得以建立。

"历史上，城市是围绕生产运转的政治、经济、社会和空间组织，但是，现在'新型的'全球化空间和象征性都市经济与等级体系概念的中心原则之一是城市被消费支撑。"② 换言之，后现代城市的生产和社会生活是围绕经济活动中的消费展开的，消费取代生产成为城市运转、发展、演变的主要动力，这对后现代城市的形态结构、城市意象、日常生活、政治、经济等都具有重要影响。

"如果说，对本雅明而言，拱廊街集中展示出现代性的所有特征，那么，购物中心是后现代都市空间的中枢场所、关键主题。"③ 实际上，购物中心是晚期资本主义经济全球扩张的产物。后现代城市中的购物中心是消费文化催生的产品，也是消费空间自身历史演变的结果，从最初的集市、店铺到商业街，再到拱廊街和百货商店，最后形成超级市场和购物中心。其中，购物中心的构成原型主要是 19 世纪出现的拱廊街和

---

① Soja, Edward W. , *Seeking Spatial Justic.* Minneapolis: University of Minnesota Press, 2010.

② Jayne, Market. *Cities and Consumption.* London and New York: Routledge, 2006, pp. 57 – 58.

③ Friedberg, Anne. *Window Shopping: Cinema and Postmodern.* Berkeley: University of California Press, 1993, p. 109.

百货商店。拱廊街是 19 世纪典型的商业建筑形式，为购物中心提供了外观形态的参照，拱廊街用玻璃作顶，用大理石铺地，用钢铁建造，用于商业目的，使消费者远离街道喧闹气息的侵扰，免受风雨寒暑的侵袭，按照本雅明的说法，光亮从上面投射下来，通道两侧排列着高雅华丽的商店，因此这种拱廊就是一座城市，甚至可以说是一个微观世界。实际上，拱廊街并非只为中上层精英人士提供购物服务，也给游荡者提供了游荡、体验、观望的场所，消费者在购物中心内感受到的购物体验就源于此。百货商店中随处可见的海报，展示商品的方式，尤其是沿街的橱窗为购物中心提供了营销策略和展示商品的方式。

　　无论是拱廊街，或是百货商店，还是购物中心，皆是伴随消费文化发展出现的产物，但是拱廊街和百货商店却是 19 世纪出现在西欧主要城市中的购物场所，而购物中心却是郊区崛起的伴生物，是郊区中心的标志性建筑。在《肉体与石头：西方文明中的身体与城市》的导言部分谈及此书的写作背景时，桑内特说道："几年前，我跟一个朋友到纽约近郊的购物中心看电影。"[1] 仔细剖析，可以发现，桑内特的话包含两个信息：其一，购物中心是郊区典型的消费空间；其二，购物中心并非只是购买商品的场所，而是集停车、购物、娱乐、文化等多种消费服务功能于一体的综合性消费场所。实际上，这两个隐含信息准确地体现出购物中心的主要特点，即购物中心是郊区型建筑，具有"一站式消费"的特点。据詹姆斯·J. 法雷尔（James J. Farrell）考证，20 世纪20 年代，购物中心已经开始在美国郊区发展起来，购物中心的出现则源自几种历史趋势共同作用的结果，即汽车的普及，人口聚集的新形式，广播、电视等新型媒体的发展，新的消费梦想，知名品牌的诞生以及广告业的繁荣。美国人试图将工业、商业、居住区分离开来，以保持家庭日常生活的清洁性，为此，他们之中不少人搬迁到专业化的郊区居住。城市规划者敏感地觉察到人们居住观念的变化，从而在郊区设计、

---

① Sennett, Richard. *Flesh and Stone：The Body and the City in Western Civilization*. New York：W. W. Norton & Company, 1994, p. 1.

建造了购物中心以适应搬迁到郊区居住的人的实际需要。① 因此，可以说，郊区的崛起是促使购物中心兴起的直接原因。玛格丽特·克劳福德（Margaret Crawford）认为，封闭式购物中心还与郊区的公共生活有关，在他看来，"封闭式购物中心提供了空间上的中心性、公众焦点、密集人群，而这些都是不断蔓延的郊区所缺乏的元素。购物中心成为郊区公共生活的枢纽，也为无组织的郊区提供了共同消费的焦点"②。美国第一个两层全封闭的购物中心于 1956 年在明尼苏达的艾迪娜（Edina）建成。这个全封闭的购物中心通过建造多层次的封闭购物空间而将销售空间最大化，从而成为购物中心的典范。

　　大型购物中心的内外空间极为庞大、复杂，如世界上最大的购物中心，加拿大的西埃德蒙顿购物中心（West Edmonton Mall）面积超过了100 个足球场，占地 52 万平方米，拥有世界最大的室内娱乐公园、世界最大的室内水上公园、世界最大的停车场。除了 800 多家店铺、11座百货商店、110 家饭店之外，它还拥有一个标准溜冰场、一座有 360间客房的旅店、一个人工湖、一个礼拜堂、20 间影剧院以及 13 家夜总会。③ 在"都市与文化"译丛序中，包亚明指出，郊区的超大市场、商业购物中心是 20 世纪 80 年代和 90 年代出现的现代都市发展的特征性场所，尽管这些场所在都市生活中占据了新的显著位置，但是它们也宣告了一种新的"无地方性"的城市的诞生，因为身处在购物中心中，人会感觉到世界上任何地方都是相似的。④ 正如包亚明所说的那样，无论是在纽约，还是在伦敦或是在巴黎，人们的确会发现，所有的购物中心基本上都呈现出相同的面孔和近似的内部结构，这就给人造成一种直觉，即"世界上任何购物中心都是相似的"，事实上，这并非是夸张的言论，而是后现代文化塑造的结果。后现代文化是缺乏深度体验、没有

---

　　① Farrell, James J., *One Nation under Goods: Malls and the Seduction of American Shopping.* Washington: Smithsonian Books, 2003, p. 5.

　　② Crawford, Margaret. "The World in a Shopping Mall." *The City Culture Reader.* Eds. Malcolm Miles, Tim Hall and Iain Borden. London and New York: Routledge, 2004, p. 135.

　　③ Ibid., p. 125.

　　④ 包亚明：《全球化、消费文化与政治空间》，载莎朗·佐京《购买点：购物如何改变美国文化》，梁文敏译，上海书店出版社 2011 年版，第 6 页。

历史感的平面化产品，因此，后现代文化不像古典文化和现代文化那样，是个性化、风格化的文化，而是一种毫无特色、批量复制的文化，这样的文化只能机械地复制出千篇一律的产品，购物中心就是典型的例子。建筑是时代文明的重要表征，建筑的形态结构充分彰显出时代文明的发展水平和特征，由此，购物中心模式化的建筑风格更加有力地证明了后现代文化批量复制、无特色的特征。

　　为消费者提供最大的便利成为建造购物中心的首要任务。购物中心的设计者都秉持相同的观点，人们来购物，并非只是为了购买商品，也是为了体验购物中心的环境，即体验购物过程，如果这个购物中心无法取悦消费者，它的竞争对手则会竭力将消费者吸引到自己空间内。① 无疑，"便利化"首先建立在最佳选址基础之上，因此，选址也是购物中心规划者首先需要考虑的问题，实际上，在具体的操作过程中，规划者总是坚持通过最佳利用土地创造出最大利润为原则。现代化的购物中心总是建造在郊区，一方面是因为郊区的土地便宜，另一方面也是因为消费的主导力量中产阶级搬迁到郊区居住的结果，此外也与汽车的普及密切相关。爱德华兹列举了购物中心发展的两个主要原因，在他看来，大型购物中心发展的部分原因在于消费者本身的需要：其一，消费者厌倦了交通的匮乏和停车的困难，厌倦了从一个商店到另一商店的疲于奔命，而大型购物中心为这些人提供了便利的服务，使他们免除以上烦恼；其二，大型购物中心及其文化的发展取决于美国人拥有并利用大片土地，投入巨资，将购物中心发展成文化中心。② 事实上，购物中心郊区型、庞大化、廉价性特征一直延续到 20 世纪 80 年代末，直到 90 年代，购物中心才从郊区逐渐转向城市中心。

　　在后现代时期的城市规划中，社会正义问题成为进行城市规划时关注的首要问题。直到 20 世纪 70 年代，北美与西欧的城市更新过程中暴露出各种性别、阶级与民族矛盾，它们均涉及空间与社会资源的分配问

---

① Farrell, James J., *One Nation under Goods: Malls and the Seduction of American Shopping*. Washington: Smithsonian Books, 2003, p. 23.

② Edwards, Tim. *Contradictions of Consumption: Concepts, Practices and Politics in Consumer Society*. Buckingham: Open University Press, 2000, pp. 113 – 114.

题，组成城市空间正义实践的基础。① 很大程度上，这与民众对民主的积极参与以及公民权利和责任意识的日益空间化密切相关。"1970 年后人们日益关心规划的社会目标，西方城市规划思想、理论与实践的一个重要发展趋势是根据人的需要来制定规划，从而使规划大大脱离了原来只重视物质空间建设的做法，而转为必须按照当地人民的福利事业的特定内容来考虑规划政策的制定和实施。"②

购物中心既是一种建筑，也是一个微观社会空间，其最佳选址地周围不仅应该聚集着庞大、特定的消费群体，而且也要能方便消费者顺利到达，这本身就充分体现出城市空间的生产与规划应以民众的需要为出发点。在此意义上，购物中心是一种典型的、具有民主意义的城市空间。事实上，现代购物中心提供全方位服务的大型综合体特征中已经包含了停车服务，每个大型购物中心不但为消费者建造了专门的停车场，也在入口附近设置了小型广场，以方便消费者集散、观光、交流。广场空间通常都是敞开型的，旨在不给消费者造成压抑感，使其能够以轻松、愉悦的心情投入到购物中。店面也是购物中心重要的外部结构，是展示其经营内容与特色的重要标志物，为了能够让消费者对购物中心的经营与服务特色一目了然，店面设计格外强调识别特征，很多购物中心都利用视觉传达原理，将招牌做得颇具特色，使消费者不仅乐于接受店面展示的信息，也激发出其进入其中购物的欲望。购物中心内部空间结构的布局更为重要，最佳的空间布局和商品展示能够吸引更多消费者前来购物。在 19 世纪的百货商店中，商家已经注意到内部空间结构对销售商品的促进作用。作为一种建筑空间，购物中心实际上既继承了拱廊街的拱形内部结构，也延续了百货商店利用多个楼层进行销售的特征，而将内部公共空间设计成拱形结构和利用多层楼的空间都是出于使商业

---

① Brown, Nicholas . and RyanW Griffis. *What Makes Justice Spatial? What Makes Space Just? Three Interviews on the Concept of Space Justice.* Critical Spatial Practice Reading Group, 2007, pp. 7 - 30. 转引自胡毅、张京祥《中国城市住宅区更新的解读与重构——走向空间正义的空间生产》，中国建筑工业出版社 2015 年版，第 154 页。

② 张京祥编著：《西方城市规划思想史纲》，东南大学出版社 2005 年版，第 184 页。

空间最大化的目的。[①]

　　拜物化是后现代文化的重要特征，消费是后现代社会的重要景观。在后现代社会中，商品的使用价值、实际用途彻底隐退，商品逐渐成为不稳定的、漂浮的能指，对商品符号价值的消费成为消费者消费的主要目的。迈克·费瑟斯通认为，"平凡与日常的消费品，与奢侈、奇异、美丽、浪漫日益联系在一起，而它们原来的用途或功能越来越难以解码出来"[②]。在商品符号化的影响下，整个社会也渐趋符号化，城市也呈现出符号化特征。"符号文化的胜利导致了一个仿真世界的出现，记号和影像的激增消解了现实世界与想象世界之间的差别。"[③] 符号、影像、仿真极大地影响了城市的发展，也促进了大众消费的发展，人们更加兴奋地追求新时尚、新风格、新体验，城市消费渐趋呈现为"集体消费"的形式。费瑟斯通评价道："后现代城市以返回文化、风格和装潢打扮为标志，但是却被套进了一个'无地空间'，文化的传统意义情境被彻底消解，它被模仿、被复制、被不断地翻新、被重塑风格。因此，后现代城市更多的是影像的城市，是文化上具有自我意识的城市。它既是文化的消费中心，又是一般意义上的消费中心。"[④] 这实际上表明，后现代文化对城市产生了深刻的影响，不但促使城市呈现为影像化特征，也巩固了其作为消费中心的地位。可见，无论是"集体记忆的城市"，还是"集体消费"都是后现代文化导致的结果。文化是控制城市的一种有力手段。其中，文化消费是影响后现代城市形态结构、城市意象的重要因素之一。事实上，充斥在人们身边的消费、文化、象征符码不断地影响着人们对城市空间的体验，也不停地重新塑造着城市形态、诸多城市意象。在这样的背景中，后现代社会中，一个不争的事实是，各种各样的城市意象、空间也无法抵御消费文化的影响，消费成为塑造城市意

---

①　Friedberg, Anne. *Window Shopping*：*Cinema and Postmodern*. Berkeley：University of California Press，1993，p. 111.

②　Featherstone, Mike. *Consumer Culture and Postmodernism*. London：Sage Publications，1991，p. 85.

③　Ibid.

④　Ibid.，p. 99.

象、空间的新因素，具体而言，在消费文化的刺激下，空间渐趋呈现出
商品化与主题化的趋向，这实际上是空间价值转向的具体表征。

　　"由于工业化过程已经远去，城市变成了消费中心，七八十年代的
城市发展趋势就变成了对购物中心的重新设计与扩张。"① 列斐伏尔曾
精辟地概括过消费与后现代城市的关系，他指出，在当代城市中到处充
斥着"商品陈列的消费，消费的商品陈列，记号的消费，消费的记
号"②，按照费瑟斯通的话说就是，"城市脱离了工业化过程转而成了消
费中心，并汇聚起各种壮观场面"③。相应的，后现代城市规划和城市
形态的演变越来越受制于大众消费的需求，由社会主导的消费文化和消
费需求决定，对消费空间的生产与营造成为城市资本积累和空间生产的
重要途径，消费成为指导城市规划和城市空间生产的主要因素。"后现
代主义赞赏用非理性的隐喻手法来进行城市空间组织，既增加了运动感
和深度，又加强了城市的想象力。"④ 这与消费文化强调的符号性、风
格化等特征在某种程度上相契合，也彰显出城市的空间形态和结构明显
地表征出消费文化的内涵。20 世纪 70 年代，大卫·哈维等新马克思主
义学者"将城市物质环境与其背后的政治、经济背景联系起来，认为
城市空间在社会生产过程中扮演着资本积累和劳动力消费的重要角
色"⑤。实际上，无论是 20 世纪 80 年代的新自由主义城市规划观强调
的"城市规划的首要职责被认为是增强城市的吸引力"，还是 90 年代
的多元的城市规划观关注的"城市经济的衰退和复苏"，或是 90 年代
后出现的新城市主义思想倡导的"以现代需求改造旧城市市中心的精
华部分，使之衍生出符合当代人需求的新功能"，⑥ 都在不同程度上体

---

　　① Featherstone, Mike. *Consumer Culture and Postmodernism*. London：Sage Publications，
1991，p. 101.

　　② Lefebvre, Henri. *Everyday Life in the Modern World*. Trans. Sacha Rabinovitch. New
York：Harper & Row, 1971, p. 108.

　　③ Featherstone, Mike. *Consumer Culture and Postmodernism*. London：Sage Publications，
1991，p. 103.

　　④ 张京祥编著：《西方城市规划思想史纲》，东南大学出版社 2005 年版，第 191 页。

　　⑤ 同上书，第 221 页。

　　⑥ 张京祥编著：《西方城市规划思想史纲》，东南大学出版社 2005 年版，第 221—
228 页。

现出消费对后现代城市规划的影响，以及两者之间隐含的互动关系，某种意义上，消费成为推动城市空间演变的重要因素。

费瑟斯通指出，购物中心、商业广场和百货商店是后现代城市中的标志性空间，"在这些场所中，场面形象设计得或排场宏大、奢华浮侈，或汇集人们梦寐以求的、来自遥远他乡的异域珍品，或表达对过去宁静情怀的感念与怀旧"①。显然，购物中心等商业空间已经演变为后现代城市中消费文化的具体展示空间，体现出消费文化的内在逻辑对城市空间生产的影响，成为最重要的城市意象。很大程度上，这些商业空间自身的特点，城市居民的消费习惯，以及城市本身的特殊形态特征共同决定着在城市规划与建设中如何规划、分布、设计这些商业空间。如上文所述，购物中心最突出的特点是"为消费者提供最大的便利"，这就意味着购物中心等商业空间本身就是城市中民主、公平、正义的公共空间，为全体民众服务，是在城市空间的再生产过程中将各个阶层民众的便利和利益进行综合考虑的产物。这体现出后现代城市规划的一个重要趋势和原则，即1977年国际建协制定的《马丘比丘宪章》中明确提出的城市规划需要考虑和平衡社会整体利益，以及民众参与城市规划的重要性。实际上，当代城市规划的一个重要趋势就是城市规划正在由精英型规划转向为公众参与，90年代的多元的城市规划观就秉持在城市规划中要重视公众的参与和要求，同样，新城市主义和生态城市的规划思想也都在城市规划中坚持人性化尺度，某种意义上，购物中心等商业空间就是这些城市规划思想的具体体现。在中国的城市规划中，购物中心往往被设置、分布在城市主要的或次要的干道附近，主要的交通通道的交叉口附近，或者大型居民社区附近，这样规划的目的最主要的是为消费者考虑，能够使消费者的购物更加便捷，不但可以就近体验一站式购物，而且能够在购物的过程中进行休闲活动。在西方，大型购物中心往往被建造在郊区的高速公路旁，除了地价相对便宜之外，这更多地考虑到了消费者交通便利、停车方便、能够观赏郊区风景等因素。可见，

---

① Featherstone, Mike. *Consumer Culture and Postmodernism.* London: Sage Publications, 1991, p. 101.

无论是在中国还是在西方，购物中心的规划和分布都充分顾及全体民众的利益，是人性化和民主化的经济空间，在某种程度上间接地反映出城市公共空间资源分配的正义、合理性，是民众拥有城市权利的实际体现，清晰地再现出民众通过空间的社会化再生产掌握了对城市空间占有、参与、利用的权利。

第五节 小结

人类文明史上，经济空间在地理位置、外部形态、内部结构、功能等方面经历过多次演变。但是，城市作为经济集合空间的地位并没被撼动。城市的出现和发展是社会经济发展的必然产物，经济活动是特定空间内展开的活动，具有空间性特征。城市是经济活动展开的重要场所，也见证了经济理念变迁的历史，由此，经济与城市处于一种密切相关的互动关系中。城市生活则是时代政治、经济、文化等社会状况的重要表征，市民的日常生活不但构成了城市主要景观，也充分映射出市民的物质生活、精神生活、思想意识状态。城市的兴起为市民的日常经济活动提供了便利，促进了经济的发展，市民消费需求的增长则推动了城市的延伸、扩张和城市经济的繁荣。

"城市规划主要是关于城市空间资源的制度性安排，并作为一种基础设计和配置而深刻影响到人口集聚、经济增长、社会生活、文化消费等城市化进程的主要领域。这个基础性的制度性安排对不对、应该不应该、合理不合理，甚至是代表着进步的潮流或逆流、正义的力量或非正义的力量，当然事关人类和个体的命运，不容忽视。"[1] 在人类文明史和城市发展史上，经济正义，尤其是消费正义，与城市规划的有机契合一直是社会学家和城市规划专家思考的热点问题，也就是说，从经济正义视角审视城市规划是城市规划思想的演变和城市空间生产的不断实践中亘古不变的焦点。从古希腊时期到 21 世纪，尽管每个时代的经济发

---

① 刘士林：《中国城市规划的空间问题与空间正义问题》，《中国图书评论》2016 年第 4 期，第 29 页。

展与城市规划都呈现出不同的面孔，但是，在每个时代，经济正义、空间正义和经济正义视域中的城市规划都是人类努力追求的目标。从古典时期的雅典到 21 世纪的后现代城市，每个城市都表征出不同的经济正义或非正义、空间正义或非正义形式，然而，在城市空间生产和再生产的过程中正义始终是重要的原则。每个时代都有每个时代的经济正义、空间正义和城市规划思想，每个城市也都有其独特的经济正义和空间正义的表征形式。

在古希腊时期，广场是市民参与经济活动的空间，是城邦内的公共领域，隐含着民主与非正义的双重面孔。表面上，向全体公民开放使其呈现出开放性、自由性、民主性的特征；然而，进入广场的资格限制则使其展现出的只是一种"民主表象"，一种虚假的公正形式。古罗马时期，广场从开放的场所转变为封闭的空间，其民主、正义性被赤裸裸地遮蔽掉，而城市空间生产、建设中出现的众多浴场则成为皇帝炫耀权威的权力空间和特殊的民主正义空间的集合体，民众在浴场中享受城市权的同时，也隐性地受到感受到了权力目光的存在。10 世纪后，随着城市的兴起，城市规划、城市发展、城市扩张等活动成为城市化运动的重要主题。城市中不断地涌现出新的街道、店铺、市场，这些消费空间促使城市对其空间资源不断地进行规划、分配，本质上是城市空间生产过程中对空间进行再创造的产物，而在规划中赋予这些空间对全体民众开放的特征体现出城市中经济空间的正义性。实际上，15 世纪之后，城市中满足市民世俗生活需要的场所越来越多，城市规划、设计和建设的出发点和归宿都是为了能够给城市的经济活动和民众的日常生活提供保障和便利，旨在满足市民的物质生活需求，让全体民众，包括弱势群体，都可以获得进入城市的权利，公平地享受城市经济发展的成果。在 19 世纪，巴黎出现的拱廊街、百货商店、大道，英国举办的世博会和商店的沿街橱窗，都是经济与城市规划的互动产物，是当时的城市规划思想对民众的城市权和空间权重视的产物，是城市空间分配正义性的体现。后现代城市中的购物中心以使消费者能够便捷地购物、消费为主要的规划、设计原则，其选址和自身的空间特征充分体现出城市空间的规划和生产以民众的需要为首要原则，是一种典型的、具有正义意义的城市空间。

　　空间正义存在于空间资源生产和配置的领域之中，它与公民空间权益方面的社会公平和公正息息相关，具体来说，包括空间资源和空间产品的生产、占有、利用、交换、消费的公平与正义。在某种程度上，对城市资源的争夺也就是对城市经济资源的争夺，是否拥有城市经济权是人们实现空间正义的重要路径。从经济正义的视角审视城市规划史，不难发现，在每个时期，城市空间的生产中都存在着形形色色的正义与非正义现象，但是，在经济正义框架内建造一个大多数民众都能接受和认可的正义城市是城市规划专家追求的永恒目标，从古希腊时期柏拉图对理想城市的探求到当代人文主义的城市发展与规划理念都在朝着这一目标迈进。

第四章　空间文化正义与城市规划

刘易斯·芒福德在其《城市发展史》中指出，文化是城市的深层本质，"贮存文化、流传文化和创造文化，这大约就是城市的三个使命"①。其实，自建立伊始，城市就在不断创造自己的文化，包括城市建筑、公共文化设施、人文景观等诸多有形的空间构形，及文化艺术产品、独特的生活方式等无形的精神氛围。因此，城市不应仅仅是经济的、物质的容器，或者单纯谋求物质利益的场所，抑或是生产文化、创造文化的重要空间，而从宏观层面来看，经济效益、政治稳定或许是传统的城市管理者更为关注和追求的。不过，在 20 世纪 80 年代，英国社会学者迈克·费瑟斯通（Mike Featherstone, 1946—　）注意到"人们对城市文化与城市生活方式的兴趣提高了"，作为一个综合性的生存场域，城市发生了一种"由强调经济与功能向强调文化、审美的转变"②，城市的文化性因此在全球化的语境中日渐彰显。这种转变被很多人视为从现代性、现代主义到后现代性、后现代主义的转变，标志着一种根本性的社会转型。

应该说，这种对城市文化的突出、彰显与文化概念的外延得到极大扩展有关。雷蒙·威廉斯（Raymond Williams, 1921—1988）在《漫长的革命》（*The Long Revolution*）中列举了三种关于"文化"的定义，第

---

① ［美］刘易斯·芒福德：《城市发展史——起源、演变和前景》，宋俊岭、倪文彦译，中国建筑工业出版社 2005 年版，第 14 页。

② ［英］迈克·费瑟斯通：《消费文化与后现代主义》，刘精明译，译林出版社 2000 年版，第 139 页。

一种是"理想的",这种意义上的文化是"人类根据某些绝对的或普遍的价值而追求自我完善的一种状态或过程",可以理解为那些经典永恒的哲学思想与价值观念；第二种是"文献的",主要体现为以各种方式详细记载人类思想与经验的作品；第三种则是"社会的",这一定义是"对一种特殊的生活方式的描述"①。在此之前,他曾在《文化与社会》(*Culture and Society*) 中将文化界定为"一种整体的生活方式",包括人类所从事的所有活动内容。从"整体"到"特殊",反映出雷蒙·威廉斯对由特定时间、空间、社会群体等而产生的具体差异性的重视,他为此还专门提出了一个新的概念"感觉结构"（Structure of Feeling）,但是,威廉斯却始终强调将共同、大众意义上的文化（生活方式）与个体、精英意义上的文化（文学艺术）结合起来,由此确立了一种整体性文化观。

这种整体性文化观一度引致过于宽泛之疑,但是伴随着消费社会在20世纪六七十年代的崛起,文化逐渐以时尚、广告、商品、通俗文学、电影、旅游、娱乐中心、公共文化设施、电子产品等多种样式呈现,成为面向大众的消费品。可以说,在当代城市中,任何物质精神实践都与文化息息相关,而当文化已经成为人们日常生活的一部分,并将文学艺术、社会体制、民间习俗、家庭生活及其所体现的意义和价值等都吸纳其中时,在城市生活的居民就不仅需要在单纯的物质意义上谋得生存,也需要在广泛而深刻的文化层面获取一种可感知、可表达的存在感与价值感。

"文化正义"的提法由此应运而生,这其中涉及城市与乡村、主流与边缘以及社会各阶层之间的文化资源分配关系,涉及文化自由、文化平等、文化共享等共同目标,也涉及城市发展与人的发展之间的互动关系。目前,国内外关于这一提法的讨论并不多,列斐伏尔提出"城市权"概念,爱德华·索亚写作《寻求空间正义》时对此都所涉不多。然而,二人的理论探索却能帮助我们清晰地意识到,尊重、满足城市居民的文化生活需求已经构成城市发展的重要维度,也是现代人之城市权

---

① Williams, Raymond. *The Long Revolution*. Harmondsworth: Penguin Books, 1965, p. 57.

的重要组成部分。它当然不只是一个理论问题，更是一个亟须正视的实践问题，在这个意义上，城市规划正是反映、促成与推动文化正义/非正义的一个极为重要的路径，背后自然蕴含着复杂的政治、经济、民族、阶级等诸多社会问题。

2016年2月6日，中共中央、国务院下发《关于进一步加强城市规划建设管理工作的若干意见》。《意见》首先肯定了新中国成立以来尤其是改革开放后的城市规划管理的成就，主要表现为"城市规划法律法规和实施机制基本形成，基础设施明显改善，公共服务和管理水平持续提升"。这些成就由此生成了多方面的正面影响，诸如促进经济社会发展、优化城乡布局、完善城市功能、增进民生福祉，等等。但是，《意见》同时也指出，我国城市规划建设管理中存在一些较为突出的问题，主要表现在："城市规划前瞻性、严肃性、强制性和公开性不够，城市建筑贪大、媚洋、求怪等乱象丛生、特色缺失，文化传承堪忧；城市建设盲目追求规模扩张，节约集约程度不高；依法治理城市力度不够，违法建设、大拆大建问题突出，公共产品和服务供给不足，环境污染、交通拥堵等'城市病'蔓延加重。"可以说，这些负面问题在不同城市有不同程度的体现，而其中所涉及的城市建筑盲目求大，或一味照搬西方风格导致民族特色缺失，以及公共服务供给不足等问题都是文化正义不可回避的现实。由此，城市规划与文化正义之间具有了深刻而紧迫的关联。

本章首先从爱德华·索亚对空间正义理论的思考入手，继而在理论上讨论文化正义/非正义的概念，突出其丰富性、重要性，在此基础上，概括文化正义与城市规划的关系，之后将进入个案分析。"现代城市的文化规划"重在探讨近年来涌现的大城市集中修建文化中心群的规划方式，认为这体现了现代西方城市纷纷开展的"文化规划"之趋势。针对这种规划与建筑格局对城市文化形象的影响、对民众享受公共文化设施构成的利弊等方面，本章将展开具体分析，选取的个案是以天津文化中心为代表的文化场馆建筑群。"公园与现代城市规划"将从城市居民最喜欢的免费文化娱乐场所——公园入手，可以说，从其基于殖民主义历史背景而被各地政府作为文明事物积极修建

（尤以中山公园为例），到当代社会突出其休闲娱乐功能，将公园作为居民城市权之重要组成部分，再到房地产利用公园开发高价房产，最后追溯埃比尼泽·霍华德构建的一种颇具理想意义的"田园城市"范式，看似比较小的"公园"视角却能将现代城市规划问题与文化正义串联起来，显示出极其重要的实践指向与批判价值。"'新工人'文化与当代城市规划"将以中国目前为数不多的四家农民工博物馆作为入口，探讨一个不可忽视的巨大的社会群体——"新工人"，他们的出现很大程度上也是由城市规划、城市建设而促成的。

第一节 文化正义、文化非正义与城市规划

一 寻求空间正义

受益于福柯对空间的微观权力分析，爱德华·索亚"特别关注在房屋建筑、小区规划、城市空间布局、一个国家内区域规划乃至全球范围内的空间分布中所包含的种族、阶级、民族和性别的不平等，力图对这些不同层次的不平等分门别类地研究，在此基础上找到克服这些不平等而确立空间正义的途径"[1]。从索亚的诸多研究著作来看，包括他的《第三空间——去往洛杉矶和其他真实与想象地方的旅程》《后大都市》等，基本都立足于具体的城市，尤其是他所在的洛杉矶这座国际化的贸易中心城市，体现出一种强烈的"在地化"（localized）意识。可以说，城市的空间布局问题是爱德华·索亚空间正义理论中的核心话题之一。从根本上来说，寻求空间正义几乎总是"一种为地理而进行的斗争"（a struggle over geography），正义总是带有强烈的地理性或曰"空间性"特征，或者说，总是与特定的地理空间联系在一起。[2] 他在 2010 年的新作《寻求空间正义》同样基于他对洛杉矶的经验，该书在"前言"

---

① 黄其洪：《爱德华·索亚：空间本体论的正义追寻》，《马克思主义与现实》2014 年第 3 期，第 70 页。

② Soja, Edward W. *Seeking Spatial Justice*. Minneapolis: University of Minnesota Press, 2010, p. 2. "a struggle over geography". 这种提法来自爱德华·萨义德, Said, E. *Culture and Imperialism*. New York: Vintage, 1994, p. 7.

部分重点分析了一个因城市规划而引发的案例。

这个重要的案例发生于 1996 年，洛杉矶城市交通局（Metropolitan Transit Authority，MTA）在一场官司中败给主要由两个草根组织联合起来的原告，后者代表的是那些基本依赖巴士这种公共交通方式满足其出行需求的城市贫民。之前，交通局提出了修建地铁的城市规划方案，以期适应洛杉矶作为国际大都市的形象要求，但极其依赖公交车的穷人却不能由此获益，因为他们大多居住在市中心，经常身兼数职，在各个工作地点之间奔波，因此更需要的是一种灵活、弹性而稠密的公交网络。交通局提出的"中心辐射型"轨道规划方案及由此将改变的空间结构表面上打着方便穷人的口号，但最终却是为着那些居住在城郊，拥有多辆轿车的白人、富人的福祉。由此引发双发的利益冲突，乃至对簿公堂。

冲突的最终结果是轨道交通项目废止，洛杉矶交通局还要额外购买一定数量的新的环保型巴士，缓和当时公交车上的过度拥挤状况，同时还要提高乘车的安全性，降低其间的犯罪案件，为方便穷人们前往教育、就业和健康中心提供特定服务。可以说，洛杉矶的穷人在争取社会正义、空间正义上取得了令人振奋的成效。索亚从历时性的角度高度评价这一胜诉，认为它"颠覆了美国城市治理和规划的工作传统，因为以前的服务几乎都是要有利于较为富裕的居民"①。

这场诉讼的原告有两个重要的草根组织，它们分别是劳工/社区策略中心和巴士乘客联盟，后者的主要成员是洛杉矶的少数族裔和低工薪的女性贫民，他们往往是社会群体中备受忽视、歧视的弱势代表。而且，更值得注意的是，这些居住在内城、主要依赖公共交通的贫民大多还是外来移民。于是，前所未有的这一胜诉就意味着，每位城市居民都应该拥有列斐伏尔所言的"城市权"。

事实上，在 20 世纪 90 年代的美国，围绕民主公民权问题，产生了一系列的社会反思，比如为之而创办的新杂志《公民权研究》（*Citizen-*

---

① Soja, Edward W. *Prologue*：*Seeking Spatial Justice*. Minneapolis：University of Minnesota Press，2010，p. viii.

ship Studies）上就发表了大量讨论文章。索亚认为，这主要是由于外来移民人口越来越多，而且因此形成了一种后现代主义式的文化多样性特征。① 为此，各地也出现了一些令人瞩目的实践活动，比如在洛杉矶就有人提议赋予那些非公民的获准居留的外国人（resident aliens）以选举权，尤其是在那些直接关系到家庭成员健康、福利、教育、工作和人身安全的事项上，让他们有机会发声。这些提议的背后反映的是那些被严重剥夺各种权利的群体和穷人为争取更大的社会正义、空间正义而付出的努力。因此，由 18 世纪资产阶级革命所确定的"公民权"就逐渐转变为一种更具空间指向、突出城市之重要战场地位的政治学概念。②

相应的，反映在索亚的理论中，我们会发现，他在承继列斐伏尔主张"重新回溯寻求正义、民主和公民权的城市基础"之上，将城市权的概念进一步延伸、拓展，其地区性（place-based）、空间性指向更为突出与明确。具体到草根的贫民组织状告洛杉矶城市交通局一案，其实他在《后大都市》第八章就已经有所提及，至《寻求空间正义》又在"前言"部分重提并作更详细的分析，可见他对那些不具有公民权的外来移民之城市权的重视。城市权因此可被认为是各个社会阶层都参与空间社会生产的权利，每个个体都应该有权公开、公平地参与城市规划，拒绝外在力量如国家、资本主义经济驱动等单方面的控制，③ 应该有权进入并使用城市生活的特定福利，尤其是那些有高度社会价值、文化价值的城市中心，也就是说，利益、权力、资源等基本要素应该实现合理、正义的分配。在此意义上，"城市权"即为空间权。

那么，进一步延展开来，除了就业、居住、交通、健康，每位城市居民也应当有权享受包括教育、文化在内的其他公共服务，"避免被强加的所有形式的空间隔离与限制"④。文化空间作为一种不可忽视、不

---

① Soja, Edward W. *Postmetropolis*：*Critical Studies of Cites and Regions*. Oxford：Basil Blackwell，2000，pp. 409 – 410.

② 王志刚：《爱德华·索亚与空间正义主张》，《中国社会科学报》2015 年 9 月 24 日第 5 版。

③ 吴宁：《列斐伏尔的城市空间社会学》，《社会》2008 年第 2 期，第 112 页。

④ Soja, Edward W. *Seeking Spatial Justice*. Minneapolis：University of Minnesota Press，2010，p. 99.

可或缺的资源，应当在空间正义的框架内得到同样的正视，通往一座城市、消费一座城市的权利也应该包括对其文化产品进行消费的权利，"文化正义"的提法正是在这一意义上得以成立。

不过，索亚并没有在其著作中明确、专门探讨文化正义问题。或许可以说，相比起洛杉矶穷人遭遇的交通不正义及其他弱势群体所面临的生产不正义、分配不正义等困境，文化资源分配不均，享受文化产品时存在经济实力差异、社会阶层差异等，这些属于文化正义框架内的问题与冲突可能更为隐蔽；同时，相比物质分配而言，人们对文化正义的诉求可能并不那么迫切，① 不公的文化资源分配尚未成为社会热点问题——虽然社会正义的这几个方面其实是息息相关的。

二 对"文化正义"的讨论

目前国外学术界尚未就"文化正义"问题形成一个较为明确、一致的理论范式，但国内学术界目前围绕这一概念的讨论还是值得在此列举。当各种观点呈并列、互补之势，我们对"文化正义"也就有了更为全面的认识。

杨竞业认为，文化正义问题已经成为当前社会主义文化建设的突出主题。他从哲学层面提出，文化正义是"主体正义、制度正义和交往正义的复合建构"②。这种界定是否全面尚有待商榷，因为其中缺少了对作为一种整体生活方式的文化之考察，缺少物质的维度，但毫无疑问，公平有力的制度支持必能有效地维护文化平等、优化文化环境、净化文化市场，进而保障文化自由，促进文化共享。在一个技术不断更新、信息爆炸的时代，知识与文化共享的循环速度愈快，二者的增长速度也就愈快。杨竞业的观点最终落脚于，建设中国特色社会主义文化即是建设正义文化，而若要建设正义文化，即须弘扬文化正义，二者由此在一个共同的目标之下获得了统一。

傅守祥则主要从城市作为一个"差异性的社会存在空间"来讨

---

① 学区房不在本章探讨范围之内。
② 杨竞业：《论"文化正义"概念》，《哲学论丛》（理论月刊）2013 年第 5 期，第 51 页。

论。既然城市主体是多元的、差异的聚合，那么在处理其文化冲突的同时必然无法回避对多元文化群体身份的认同与包容。在此，杨竞业所提出的制度正义是必要的、基础性的，正如美国芝加哥大学政治哲学教授艾利斯·马瑞恩·扬所言，正义"要求的不是消除差异，而是确立种种制度，否定压迫而推进群体差异的再生产和对群体差异的尊重"①。傅守祥认为，城市内部的差异性"更深刻地体现在城市多元主体的空间利益的分化与空间地位的差异上"，这显然是受到列斐伏尔、索亚等西方理论家的影响，那么在此基础上，城市正义的建构就应该学会尊重差异、包容多元文化，这被傅守祥视为现代城市文化正义的基本取向。② 但作者在文中并未延续其空间理路，也并未进一步提出，文化正义应该尝试突破空间的障碍与区隔。事实上，在很多现实语境中，空间问题促成了文化的冲突与不正义。本章即将讨论的文化中心、公园、新工人社区等物质空间无不与社会各阶层之间的文化差异、矛盾冲突有关。

段峰峰则着重从文化资源的分配与消费来谈论文化正义，③ 主要理论基础源自约翰·罗尔斯的《正义论》。罗尔斯提出，正义应遵循自由平等和差异两个原则。根据这两个原则，文化消费者首先应该能够自由平等地获取文化资源，虽然文化资源的形式各异、分布广泛，但是作为被社会所认可、容纳的人，每个消费者都有权平等地接触和获得，尽管他可能没有文化消费的能力和消费的欲望。如若文化资源门槛过高、权限设置过多或开放机制不合理，就会影响消费者获取资源的权利与机遇，比如说一般而言，小城镇的公共文化服务体系就远不如大城市更为健全，还有引发持久争议的高考分省划线政策，都表明城乡、区域文化发展目前依然存在严重的不平衡。这种文化分配的

---

① Iris, Marion Young. *Justice and the Politics of Difference*. Princeton：Princeton University Press，1990，p. 11.

② 傅守祥：《城市发展的文化正义与有机更新》，《湖南城市学院学报》2014 年第 2 期，第 37—38 页。

③ 段峰峰：《文化正义：文化资源的分配与消费》，《青年记者》2013 年第 11 期，第 22—23 页。

不正义必然会导致极大的社会不公。另外，如欲实现文化上的分配正义，相比起马克思给出的解答是彻底消灭私有制，罗尔斯提出的解决方法则是实现人与人之间的合作。因此，文化合作与共享在罗尔斯看来就是实现文化正义的基础和有效途径。这就需要完善公共文化服务体系，协调市场文化运作体系，构建有更多人参与的文化互动体系，畅通文化参与、合作及共享渠道，关注更多的非主流文化，等等。当然，这一切都离不开制度正义的支持，在这个意义上，诸多学者显然都已达成共识。

因此，在汇总了众多学者的讨论之后，文化正义可从以下两个维度来展开思考。首先，文化的各种存在形式、内容应该是平等的，不论是国家、民族、地区，城市、乡村、边缘地带，还是工人、农民、知识精英，各阶层、民族、地域的文化其地位都是平等的、有尊严的，由此要反对文化帝国主义、文化单边主义或强势一方的文化霸权；其次，文化正义还可理解为文化资源分配的公平公正性与文化享有的可实现性，在此过程中需要文化制度的建设作为政治保证，多方汇聚的丰富的文化资源作为可备选择，同时也需要互联网的有效传播、文化共同体的形成作为文化共享的社会基础。反过来说，文化资源的不足及分配、消费的不均衡必然会导致文化贫困问题的出现，也就是文化非正义。

三　文化正义与城市规划

人们已经意识到，空间、正义与文化之间的交叉、相互影响无处不在。在此语境中，从实实在在的城市规划、城市建设出发，审视文化正义问题就是一个非常新颖的视角。

在论及城市规划、城市秩序的原则时，芒福德认为，规划者应该打破过去那种过度扩张的城市发展模式，将城市人口、面积、规模适度控制在一定的范围内，他赞同以一种"多核心城市"（poly-nucleated city）的新类型来替代"单核心城市"（mono-nucleated city），因为"没有一个单个的中心可以像过去的大城市那样，成为整个地区有力条件的交汇点"①，政府在调控、规划时应该重视人的尺度，而非单一地追求数据的最大化。基于这样的思考，他认同埃比尼泽·霍华德的构想，"城市增长的顶点是到达市中心社会服务设施的最大承受极限"②，应该考虑有效的功能分区，考虑城市与乡村之间的均衡，政治、社会和娱乐功能之间的均衡，而不是无边地蔓延。可以说，芒福德将城市更好地发挥文化功能奠基于对城市的合理规划之上，因此他非常强调城市规划应该重视加入各种人文因素，这一思想对欧洲城市设计影响巨大。

如果说，芒福德的城市规划理论更多还是指向政府管理部门及参与城市规划的专家学者，那么，索亚所在的加州大学洛杉矶分校建筑和城市规划学院则将进入空间生产范围的所有人群都考虑其中。2007年，该院出版的《批判性规划》（*Critical Planning*）杂志推出了一个特辑——"论空间正义"（Spatial Justice）。在编者按中，作者这样写道："那些有权通过发展、投资、规划来生产我们居住的物理空间的人（及其对立一方）——也就是草根发起的活动——他们同样有权力去维系非正义，并且/或者生产正义的空间。"③ 如列斐伏尔所言，空间并不是天然"在那里"的，正义也不是抽象的，经由社会关系的生产及再生产，空间的形成必然要依赖于规划实践者、理论家、社区组织者及其居民等诸多群体的参与，这些不同身份的人在此过程中都会承担自己的角色，表现自己的立场。

于是，城市规划就不仅是一种自上而下的、单向性的，有时或许也是施舍性的管理行为，它同时也是一种自下而上的社会活动。在索亚看来，他所在的城市规划系之区别于其他城市规划院系的特色在于，它始终坚持"一种批判性的、自省式的追求"，这种追求"不是单纯给目标社区提供技术支持（作为专家），而是积极推动具有自治性质的基层运

---

① ［美］刘易斯·芒福德：《城市发展史——起源、演变和前景》，宋俊岭、倪文彦译，中国建筑工业出版社 2005 年版，第 514 页。

② 同上书，第 432 页。

③ Bromberg, Ava, et al. "Editorial Note: Why Spatial Justice?" *Critical Planning* 14 (2007): p. 2.

动和行为主义的发展（作为促进者）"①，由此对当地的城市规划、地区重构产生了直接的影响。他们经常组织大学与公共服务领域的人员展开思想交流，并在城市规划理论与高校学术研究、公众参与、政府控制之间形成了一种生机勃勃的互动关系。如果说，"正义的空间一定是开放的空间，那么它必须植根于多个群体积极活跃的协商中，必须寻求行之有效的方式以建立差异基础上的团结"②，那么由最广泛意义上的公众共同参与空间生产的过程，就能在最大程度上促成空间正义与正义空间的实现。

索亚及其同事和学生的实践对中国当下草根运动的借鉴意义或许在于，后者应当努力"结成以各种目标和策略为特色的新联盟"③。这在近年来不断涌现的民工社会组织，诸如工友之家（如北京、天津、苏州等地）、女工权益微博（如"尖椒部落""橙雨伞公益"等）等多样化的社会群体中已经有非常积极的体现。伴随着作为文学艺术的文化与作为日常生活方式的文化两者之间的界限趋于模糊化，这些原先"不能自己代表自己，一定要别人来代表"④ 的民众参与空间生产的方式发生了根本性的转型，如果说他们原先的功能只是身份不明的生产者、流动者、被剥削者，那么当期刊、报纸、网络、微博、微信等媒介被充分利用并渗入其日常生活，打工文学、打工子弟学校、打工春晚、工友之家、农民工博物馆等新鲜事物就标志了其功能的转变：他们同样可以集合起来，成为文化教育与大众娱乐的生产者、传播者，而这种功能转变必将引发城市秩序的转变和城市规划方式的更新。

---

① Soja, Edward W. *Seeking Spatial Justice*. Minneapolis：University of Minnesota Press，2010，p. 160.

② Bromberg, Ava, et al. Gregory Morrow & Deirdre Pfeiffer. "Editorial Note：Why Spatial Justice?" *Critical Planning* 14（2007）：p. 2.

③ Soja, Edward W. *Seeking Spatial Justice*. Minneapolis：University of Minnesota Press，2010，p. 173.

④ ［德］马克思：《路易·波拿巴的雾月十八日》，马克思、恩格斯：《马克思恩格斯选集》第 1 卷，人民出版社 1972 年版，第 693 页。

第二节　现代城市的文化规划

一　文化规划

作为单独的文化场馆，据考证，图书馆可远溯至美索不达米亚文明，迄今为止已有 4000 多年的发展历史。至古希腊时期，已有柏拉图和亚里士多德等多个私人图书馆盛行；博物馆和美术馆要晚得多，迟至古希腊罗马时期，像亚历山大里亚博学园不仅有图书馆、动植物园、研究院，还有专门收藏文化珍品的缪斯庙，该庙综合了博物馆和美术馆的双重功能。事实上，虽然 19 世纪之前已经出现了专门或主要收藏艺术品的美术馆，但二馆合一的状况一直持续，比如 1793 年成立的巴黎卢浮宫博物馆，1852 年对外开放的圣彼得堡艾尔米塔什博物馆，1925 年正式开放的北京故宫博物院，而且这些博物馆很多是从原先的皇家收藏发展而来的。进入 20 世纪，博物馆和美术馆日趋独立，出现了收藏当代艺术品的现代美术馆。可以说，自 18 世纪启蒙运动以降，伴随人文主义思想的渗透与人们对科学技术研究热情的增长，西方的图书馆、博物馆即已开始迈入社会化与公共化的现代进程。除了传统的收藏功能，它们还开始向普通公众展示这些收藏品，并承担对民众进行教育与科学普及的功能。对一座城市来说，它们的文化地位越发举足轻重。

不过，如果要讨论现代城市的文化规划，即"城市和社区发展中对文化资源战略性以及整体性的运用"①，那么这种对文化资源的规划在城市诞生之初直至 20 世纪之前的西方是没有的。更准确地说，这是近几十年来才出现的新现象。经众多学者总结概括，在对城市的文化资源进行规划时，要对如下多个要素进行综合考虑：

艺术与媒体的活动和机构；

青年人、少数民族和不同利益社区的文化；

---

① 黄鹤：《西方国家文化规划简介：运用文化资源的城市发展途径》，《国外城市规划》2005 年第 1 期，第 37 页。

地区的传统，包括考古成果、饮食文化、地方方言和节日典礼；

对于一个地方本地居民和外来者的感知，这些感知以文学、歌曲、神话、导游介绍、媒体传播等方式表达；

自然环境与建成环境，包括公共开敞空间、滨水地区、历史地区、绿化体系等；

休闲、饮食、文化、娱乐设施和相关活动的多样性和质量；

当地手工业、制造业和服务业的特色，等等。①

可以看到，文化规划绝非仅仅意味着建立孤立的各文化场馆，它应该被纳入城市或社区的整体规划，与城市规划其他领域相互合作、协调，以共同促进城市经济和城市形象、城市景观的再生。从目前可考察的资料来看，至 20 世纪中叶，由于西方国家开始经济转型和产业升级，很多城市显露出衰败的迹象，出现了大量荒废破败的工业区、港口区、老城区，影响了城市形象。由此产生的诸多社会问题让人们认识到，传统的以生产为根本目的、剥削劳动力的经济模式已经不合时宜，而以人才为资本、以创新为生产力的文化产业或可成为未来经济的支柱产业之一。城市不只是有传统意义的艺术品、文化生活，它"还拥有时尚、电视、电影、流行音乐、旅游与闲暇等大众文化产业"。在布迪厄（Pierre Bourdieu，1930—2002）看来，文化资本与经济资本一样，都是"财富之源泉"，"通过一系列直接和间接途径，文化资本的价值出乎意料地可以赎取和转化为经济价值"。② 于是，国家政策制定者、城市管理者及私营企业家就由此受到鼓舞，纷纷寻求在文化方面进行投资。很多废旧的工厂因此被改造为文化产业园区③，谢菲尔德、格拉斯哥等工

---

① Franco Bianchini. *Cultural Planning for Urban Sustainability*. Swedish Urban Environment Council, 1999. 参阅黄鹤《西方国家文化规划简介：运用文化资源的城市发展途径》，《国外城市规划》2005 年第 1 期，第 37 页。

② ［英］迈克·费瑟斯通：《消费文化与后现代主义》，刘精明译，译林出版社 2000 年版，第 141 页。

③ 在北京，798 艺术区是城市规划中的经典个案，其前身是 20 世纪 50 年代东德援建中国的军工项目 718 工厂。

业城市成功转型为文化城市，汉堡这个悠久的商业中心变身为大众传媒之城，柏林以文化事业为城市发展的重中之重，新加坡、日本则更是将文化立国作为基本的治国策略。文化规划由此开始占据很多城市规划管理与发展政策的中心地位。

回到中国语境中，先回顾一下近代文化场馆的产生。不少研究中国图书馆史的学者认为，传统文化为统治阶级所垄断，图书文献被视为私有珍品，很多家藏书楼（如浙江宁波的天一阁）都是静止、封闭、排外的，因此中国古代没有公共的、开放的图书馆。不过，这种说法已被吴钩等学者否定。吴钩认为，尤其是到宋朝，国家藏书楼、地方藏书楼、社会团体藏书楼（寺观、书院）与私人藏书楼共同构成一个覆盖面极广的图书馆网络，就其中大多数都提供借阅功能（尽管数量、规模、借阅数量不同）而言，"宋代中国已经产生了具有公共功能的图书馆"①。不过，直到晚清政府实行"新政"，规定大学堂应设立图书馆（1903），中国才以政府文件形式认同了"图书馆"这一新名词。1904年，我国第一家以图书馆命名的省级公共图书馆即湖南图书馆建成，该馆还兼有教育博物馆之名称与功能；天津图书馆的前身则是1908年创建的直隶图书馆；至1918年，各省的省立图书馆共建成18所，包括黑龙江、吉林、浙江、山东、河南等地。从文献收藏机构，到普通民众教育机构，中国逐渐确立了现代图书馆的建制，也正是在这个意义上，中国近代图书馆之建制被普遍认为是从西方引进而来的。至于博物馆、美术馆，在民国时期方被纳入国家的社会教育体系，1930年开馆的天津市立美术馆被认为是国内第一所公立美术馆。此后历经新中国成立、改革开放，每个省的主要城市几乎都建立了这些文化场馆。博物馆被明确为"文物和标本的主要收藏机构""宣传教育机构""科学研究机构"②，美术馆则与博物馆脱离，成为专门收集、保存、展览和研究美术作品的机构。一般来说，在这些场馆成立之初，它们在城市内部的分布格局普遍是分散、独立的。

---

① 吴钩：《古代中国有没有公共图书馆》，腾讯《大家》，http：//dajia. qq. com/original/category/dajia050. html。

② 《省、市、自治区博物馆工作条例》，《江西历史文物》1980年第1期，第2页。

　　近十几年来，中国也开始认识到文化发展在国民经济中的重大战略意义。继 2007 年党的十七大明确提出，"要积极发展公益性文化事业，大力发展文化产业，激发全民族文化创造活力，更加自觉、更加主动地推动文化大发展大繁荣"，2009 年国务院又通过了《文化产业振兴规划》，从政府层面明确并强调了文化对经济建设的促进作用。① 与此同时，中国一些大城市如上海、苏州、武汉、成都、天津，乃至一些中小城市如威海、淄博等地，都出现了大力发展文化产业、增建公共文化设施的趋势。在此过程中，尤为值得关注的现象是，部分城市在进行规划时将多个文化场馆集中并置，规模经营。诸如，苏州文化艺术中心包括苏州大剧院、苏艺影城、苏艺芭蕾舞团、苏州金鸡湖美术馆、园区文化馆、苏艺培训、商业中心等，占地面积 13.8 万平方米，上海则将在浦东地区集中修建浦东美术馆、上海大剧院、上海博物馆东馆、上海图书馆东馆，同样汇聚多个文化场馆的天津文化中心更是占地约 100 万平方米。这种大型的文化中心投资高昂，设施精湛，管理科学，从理论意义上来说，它们既能汇聚众多城市文化与历史资源，为市民的精神文化享受提供重要的开放空间，又能作为一道重要的城市景观而提升城市的文化形象，带动文化旅游产业的发展，因此成为很多城市竞相开展的规划项目。本节将选择天津作为立足之地，以天津文化中心作为个案展开分析，专门讨论公共文化设施的规划行为与其产生的文化正义与文化非正义问题。

二　天津文化中心

（一）城市功能之定位

　　在近代中国城市发展史中，天津的城市规划进行得是比较早的，这与袁世凯有密不可分之关系。1902 年，袁世凯就任直隶总督，驻天津。当时的天津已经号称"九国租界"，租界区位于天津县城东南，集中了大量外籍人士包括大使、传教士及其家属。不论占地面积、建筑设计、

---

① 《文化产业振兴规划》，中国政府网，http://www.gov.cn/jrzg/2009-09/26/content_1427394.htm。

经济总量，租界都已远超县城，成为事实上的市中心。袁世凯不满自己的治所被洋人控制，可又不敢直接对抗，于是自 1903 年起在海河北部的芦塘洼地另辟"河北新区"，在具体的规划建设过程中，既修建了规整的道路交通网，又引入外国先进技术，建设了天津北站、植物园、博物馆、新式学校、邮局、公园等现代城市设施。几年时间，原本荒凉的城郊区变成了颇具规模、引人注目的新城，并成为当时华人区的政治、文化中心。这一规划取得的巨大成就后来成为袁世凯的重要政治资本。

可以说，经历百余年的发展，天津逐渐发展为一个多中心、多层次、多功能的城市。城市景观具有非常清晰、明确的可读性，可圈可点的有老城厢、五大道、意式风情区、津湾广场、南市食品街、滨江道、古文化街、大学城、天津文化中心，等等，这些外显、可读可见的标志物集中体现了这座城市在建筑、政治、经济、饮食、购物、文化等方面的形象特征，同时也使得天津成为一个"高度可意象"① 的城市。

目前，对外地人而言，小白楼、五大道、海河夜景等是天津市区更具知名度的旅游景观，这些景观或源自殖民帝国，或饱含民国风情。该城市对它们的有力宣传包括传统纸媒及影视渠道，如在中央电视台 9 套播出的颇有影响力的大型人文纪录片《五大道》，这些宣传体现出城市对自身历史厚重度、异国风情的探寻，以及对昔日繁华的怀旧心态，浓厚的后殖民主义色彩尽显无疑。不过问题是，除了海河夜景，这些作为标志物的景观之中很多建筑都已经封闭，不再开放，或改为商业消费场所，或成为某单位办公地点，大多数普通游客只能遥遥地看到其外观，却无法深入内里，对其进行近距离的观察与凝视，由此或可导致对城市文化精神的感知仅停留于外部鲜明可见的符号。②

在众多标志性的城市景观中，天津文化中心是最新、最晚的，它于

---

① ［美］凯文·林奇：《城市意象》，方益萍、何晓军译，华夏出版社 2001 年版，第7 页。

② 上海那些产生自殖民时期的小洋楼也有很多不允许游客入内参观，如武康路、兴国路、余庆路、天平路等路段的花园洋房；如果想看内部，思南路的周公馆、上海工艺美术馆都可进入参观。不过，整体上来说，天津与上海在处理殖民遗产的态度上有较大不同，因此形成了两城在当代的不同气质与文化形象。

2012年5月全面投入使用。在天津市政府的规划设计与实际运作中，天津文化中心被定位为天津市河西区的市级行政文化中心，总建筑面积约90万平方米，工程投资70亿元，加上后期场馆置换、搬迁、更新及周边环境配套，总投资超过100亿元。作为新中国成立以来天津最大的建设工程，它包括的项目有天津博物馆、自然博物馆、科技馆、图书馆、天津大剧院、中华剧院、美术馆、阳光乐园（青少年活动中心）、银河国际购物中心、市民广场、生态岛、人工湖等，多种文化消费场所共生共存，以一种集聚性的规模经营方式为民众提供了一个巨大的文化生产、传播与消费空间。从规划过程及实际效果来看，这个建筑群体关注到了功能、空间、技术、经济等本质问题及各问题之间的相互作用，它的出现"改变了天津市中心城区长久以来缺乏一个具有标志性和凝聚力的城市核心空间的面貌"①。

　　在这种文化规划的背后，或许是天津市对自身在未来发展为"世界级经济、文化中心"②的定位与期待。天津位于环渤海经济圈的中心，是中国近代工业的发源地、近代北方最早对外开放的沿海城市之一、北方海运与工业中心，是拥有中国第四大工业基地和第三大外贸港口的大都市。2006年3月22日，国务院常务会议通过《天津市城市总体规划（2005—2020年）》，该规划确定天津的城市性质为："是环渤海地区的经济中心，要逐步建设成为国际港口城市、北方经济中心和生态城市。"③由此天津的城市职能被明确定位：天津将主要作为北方国际航运中心和国际物流中心，区域性综合交通枢纽和现代服务中心，其作为北方经济中心的功能被提出、肯定，由此与北京作为政治中心、文化中心形成明确的区分。这就在一定程度上解决了两座城市之中谁应该

---

① 《天津文化中心景观照明详解——2014神灯奖申报项目》，http：//www.alighting.cn/case/2014/4/8/14134_80.htm。

② 杨元中：《天津的目标应是世界级经济、文化中心》，《天津经济》2003年第5期，第15页。杨元中先生系澳门大学教授、第九届全国人大代表、第十届天津市政协委员。不过，他的这种提法此后未见其他官方回应。

③ 《天津市城市总体规划（2005—2020年）》，天津政务网（发布时间2007—10—09），http：//www.tj.gov.cn/tblm/ztbd/tbbd1/uppro/200710/t20071009_27983.htm。

成为中国北方经济中心的长期争议。①

正是在这种全局性的定位中，2009 年 11 月，国务院正式批准设立滨海新区（由原有的塘沽区、汉沽区、大港区合并），国家随即在天津布置了大批重点工业项目，各种大型央企、国企纷纷来此落户。大投资、大项目很快就拉动了经济的快速增长，装备制造业、航空航天、生物医药、电子信息、石油化工业等成为其优势产业，② 仅 2009 年一年，天津地区 GDP 总产值就上升为 7500 亿元，同比增长 16.5%，增幅之大居国内地区与城市最高之列。③ 不过，与此同时，这种发展模式有时过于依赖外来的大型国有企业和外资企业投资，而缺少内生性、有竞争力的本土企业，加上轻重工业失调，因此有学者认为天津产业结构存在较为严重的失衡问题。④ 而且，就其经济总量而言，天津被认为仅属于全国第二梯级大都市范畴；产业格局表现为以第二产业为主体（53%），总部经济远远不及北京、上海和香港。⑤ 但不管怎么说，天津因制造

---

① 著名的经济地理学家、院士陆大道先生认为，北京和天津之间的经济差距已经很大，前者被认为是事实上的北方经济中心，具有在未来发展为如伦敦、巴黎那样的国际金融中心之潜能，可定位为以高级服务业为主的经济中心城市；后者则专注于制造业、原材料工业、国际航运业、物流仓储业以及产品的设计与服务。根据德国地理学家克里斯塔勒的中心地思想，陆大道提出，天津不可能成为我国北方的经济中心。二者空间距离太近，作为同一等级的顶级中心，它们各自都需要"庞大的腹地"，而正由于距离太近，二者的腹地大部分重合，消费者则只能在二者之间选择一个。参阅《谁才是中国北方经济中心》，网易新闻网，http: //help. 3g. 163. com/15/0123/10/AGKVPI2M009644O0. html。

② 2011 年，天津开发区决策部门公开表示："天津南港工业区将打造拥有世界水平的石化专业投资环境。"当年，南港工业区签署 26 个项目投资协议，其中包括中俄 1300 万吨炼油、中石油、中石化原油储备基地等项目。于是，"海港之城，变成了石化围城"。参阅程绩、鲁明《直击天津港大爆炸》，《新民周刊》2015 年第 33 期，第 10—11 页。

③ 《2009 年中国各省、直辖市、自治区 GDP 完成情况》，北方网，http: // economy. enorth. com. cn/system/2010/01/ 23/004460477. shtml。

④ 罗天昊：《滨海大爆炸天津模式需反思》，《中国联合商报》2015 年 8 月 24 日，《商业评论》，第 A04 版。或许正是由于这种不均衡的产业结构，才使得天津经济增长过度依赖石化等产业，而在城市规划上的不透明、不科学，最终导致出现"8·12"特大爆炸事故，酿成重大的生命、财产损失。2016 年 8 月 22 日，天津市副市长尹海林涉嫌严重违纪，目前正接受组织调查。该官员曾长期在天津市城乡规划设计研究院、市规划局工作，2007 年后担任天津市规划局局长，曾因天津港爆炸事件做深刻检查。

⑤ 陆大道：《京津冀城市群功能定位及协同发展》，《地理科学进展》2015 年第 3 期，第 268 页。

业、航运业等产业而奠定的环渤海经济中心地位在当时得到了中央政府的肯定，由此与北京形成错位竞争。

如今，在京津冀协同发展的新战略布局中，天津的功能定位又发生了更为精细、微妙却更加明确的转变。2015 年通过的《天津市贯彻落实实施方案（2015—2020 年）》将天津的发展目标又定为"全国先进制造研发基地、北方国际航运核心区、金融创新运营示范区、改革开放先行区"[①]。一个有着百年工业历史并且在 20 世纪 90 年代"产业衰退最为严重"[②] 的工业城市向着"产业创新引领高地、金融创新核心引擎、改革开放领军者"之目标转型，并且这一功能定位计划在 2030 年全面实现，这其中的发展之速、转型之大不难想象。

从这些新的定位中不难看出，天津作为经济中心的地位得到了回归、肯定和凸显，而文化作为该城市发展之重要推动力的功能在其中并未得到过多体现；与此同时，北京作为"政治中心、文化中心、国际交往中心、科技创新中心"的地位再次得到了确认与强调。不过，在2006 年出台的《天津市城市总体规划（2005—2020 年）》中，天津的城市职能中除了北方国际航运中心、物流中心、制造和研发基地以及生态城市，对其文化功能则有过明确的阐释，即"以近代史迹为特点的国家历史文化名城和旅游城市。保持和发扬天津传统的津派文化，强化以近代史迹为主要特点的国家级历史文化名城和旅游城市的地位"。在这样的背景下，天津文化中心的出现及由此而产生的诸多问题就有了值得重视的理由。接下来，我们将从文化正义的视角出发，将天津文化中心视为城市规划和空间分配的一个案例，分别从城市文化特质之呈现、文化中心之可达性和消费受众群体这三个方面，来考察城市在实现文化正义方面的诉求及其面临的现实问题。

（二）城市文化特质之呈现

天津文化中心位于河西区的友谊路以东、隆昌路以西、乐园道以南、

---

① 《京津冀一体化天津版方案：2020 年实现一区三基地》，新华网，http: // news. xinhuanet. com/fortune/ 2015 - 09/16/c_ 128234981. htm。

② 莫邦富：《〈这里的经济能否再度辉煌〉系列报道之三天津——老工业城市的新难题》，《当代经济》2012 年第 12 期，第 23 页。

平江道以北，其中包括天津大剧院、图书馆、美术馆、博物馆、阳光乐园、银河国际购物中心、市民广场、人工湖、生态岛、迎宾塔等在内，这些建筑与设施都是后期建成的。而自然博物馆为原天津博物馆馆址，中华剧院、天津科技馆为旧有建筑，所以将此处集中开辟为文化中心一定程度上亦是基于历史原因。而且这里还是历史上预留的稻田湖泊湿地，因此在如此大规模的多个场馆集中建设的过程中，没有拆一间民房民用建筑，保证了附近的居住者平稳过渡到重新规划后的新环境中。

不过，根据现有的资料，2007年天津曾经规划并实践过一个被称为"新文化中心"的项目。该项目位于天津市河北区海河东岸，"东邻平安街（翔纬路），西至海河东路，南起建国道，北到新修建的滨海路。总占地面积约3.8万平方米。地块南面紧邻奥式风情区，西临海河，与古文化街隔河相对，北与望海楼遥遥相望"①。显然，这一项目相比起如今实际占地面积达100万平方米的天津文化中心来说，简直是不可同日而语。但是，这一项目地处海河文化商贸区的中心，在其500米半径的范围内，共有梁启超故居、李叔同故居、袁世凯故居等七个不同的历史主题事件发生地及政府保留下的历史建筑，因此这个地段既具有天津最独具特色的海河水景，交通网络又是晚清以来逐渐形成而不断加以完善的，可连接火车站、地铁站②、机场及众多公交线路，灵活方便，同时，它还笼罩着天津独特的殖民与军事历史文化氛围，因此作为一个文化中心是可以成立的。

不过，如今再提到"天津文化中心"时，人们似乎已经忘记了在2007—2008年曾经有这样一个"新文化中心"的提法与规划。③ 由此

---

① 郎云鹏：《当代文化中心建造——复合型城市文化生活的创造》，硕士学位论文，天津大学，2007年，第58页。

② 天津地铁1号线是天津市最早的地铁线路，1970年6月5日正式动工，1976年1月试通车，2001年10月9日正式停运，2002年11月25日开工改造。工程历经约四年时间，于2006年6月12日开通试运营。

③ 目前在中国知网上仅存一篇硕士毕业论文。参阅郎云鹏《当代文化中心建造——复合型城市文化生活的创造》，硕士学位论文，天津大学，2007年。该作者专业为"建筑设计及其理论"，跟随导师盛海涛参与了天津新文化中心的规划、设计，并将参与过程写入其毕业论文中。

导致的结果是，李叔同故居纪念馆、文化沙龙、曹禺话剧厅、梁启超故居、袁世凯故居、文化村酒店等这些原先被规划在"新文化中心"内的集群性重要标志性建筑，如今转成一个个分散的、相互之间关系并不那么密切的独立建筑物。而在当时的政府规划中，天津美术学院美术馆、海河图书馆、光华剧院、天津近代工业及城市历史博物馆、小白楼音乐厅与新文化中心，这些建筑及场馆将共同构成海河沿岸的六大文化节点，以连绵不绝的"海河文化带"彰显独特的天津文化。可以说，这样一种兼具自然与人文景观的文化带如能联结起来，必将有利于市民及游客多方面品味天津城的地理特征与独特的文化气质。

在此，对海河之于天津的重要性值得一提。天津城区之源头始于隋朝大运河的开通，南运河、北运河交汇处是天津最早的发祥地，唐中叶以后，天津即已成为南方粮食、绸缎北运的水陆码头。金、元先后在此设"直沽寨""海津镇"，京畿所需物资主要依赖漕运、海运至天津，然后通过海河运抵北京，直沽因此成为"南来海运的终点站和内河驳运京城的枢纽"，经济日渐繁荣，直至 1404 年明成祖朱棣亲传谕旨："筑城浚池，赐名天津"，从此有了"先有大直沽，后有天津卫"的说法。"直沽"因此既可以代指天津，亦可以用来称名海河。可以说，此后的天津城市格局就是以海河为中心不断扩展而成的。如果稍作区分的话，那么 1860 年以前，天津城与海河的关系是前者依托后者，但城市位于海河西岸，两者仍然是彼此独立的，海河是城市空间之外的交通廊道；1860 年第二次鸦片战争之后，包括英法在内的各帝国列强逐渐在天津设立租界，这些租界主要集中于当时的天津老城东南部区域，紧邻海河，由此海河逐渐被纳入城市内部的交通空间。袁世凯后来在河北区进行的新市区建设也有助于使海河成为贯穿天津南北城市中心的交通纽带。在当时，这座城市被视为"北方的南方，东方的西方"，尤其是以海河为中心的租界区，既可供清朝遗老贵族（包括溥仪）、民国失势军阀"坐享歌舞升平与更为现代化的便利生活"，"又有铁路与海港码头助其维系与世界他地的联通性"。因此，"民国时期的天津就这样褪去其军事意义的畿辅角色，转而成为渴求安稳的权贵心中的卫城"①。自然，海河周围也正是梁启超、严复、李叔同等文化名士生活或工作过的地方。新中国成立后，海河一直发挥作为天津中心轴线的功能，而在滨海新区这一中心城区的东向延伸部分设立之后，它又成为联结两城区的轴线。可以说，海河堪称天津的母亲河，举凡其政治经济、历史沿革、文化教育、生活方式等现象，都与海河有着深刻而不可忽视的密切关系。

因此，从地理位置上来看，2008 年开始规划②、2012 年投入使用的天津文化中心远离了海河，它因此并不延续、占据海河沿岸的文化优势。那么，这种城市规划的设计初衷就很值得人们深思。但不可否认的是，它的西侧毗邻天津市委市政府（河西区友谊路 30 号），附近还有天津宾馆（政府接待场所，友谊路 20 号）、天津大礼堂（天津的两会会场，友谊路 24 号），几个城市地标之间完全可以凭步行而实现联通，从而真正形成了一个强大的行政文化中心，这与突出城市厚重历史的海河文化带构成了鲜明的差异。值得一提的是，天津市政府在 2010 年方才由和平区南部迁至位于河西区的现址，政治中心转移之后，政策上从此对该区域即多有扶持，如此则印证了列斐伏尔所言"空间的生产本质上是一种政治行为"③。与此同时，附近的标志性建筑还有知名的天津国展中心、号称"津门第一厦"的友谊商厦、五星级的喜来登酒店，及天津文化中心内部的银河购物中心。某种意义上可以说，天津文化中心自建成之日起就已然被树立为这座城市的"心脏"，与其周边的行政机构、国展中心共同组成了新的城市主中心，而数年之前的"天津新文化中心"这一提法则被过滤并遗忘——如今，在百度网中搜索"天津新文化中心"，其相关新闻、资料极少，至于为何取消这一规划以及

① 张杰：《同城之路：从津通到城际》，《中华读书报》2015 年 8 月 5 日第 13 版。
② 沈磊、李津莉、侯勇军、崔磊：《天津文化中心规划设计》，《建筑学报》2010 年第 4 期，第 27 页。此时，"新文化中心"中的李叔同故居修复工程、曹禺话剧厅修缮工作尚在进行中，所以笔者很难理解天津市政府为何会将此时规划的新项目定名为"天津文化中心"。
③ ［法］列斐伏尔：《空间政治学的反思》，包亚明编《现代性与空间的生产》，上海教育出版社 2003 年版，第 75 页。

政府和媒体为何对此语焉不详，笔者尚未找到可信的依据。在列斐伏尔看来，"城市规划显然是各种制度和意识形态的某种混合，而且把麻烦的城市居民藏在其住宅方案中的一种方式"①。某种程度上可以说，在城市空间的生产与再生产过程中，政治权力主导了一切。

　　不过，学术界对海河功能的研究或许能有助于理解政府的这种变迁意图。实际上，自1958年海河入海口建设防潮大闸，海河上游的来水逐步减少，其航运功能就逐渐衰退；至20世纪后期，海河断航，沿河区域因地理优势丧失而迅速萧条，交通网络亦由"依赖海河主干线的枝状，变为分布于整个城市的网状"，这座城市的生活中心、经济中心遂从海河沿岸转移到远离海河、交通便利的南部城区。如此，"海河虽然仍处于城市的地理中心，但却失去了作为城市公共生活空间和发展中心轴线的地位"②，那么文化中心从海河向南转移似乎也是顺理成章之事。

　　但是从以上对天津的历史发源、近现代发达的水陆交通、租界生成等方面的梳理来看，以海河、大运河为代表的水文化又是天津历史文化中最重要的一部分，而且天津城的空间结构的确是以海河水系为轴线，并因其而逐渐延伸、生成。"从整个600多年的发展历史中可以看出，无论是开始时的自发建设还是后来按照规划进行的有序开发，天津城市发展始终围绕着海河，缘起于海河起端，崛起于海河上游，在海河下游结点并南北拓展开来。从海河上游向海河下游（蛙跳式的），从单中心结构到'一主一副'的空间结构，海河成为城市发展建设的引线和动脉，城市性质的改变与海河功能的变化相伴。"③ 因此，如要形成名副其实的天津文化中心，必然离不开对该地之水文化的再现。在其设计理念与实景设计中，负责核心区景观设计的阿拓拉斯（中国）规划设计

---

　　① ［法］列斐伏尔：《空间政治学的反思》，包亚明编《现代性与空间的生产》，上海教育出版社2003年版，第70页。

　　② 王健：《繁荣、失落与回归——从海河的变迁剖析天津城市空间形态的变迁》，《城市规划》2009年第33卷增刊，第76页。

　　③ 谢广靖：《天津城市空间形态演变：回顾、问题与对策》，《城市时代，协同规划——2013中国城市规划年会论文集》。作者为天津市城市规划研究院设计师。

有限公司的确将这一点纳入了其考量范围。该公司提出的设计理念是"飞流直下三千尺，疑是银河落九天"，将景观主轴线引入"飞流"的概念。位于西南角的仿天鹅造型的天津自然博物馆代表"天"，位于东部正中位置的大剧院代表"地"，"飞流"由小天鹅博物馆"倾泻至人间大地，把一切美好祥和之物带给这块文化宝地"。与此同时，从建筑完成后实际的水景呈现来看，以各场馆环抱的水上舞台为视觉中心，"大剧院—水上舞台—文化圆路区"形成景观主轴线，西部坡地、林地则成为浑然天成的舞台背景，同时辅之以变幻莫测的音乐喷泉，从而"使文化中心成为天津市的大舞台"①。

因此，如果说原先的"天津新文化中心"依托的是原生态的海河、历史悠久的古文化街、码头经济、殖民租界史，以及著名文化人物、政治人物的纪念性故居，它注重的是还原，是鼓励游客去追踪、探访；那么，2012 年以来的"天津文化中心"则借助了高科技和国内外的知名设计公司，力图将水文化作为一种设计理念集中渗入当下最新修建完成的景观设计中。但是，在凝视全国很多大城市都努力打造的音乐喷泉那种接近雷同的梦幻般的舞台效果时，海河水景及各名人故居在观众的心目中可能是缺席的，文化中心所提倡的天津味、地方色彩因此就不会那么凸显。既然文化中心的设计目标是要"以天津的历史背景与文化特征为基础，深刻挖掘天津的文化内涵，完善城市文化服务功能，进一步提高城市品质，彰显文化中心的天津特色"②，那么反映在文化正义方面，这些特质就依然需要进一步地挖掘与呈现。

（三）文化中心之可达性

对可达性，索亚在《寻求空间正义》中是这样阐释的，"使距离最小化是我们空间存在、空间地理学中的基本部分，不管我们做什么，我们都希望达到一种均质化效果。根据其地段及可达性的不同，中心化或曰节点化会产生不均衡分布的优势与劣势。人类空间组织结构的这种根

---

① 阿拓拉斯规划设计的博客：《天津文化中心核心区景观设计》，http：//blog. sina. com. cn/s/blog_ a7f6135c0101hto3. html。

② 同上。

本性的、或曰本体论的特征产生了更为复杂和不均衡的经验地理学"①。

　　既然对文化产品进行消费的权利是城市权的重要组成部分，那么修建便利的地铁站、公交车站等节点，就应该成为文化中心发挥功能的重要保证。"在某种程度上，一个理想城市被想象成一个能够方便地获取大量不同的物品、服务、并与其他的人接触的中心地区"②，尤其是对这样一个将各公共文化场馆集聚在一起的大型公共空间。在天津文化中心没有生成集聚效应之前，发挥文化普及、教育、提升功能的各少年宫、工人文化宫分布在各个市级行政区内，这些文化场所因此拥有比较容易实现的可及性。在过去，围绕这些文化设施，曾经形成了天津各行政区的中心地带，如天津市第二工人文化宫（简称二宫），它是市区通往滨海新区的要道，行使着工人文化宫和公园的双重公益性职能。不过这些比较早期的文化中心如今普遍存在功能单一、建筑及设施老化、环境较差、活动空间主要在室外等问题，因此如今多遭受冷落。

　　天津文化中心中的阳光乐园则是天津首个针对青少年儿童及其家庭一站式消费的大型购物中心。它不仅规模庞大，而且其中的儿童城、欢乐水城、地震教育馆、拓展训练馆、数码艺廊等场所能够实现全天候教育、培训和娱乐。同时，文化中心区域内的图书馆、美术馆、博物馆和大剧院都可以作为青少年与儿童参与教育学习活动的场所。如此，这样一个汇聚多种文化资源的场所必然要求极高的可达性。在未修建天津文化中心之前，该地的交通流量就非常大，尤其是节假日。附近的国展中心、银河公园等处车辆常常占满了道路两侧。而文化中心建成之后，人流更加密集、拥挤，目前的交通却只能依靠私家车、出租车和公交线路，尚无便捷的地铁。据有关资料显示，在对天津文化中心交通枢纽进行规划时，预设了30多条公共线路，以及地铁5号、6号、10号、Z1线及多座立交设施。不过在建的地铁线路中，预计最早通车的是服务于中心城区并形成环线的5号、6号线，二者在2012年启动，预计于

　　① Soja, Edward W. *Seeking Spatial Justice*. Minneapolis：University of Minnesota Press, 2010, p. 72.

　　② ［美］凯文·林奇：《城市形态》，林庆怡、陈朝晖、邓华译，华夏出版社2001年版，第133页。

2016 年实现部分路段的开通,^① 比文化中心投入使用至少滞后四年之久。Z1 连接东部滨海新区与中心城区，10 号线则贯通城区西南与东北，两条轨道交通基本都是 2015 年方才启动，通车时间至少还要待五年之后。地下交通方式严重滞后，地上交通方式较为烦琐且公交车票价又不廉价（基本实行一票两元制）。目前，东丽、滨海、西青、津南、北辰等几个重要的行政区要到达文化中心，乘坐公共交通工具至少 40 分钟，有很多民众还需要转乘两三趟公交车，时间耗费大多在一两个小时，其通达性是比较受限的，因此一定程度上抑制了通达性较差地区民众的出行能力与文化消费欲望。为此有民众发出这样的感慨："设想一下，带给人如此美好感受的图书馆如果能够不断地复制、粘贴在城市的每一个角落，从家门到图书馆的距离可以用步行来丈量，那时候走进图书馆的人必将越来越多。"^②

从西方城市进行文化规划的历史来看，最初规划者们只把服务于少数精英人群、为其提供高端设施和高品位艺术视为一座城市的文化资源，以为只有这种具有地标性的建筑才能吸引资本，吸引高端人才和外地游客。但是，当文化逐渐成为经济复兴的抓手和新的增长要素之后，规划者们认识到城市自己的普通居民才是最广阔的人力资源，为其提供适宜的文化环境和设施以促进居民素质的不断提升，才能最终有利于增强城市的整体实力、凝聚力与地方特色。因此，文化规划开始关注"所有人群，即不同社会阶层、不同年龄层次、不同种族民族人群的不同特征肌理及其多元的需求与要求"^③，居民个体的发展从此就与城市整体的文化发展有了密不可分的联系。以巴黎为例，图书馆、博物馆、音乐厅、剧院等公共文化设施散布在城市的各个角落，市民出门最多十几分钟即可进入散布在市区的图书馆，步行之梦完全可以实现。因为

---

① 天津地铁 6 号线部分路段（从迎风道至长虹公园，共 7 站）于 2016 年 8 月 6 日正式开通。

② 李亘、李博：《天津图书馆文化中心馆让人轻松读书》，《中国经济导报》2012 年 8 月 16 日第 A03 版。

③ 李祎、吴义士、王红扬：《从"文化政策"到"文化规划"——西方文化规划进展及对我国的启示》，《城市发展研究》2007 年第 2 期，第 76 页。

"历任总统首先会在任期内完成一项巴黎的公共文化设施工程建设"①，所以它采取的是一种分散式建设模式。与巴黎相类，柏林的公共文化设施同样非常齐全，拥有至少 170 座博物馆（其中有著名的博物馆岛）以及几乎同样多的画廊，另有 88 家公共图书馆、56 家剧院、250 个现场音乐场馆、3 家歌剧院，其文化设施之多令人叹为观止。值得注意的是，柏林其实并没有预先计划周详的城市发展规划，其分散式建设模式乃是源自其被一分为二的独特发展史。②

19 世纪中叶以后，作为"九国租界"的天津受到西方文明和李鸿章等人推动的洋务运动、梁启超等人发起的变法维新之多重影响，民众对文化教育的需求比较强烈。在此背景下，天津出现了长江以北中国最早的近代公共图书馆，即直隶图书馆，该馆百余年内曾数次更名与迁移，直到 1991 年，以"天津图书馆"之名定址于复康路 15 号。天津博物馆前身可追溯到 1918 年成立的天津博物院，其间由于政治变动、抗日战争、行政归属更改等原因，先后运用过不同的名称，其与艺术博物馆的组成也一直处于多变状态，直到 2004 年，天津历史博物馆和天津艺术博物馆合并而成天津博物馆，并于 2012 年迁到天津文化中心新址。始建于 1930 年的天津市立美术馆则先后历经被并入天津历史博物馆，天津历史博物馆此后又抽调出艺术部、在此基础上组建天津艺术博物馆，天津艺术博物馆再与天津历史博物馆合并的复杂历程。总之，这些文化场馆其发展历程多充满变数，基本呈现为在市区内分散而立的空间格局，不过越是靠近当代，场馆合并现象就越多。

与巴黎、柏林、昔日天津不同，天津文化中心的规划、设计与建筑采取了集中建设方式。从时代需求来看，这一大型的公共文化场所显然是顺应了文化规划的转变趋势，它的立意与初衷就是为本地人群服务的。由于目前天津文化中心还是非常新的城市意象，尚未成为与意式风情区、五大道等齐肩的旅游地标，这种种因素决定了本地市民目前是其

---

① 吕斌、张玮璐、王璐、高晓雪：《城市公共文化设施集中建设的空间绩效分析——以广州、天津、太原为例》，《建筑学报》2012 年第 7 期，第 2 页。

② ［德］汉斯－乔治·克诺普：《柏林：贫穷与性感》，载韩生主编《E 演·第九辑》，中西书局 2014 年版，第 67 页。

主要消费群体，尤其是图书馆、美术馆、博物馆、中华剧院等场所。这些公共文化场所一般在下午四点或晚上七点前关闭，市民尚可选择公交车或步行方式离开，但天津大剧院演出结束之后（一般在 19：30 开演）不完善的公共交通方式（公交基本在 21：00 停运）却会使得本地无车族移动性的受限性表现得极为突出。而如果这种"聚焦于文化资源、文化需求和发展机会的公众化过程"① 不能实现更好的通达性，那文化规划的"福利"性质就被削弱了。

由此我们必然要思索一个极为重要的问题，即城市建筑的求大、求全与其功能真正兑现之间的差距问题。正如引言中我们提到，2016 年中共中央、国务院发布的意见中明确指出，当前城市规划管理的公开性还不够，城市建筑也有贪大、媚洋、求怪等多种问题，背后既体现出地方政府对政绩的片面追求，由此造成城市规划之诸多乱象，也表现出社会整体对消费文化的逢迎。鲍德里亚认为，当代人对商品符号而非商品本身之使用价值的消费，成为满足其消费需求的表现形式。人们更重消费时的体验、快感，因此那些相对比较传统的所谓高雅文化消费形式，比如参观博物馆、美术馆，就被改造成了"面向大众的更广泛的消费品"，因而"闲暇消费就开始强调其华丽壮观、迎合大众、可消遣愉悦、可瞬息感受的特性"。② 也就是说，如果说以前的博物馆、美术馆以有资格对艺术品做出鉴定、筛选、保存，因而对普通民众产生了一种精英性质的震慑力，至于其规模、地理位置等因素相对处于次要地位，那么当面对大众文化崛起、大众亦有权对文化艺术发声的时代，博物馆降低精英姿态、主动迎合大众多样化的需求也就是必然的趋势。与此相呼应，既有美术馆开始展示各类非传统意义包括日常化、先锋性、表演性的艺术品，亦有政府对这些文化场馆的外观和功能开始追求"高大全"，以其作为重要的城市景观，那么在此情境下，场馆的规模、建筑风格、地理位置等就成为非常重要的考量因素。而基于历史和现实原

---

① 黄鹤：《西方国家文化规划简介：运用文化资源的城市发展途径》，《国外城市规划》2005 年第 1 期，第 38 页。

② ［英］迈克·费瑟斯通：《消费文化与后现代主义》，刘精明译，译林出版社 2000 年版，第 141 页。

因，这些新的庞大文化场馆一般不会坐落在交通便利的老市区，比如山西大剧院、太原博物馆、太原美术馆、山西省图书馆均集中于太原市新开发的长风文化商务区，距老城区较远，由此在可达性方面受到一定的质疑。

相比起天津本地居民前往文化中心的不便利性，在天津大剧院最近两年策划的曹禺国际话剧节、国际歌剧节中，北京观众凭戏票可报销高铁车票，或在首都剧场乘免费大巴车往返，种种便民方式吸引了很多外地消费人群①（另外，如果考虑到天津机场同样也为来自北京的游客报销城际交通费用，那么京津冀一体化的加速或可为三地民众提供更多的文化资源共享）。在这样的优惠措施下，本地市民到达文化中心的移动性、可达性亟须得到政府规划者的高度重视。

在这种情况下，分散型的文化场馆在一定程度上就可起到分散人流、便利民众的作用。比如天津图书馆，在文化中心的新场馆（定位于市民阅读服务中心）投入使用后，原复康路场馆（1991 年建成，定位于专业信息服务中心）、海河教育园图书馆（2011 年建成，定位于大学生文化素质教育中心）都继续保留，共同组成一个有机的综合性图书馆集团，由此成为全国容量最大、规模最大的省级图书馆之一。同时，该集团还与各行政区如和平区图书馆、河北区图书馆、河东区图书馆、河西区图书馆、南开区图书馆、红桥区图书馆实现了通借通还服务。可以说，在天津文化中心的众多公益场馆中，天津图书馆在集中与分散、资源共享与保存上是做得比较好的，尽管相比起北京实现了同城63 家图书馆的通借通还，② 天津在实现文化资源的数量供应、平均分配、均衡发展等方面显然还有不小的距离。

---

①　天津大剧院推出的优惠措施包括："只在天津演出的独家节目、同剧票价低于北京、来回京津车接车送、买戏票报销高铁票、部分节日开票当日半价特惠，连周边的宾馆都接连推出专门针对外地观众的看戏套房，优惠条件直接和套票挂钩。"参阅陈然《天津大剧院吸引粉丝有多拼？》，《新京报》数字版第 C09：文娱新闻·观察。

②　《北京 63 家图书馆同城通借通还》，http://news.xinhuanet.com/book/2012－08/28/c_ 123638046.htm。

（四）迥然有别的消费受众

由于提供较长的开放时间①和其自身完全的公益性质，天津图书馆的读者来自社会各阶层，且男女老少皆宜，儿童、视障②等群体都有专门的阅览室。各类图书、音像影视资料、地方历史资料、港澳台文献及外国文献均提供免费借阅，因此在开放时间内图书馆的使用率最高，读者最多，活力极高。相对而言，美术馆、博物馆、自然历史博物馆、科技馆由于各自展览特色不同，且时间相对集中（一般下午 4∶30 闭馆），面向的则是对其特定展览发生兴趣的观众，场馆使用率及观众群体随展览不同而有较大差异。大剧院的营业时间则通常始于晚上 19∶30，节目上演时间一般集中于周末、节假日，它面对的是具有一定文化修养和经济实力的消费群体。比如天津国际曹禺戏剧节中的剧目，既有世界级戏剧大师彼得·布鲁克的奇作《惊奇的山谷》，"欧陆剧场巨人"克里斯提安·陆帕执导的话剧《伐木》《英雄广场》，德国柏林邵宾纳剧院带来的实验力作《哈姆雷特》《信任》《理查三世》等国际作品，也有中国国家话剧院的《四世同堂》《暴风雪》等经典剧作——秉承"审美"为原则的戏剧节必然不是以雅俗共赏为其目标的。

不过这几处场馆在周末都会定期举办公益文化讲座，这是充分利用场馆的巨大空间、发挥其公共教育与文化传播功能的重要部分。讲座的内容主题丰富多样，音乐、文学、地方戏曲、摄影、戏剧、乐器、计算机、旅游等无所不包，男女老幼均可各取所需。以天津图书馆为例，它的讲座数量最多，作为"图书馆的一种核心业务"③，讲座真正担当了"公共空间"的角色。除了培训读者查阅资料技巧的"数字图书馆深度游"，天津图书馆还形成了"海河大讲堂""渤海名家大讲堂""海津讲坛""民国文史客厅讲座""渤海大讲坛""音乐大讲堂"等诸多系列讲座。可以说，其形式与内容都在一定程度上反映出天津这座城市的

---

① 天津图书馆开放时间为 9∶00—19∶30（或 18∶30），周一上午闭馆，全年无休，节假日闭馆一般在下午 4∶00。

② 国家图书馆建设了盲人数字图书馆。

③ 吕梅：《讲座是图书馆的一种核心业务——论及图书馆讲座及其品牌的建设》，《图书馆论坛》2005 年第 10 期，第 50 页。

文化性格。总之，开放性的场所、自由平等的核心理念、无所不包的知识信息，① 这些都可谓是图书馆公益讲座的强大优势所在。

但集中在周末进行的图书馆公益讲座其最初的参与方式是，观众需在开讲前的当周周三上午取票，应该说，这种相对传统、颇有局限性的参与方式一定程度上限制了上班族接受文化信息传播的可能性；美术馆的公益讲座则需电话预约，相对灵活，但在网络时代全媒体环境下，这种方式就如同电话订火车票一样，正处于衰微态势，因此其有效性也很可疑；相比之下，天津大剧院公益讲座的取票方式更为灵活，观众可通过微信方式直接获取电子票，还可以在特设的观众微信群内与大剧院工作人员进行实时互动。因此，讲座的消费群体年龄差异非常显著，图书馆、美术馆中的听众主要是忠实的老年人，他们大多居住在场馆附近的居民小区；而大剧院讲座的听众则明显可见"80后""90后"的年轻面孔，老年人通过服务台取票方式也会积极参与此类讲座，尤其是大剧院的讲座主题多集中于专家学者对即将上演戏目的导赏，这批有较高艺术修养的老年观众因此构成大剧院重要的消费群体。可以说，这些文化讲座已经不但是传播信息、科普教育的载体，它同时也是城市公共文化精神中的一部分，通过对公共领域各类话题、各种知识与文化艺术的自由探讨，形成了精英与大众互动相长的公共空间。但是由于其传播方式、受众群体的差异，目前各场馆发挥公共空间的功能及实现程度是有差异的。不过，自 2015 年 10 月 13 日起，天津文化中心官方网站正式运行，并发布了其手机 APP，市民可以在移动客户端或者通过各馆官方微信公众号预约各文化场馆的讲座活动，受众群体由此呈现多样化、年轻化之趋势，值得肯定。

天津大剧院被认为是天津文化中心的"核心之作"，与图书馆、美术馆、博物馆等完全公益性的文化场所相比，它面向的是能够消费高雅文化的社会群体，即使如某些享受天津市政府高端补贴的演出，如 2015 年 11 月 15 日举行的"问候天津——世界三大男高音何塞·卡雷

---

① 王晓敏：《图书馆讲座——开创公共空间的重要载体》，《图书与情报》2008 年第 3 期，第 103—104 页。

拉斯独唱音乐会", 半价补贴之后仍然保持 280 元、480 元、680 元、880 元、1280 元、1880 元不等的高价。与此同时, 令普通市民极为受益的天津文惠卡①却不能购买大剧院的门票, 该卡的消费范围仅限于天津人民艺术剧院、天津歌舞剧院、天津河北梆子剧院、天津评剧院、天津京剧院、天津市青年京剧团、天津交响乐团、天津市曲艺团、天津市杂技团、天津市儿童艺术剧团、天津市评剧白派剧团等院团指定的剧目。两者定位区隔非常明显, 文惠卡及其可用场所主要为惠民演出, 表演活动多是本地演出机构呈献的地方戏曲、话剧、儿童剧、歌舞剧等, 大剧院则高扬阳春白雪, 以天津国际歌剧节、国际室内乐音乐节、国际曹禺话剧节等形式引入天津本土以外的国内外高水平文艺演出, 由此价格差异非常突出。在塑造"有歌剧的城市"、提升城市整体文化形象之时, 天津大剧院拒绝文惠卡之举乃是有意地避开了更加平民化的消费人群, 而既然天津文化中心是"靓丽的城市客厅、和谐的市民乐园", 那么对本地市民设置的这一门槛及大剧院的高调定位也是文化正义需要正视的现状。

　　天津大剧院建筑设计的立意构思为"城市舞台"。为此, 设计者利用从建筑内部向外延伸的亲水平台, "创造出宽敞的公共空间, 形成开放的城市舞台, 既可供市民休息、观景交流, 也能满足室外多功能表演的需求"②。但实际上这亲水平台自建成之日起就被围护起来, 市民根本无法僭越。由此, 天津大剧院独自占据了这本应属于公共空间的 10 万平方米人工湖的东岸, 显示出一种不容置疑的垄断性。尚不明确大剧院的这种垄断性及其核心地位是否与它和天津大礼堂的渊源有关: 2002—2012 年, 二者曾经属于"一个机构两块牌子": 在举办由政府主导的官方活动时一般使用天津大礼堂的名称, 在进行市场化运作、主办

---

① 该卡于 2015 年 3 月底正式发行, 市民办卡只需自掏 100 元, 而申领到的卡片中实际却有 500 元; 在持卡购票时大多还能继续享受到半价优惠; 有些演出不能用文惠卡内余额购票, 但可以享受 4—7 折的折扣。这些优惠措施出现后, 在剧院、音乐厅的观众中, 九成持有文惠卡, 由此全面激活天津的演出市场。http://tjyy8.com/enterprise/newsdetail/? id=6。

② 张岩:《城市舞台——天津大剧院》,《中国建筑装饰装修》2013 年第 6 期, 第 118 页。

商业活动时又使用天津大剧院的名称。也就是说，在今日的天津大剧院未施工及投入使用前（2009—2012），即还未成为一种实体建筑前，天津大礼堂一身兼二职；之后，天津大剧院独立运营，改为完全市场化运作。

在天津文化中心内，还有一座非常独特的巨型建筑，它由两个互相联系的形态构成，前面是呈立方体形状的零售商业体，后面则是倒映在水池和瀑布中的极具雕塑艺术性的水晶体。这就是银河国际购物中心，它由城投集团①斥巨资倾力打造，是天津文化中心内唯一的综合性商业体，总建筑面积达 36 万平方米，占据文化中心 1/3 还要多的空间。其室内设计借用银河的概念，结合内部四个中庭，分别加入"日、月、星、辰"主题：日厅华丽璀璨，以奢侈品消费为主；月厅以服饰等精品消费为主；星厅布置大型影院，按照奥运水准建成全明星滑冰场以及众多国内外高档餐饮；辰厅位于南侧，水池瀑布及植物变化体现时空更迭、四季交替。它是天津最能体现现代化大都市风貌特色的购物中心，号称"亚洲一流、天津首席"，超越了现有商业标准的规格。② 一方面，空间在此体现出强烈的消费主义特征，因为对消费的依赖正是空间赖以维持和扩展的重要手段，它需要被占据、被区隔、被耗费；另一方面，城投集团作为国有投资集团，斥巨资打造的背后体现出权力的隐形运作模式及其最终目的，即实现文化与资本的合谋，诱惑人们在享受精神文化产品之后再转入物质性的消费。购物中心与各公益文化场馆的共存格局充分表现出，消费主义的逻辑是权力运用空间、征服空间的逻辑，它最终会被引导成为民众"日常生活的逻辑"③。

于是，通过领票制的时间限制、文化产品的价格区分等手段，天津文化中心在周末及节假日会集中形成两大特别突出的景观：一方是图书

---

① 天津城投集团是国有投资公司，由天津市委市政府于 2004 年批准成立，专司城市重大基础设施的融资、投资与建设，资产规模超 4000 亿元，位居天津市大型国有企业之首。拥有天津市海河建设发展投资有限公司、天津地下铁道有限责任公司、天津城市道路管网配套建设投资公司、天津高速公路集团有限公司、天津市环境建设投资有限公司等全资子公司。

② 《各有所长：天津最适合一家人逛的购物中心 TOP10》，赢商网，http://tj. winshang. com/news-480881. html。

③ 包亚明编：《现代性与空间的生产·序》，上海教育出版社 2003 年版，第 10 页。

馆、博物馆、美术馆等位居湖水南部的公益文化场所，其内部有来自社会各阶层、各年龄阶段的观众与读者，他们齐聚在这里获取免费的文化资源，共同构建起稳定但可能还不够强大的公共空间，这其中又以图书馆人气最高（尤以儿童、老人数量最多），其他场馆的观众相对零散；另一方则是位居湖水北部的银河购物中心，作为文化中心内唯一而且是极为奢华的购物中心，各种精致的主题餐厅、顶尖级国际品牌，及其他全球化的娱乐项目如全明星滑冰俱乐部，都使其成为小资、富二代、高级白领等高端消费群体的最佳休闲场所，它就像一个"迪斯尼乐园"，由此迥然不同于屌丝、新穷人、新工人、富人等多元共聚的滨江道购物中心。文化中心的这两大景观一南一北，一繁华、一静谧，作为"唯一"存在的奢华银河购物中心与多个公益文化场馆分庭抗礼，体现出资本的强大力量与文化向资本投射的屈从与暧昧。的确，银河国际购物中心目前已成为天津最具影响力、同时也是物理面积最大的购物中心。在此意义上，它与对岸的博物馆、科技馆、图书馆形成相离之势，无法体现这座城市文化生活的个性特征。

三 小结

列斐伏尔提出的"城市权"概念意义重大，它重新强化了人们对城市应该作为"追求正义、民主、人权"之空间的认识；但是，当等级体制、区隔手段无处不在之时，城市又会被视为巨大的权力空间，"一个激烈的战场"。各种不平等的力量关系表现为城市空间中社会资源分配的不平等、不公正，在此意义上，对城市权的寻求因此是一种持续的、激进的空间再分配过程。

有学者认为，至 20 世纪 90 年代，西方城市已经普遍形成文化规划指导城市建设的发展格局。① 文化政策为旧城复兴注入新的活力，文化发展战略成为城市发展的重要支撑，更重要的是，文化因此可被视为一座城市的整体生活方式，由此超越其传统的狭隘的美学定义；而且，既

---

① 黄鹤：《文化规划：基于文化资源的城市整体发展策略》，中国建筑工业出版社 2010 年版，第 46 页。

然文化规划关注的是所有人群，即不同社会阶层、年龄层次、种族或民族人群的多元需求，那么也就不再仅仅关注其经济效益，而是更重视社会效益，由此或可以说，西方城市实施的文化规划战略一定程度上提升了人们对城市权、生存权的满意度。

进入 21 世纪后，我国也已经充分认识到文化产业振兴的重要性与紧迫性，但是《文化产业振兴规划》"仍被纳入产业发展规划的框架之下，还是从属于国民经济和社会发展的需要"①。而各地纷纷大力进行文化旅游开发，开展文化设施建设等大项目，其真正目的乃在于刺激文化消费，追逐经济利益，如此势必难逃模式化、雷同化之后果。我们会看到，很多城市的文化场馆都在求大、求全、求新，周围一般会配套诸多连锁餐饮及各类购物中心，文化真正成了大卫·哈维所说的"引诱资本之物"（Lures for Capital），② 成了以消费为目标的景观社会所加以利用的媒介。这种重复建设短时间内增添了大量的临时性就业机会，但带给地方的复兴或许只是"隐匿在光鲜城市形象与短暂繁荣表面之下的不平等与不平衡的加剧"③。同时，对"大"的追求或许会导致过度取用地球资源，对环境造成前所未有的破坏。总而言之，西方语境中的文化规划，即关注所有人群的文化正义需求，以文化来建构一种生活方式和城市形象，真正尽可能为最大多数的人群创造文化方面的社会福利，这样的一种文化格局与城市规划之理想在中国尚未能真正实现。

具体到天津文化中心这一个案，它在规划设计上具有较强的可识别性，其广阔的物质空间与较为丰富的文化艺术资源对周围的居民也表现出较高的宜人性；但是从前文的分析中可以看出，精英与平民，老人、儿童与上班族，市中心与市郊民众之间的文化消费差异非常突出。虽然

---

① 屠启宇、林兰：《文化规划：城市规划思维的新辨识》，《社会科学》2012 年第 11 期，第 52 页。

② Harvey, David. "Voodoo Cities". *New Statesman and Society* 1. 17（1988）: pp. 33 – 35. 另参阅［英］迈克·费瑟斯通《消费文化与后现代主义》，刘精明译，译林出版社 2000 年版，第 156 页。

③ 李裈、吴义士、王红扬：《从"文化政策"到"文化规划"——西方文化规划进展及对我国的启示》，《城市发展研究》2007 年第 2 期，第 76 页。

个体的城市权不止体现在城市文化资源的可获得性、自由度及通达性等方面——这正是大卫·哈维对列斐伏尔"城市权"概念做出的评价——但正如大卫·哈维所补充的，城市权还是一种权利，一种"通过改变城市来改变自己的权利"①，因此，目前普通民众在公共文化服务方面面临的通达性、消费差异、地方特色模糊等文化非正义问题，就不只意味着其"城市权"之缺失，更是其对提升自我之迫切要求的体现。相关部门应该加以正视，并通过具体有效的城市规划来加以解决。应该说，从以海河水景、历史文化名人故居等为标志物的"新文化中心"，到将博物馆、图书馆、美术馆、大剧院、购物中心等都汇聚在一起的"天津文化中心"，由北至南，这样的文化规划实践相继带动了河北区、和平区、河西区三个行政区的发展。在北方经济中心之外，天津文化中心这样一个庞大的综合建筑群体提升了这个城市的文化形象，完善了城市的综合性文化服务功能，并期望能在某种程度上实现与北京的"双城"并立，但如果不将视线投注于目前存在的文化非正义问题，不能正视文化中心立足于高档消费空间和精英消费阶层之上的事实，那么文化中心的辐射力度、民众的文化修养提升乃至整个城市形象的提升等目标就都是可疑的。

第三节　公园与现代城市规划

在今天，我们已经很难想象一个城市（包括县级城市）会没有一个公园，无论这些公园有无围墙，是否收费，或者是否广为人知。甚至，在一些经济条件较好的乡镇，也会修建一些规模稍小的中心公园，公园附近则汇集当地的重要商店、学校、医院等核心机构。当人们对公园的存在已经习以为常或者视之为理所当然时，或许很多人并没有意识到，一百多年前的中国却是最先从西方资本主义国家那里了解并引入这一所谓文明事物。

---

① Harvey, David. "The Right to the City". *New Left Review* 53 (2008): pp. 23 – 40.

一　殖民主义之产物：“公家花园”

1867 年 11 月 20 日，受英国传教士、友人理雅各的邀请和资助，王韬开始了他在欧洲的游历。漫游过程时，王韬除了注意到对方先进的坚船利炮、铁路电话，也惊讶地发现其城市环境之干净优美。譬如伦敦：“都内有公园二所，广袤无际，空阔异常，能令人者心胸为之开拓。杂植花果卉木，无种不备。夕阳欲下，芳草如茵，千红万紫中，必有平芜一碧者为之点缀。中构楼阁亭轩，曲折高下，皆天然巧妙，而绝不假人力。池以蓄鱼，笼以蓄禽，皆罗致异地远方者，悉心豢养。蛇虫各物，俱收并蓄。”① 这当是指规模较大的公园。另外，王韬还发现，其实在很多街道中还可随处见一些小园，“地由富室公建，特为居人晨夕往游”②，其间有花草树木可遮荫，有铁椅可供休憩，有园丁为之洒扫灌溉，且人们出入自便，估计与我们后来所称的街心花园相仿。无论公园是大还是小，这在当时只有皇家或私家园林存在的晚清都是不可想象的。王韬后来还去过北方的苏格兰，发现那里同样有很多亲近自然的生态园林，这些园林每日的游客都有几百人或上千人，每至园中，皆能令人“神志顿爽”。

综观其日记，王韬对其足迹所至之地的西方园林几乎都有记录和赞赏。在法国，王韬先后到过三个城市，马赛、里昂和巴黎。尤其是巴黎，在乔治—欧仁·奥斯曼的努力下，其市政改建至 19 世纪 60 年代末已经基本完成。除了修建四通八达的“大道广衢”，巴黎城内外还新造了诸多园林，如著名的布洛涅林苑（布罗尼），万塞讷林苑（樊尚）等，乃至“每相距若干里，必有隙地间之，围以铁栏，广约百亩，尽栽树木，樾荫扶疏。游者亦得入而小憩，盖藉以疏通清淑之气，俾居人少疾病焉”③。与当时的北京、上海相比，伦敦、巴黎在王韬眼里真可谓“乐土”。

---

① 王韬、李圭等：《漫游随录·环游地球新录·西洋杂志·欧游杂录》，岳麓书社 1985 年版，第 110 页。

② 同上书，第 100 页。

③ 同上书，第 84 页。

从以上摘引可看出，公园、园林这类公共空间与民众身体健康之间的必然对应关系已经被王韬亲身体会并反复加以强调。此论或出自他作为中国文人所延续的对"天人合一"之理想状态的追求，认为唯有与自然山水相亲，人之生命体验方才完整、超脱；抑或受其诸多外国好友之影响，因为在当时的英法，公共空间与民众健康之间的关系已经成为共识。如追溯英国城市花园的渊源，及其自 17 世纪以来的发展过程，[1]后一点体现得格外明显。尤其是进入 19 世纪，工业革命的展开和城市化的蔓延导致很多公地、空地、草地被工厂侵吞，普通民众的户外活动空间被压缩；与此同时，年轻的恩格斯以曼彻斯特、伦敦等大城市为例，根据亲身观察和可靠材料撰写了《英国工人阶级状况》（1844—1845），将英国工人阶级的居住状况、工资收入等令人发指的生存状况呈现于公众面前。人口拥挤、贫民窟条件恶劣、工业污染而导致的道德崩溃、疾病、瘟疫，乃至大量的人口死亡，这些也都在查尔斯·狄更斯的《雾都孤儿》（1838）和盖斯凯尔夫人的《南方与北方》（1855）等文学作品中得到了形象的再现。为此，很多知识分子予以关注和思考，他们同时也给出了很多具体建议，其中之一就是为底层提供休憩娱乐的公共空间。约翰·劳顿（John C. Loudon, 1783—1843）在 19 世纪 20 年代最早提出"公园"这一概念，认为公园有助于培养社会最底阶层的"理性品格"[2]。劳顿的文章、著作及他本人亲自设计的很多花园在英国社会影响巨大，这位苏格兰的植物学家因此被称为"英国公园之父"（Father of the English Garden）。当时的知识精英还吸收了杰里米·边沁、詹姆斯·穆勒、威廉·贝克特等人的思想，认为新兴的工人阶级没有文化，像野蛮人一样，可以通过公园这种开放空间对其进行身体和思想上的教化。19 世纪 30 年代，英国政府成立了公共步道特别委员会（Select Committee on Public Walks），该委员会经过调查，认识到大量城市贫民既挣扎在生存的最底层，又生活在拥挤不堪之地，他们对公园的

---

① 陆伟芳：《城市公共空间与大众健康——19 世纪英国城市公园发展的启示》，《扬州大学学报》2003 年第 7 期，第 81—86 页。

② Kostof, Spiro. *The City Assembled: The Elements of Urban Form through History.* London: Thames and Hudson, 2005, p. 169.

需求最为迫切。① 因此，在报告中，公共步道特别委员会明确指出了修建公园之必要，及其对民众生理、道德、精神、政治等方面的种种益处：公园可让年轻人锻炼、玩耍，增强体质；公园为人们提供与自然亲密接触的机会，而随处可见的小酒馆则让工人沉沦；在公园，人们普遍穿着得体，即使底层也会由此赢得一定的自尊。尤其是在宪章运动之后，富人和中产阶级发现，为了避免社会革命和社会秩序的动荡，必须确保穷人的福利，而让工人在繁重嘈杂的工作之余能有像公园这样可以休息、放松的公共空间，就是这种福利的一部分。尽管这种公共空间并不能缓解其生计上的艰难，但却在某种程度上"让无产者成为好像是有身份的文明人"，让他们"更加幸福"，最终目的则是维护稳定的社会秩序，保证富人的财产安全和生命安全。②

公共空间与大众健康之间的关系因此成为当时英国社会各界必须正视的现实问题。随后，议会和政府在城市规划上采取了一系列举措，诸如立法规范工人居住区院落的宽度，修建模范住宅，对居民区的垃圾和各种污物及时进行清理，这是向内改善其居住空间；与此同时，法律还要求为民众提供公园、博物馆、画廊等"理性的娱乐"（rational recreation）③，亦即通过开拓公共空间，鼓励人们向外发展自我，即走出封闭、拥挤的家庭，在户外锻炼身体，并利用公共文化设施享受健全而充分的文化娱乐。1859 年，英国议会通过的《娱乐地法》允许地方当局为建设公园而征收地方税，由此在 19 世纪中期的英国出现了较大规模的造园运动。至王韬游历的 19 世纪 60 年代末，英国的城市绿化已经初具规模，很多重要的城市都建有公园或花园，如伦敦的维多利亚公园、肯宁顿公园、海德公园，曼彻斯特的菲利普公园、王后公园，利物浦的伯肯海德公园，苏格兰的格拉斯哥绿地，等等。城市空间格局、景观及

---

① Report from the Select Committee on Public Walks; with minutes of evidence. 23 June, 1833. Accessed from http://www.newmanlocalhistory.org.uk/wp-content/uploads/Doc - 8.pdf, 2016 - 07 - 12.

② 王行坤：《公园、公地与共同性》，《新美术》2016 年第 2 期，第 108—111 页。

③ Waller, Philip, ed. *The English Urban Landscape.* Oxford：Oxford University Press, 2000, p. 287.

普通人的日常生活都因此发生了巨大的变化。

不过，在福柯看来，这种城市形象和城市规划的改变或许并非出自富人对穷人的人道主义之怜悯——尽管很多公园的确出自富贵阶层之慷慨捐献，正如王韬之所言——而是权力功能发生变化的结果。福柯认为，从 18 世纪开始，整体国民的健康和疾病作为一个问题就出现了。为此，权力的功能相应地发生了重要的、根本性的变化：如果说，之前政治权力的核心是"战争的功能和和平的功能"，即通过对外发动战争拓展疆土，对内则通过专制和暴力镇压反抗、犯罪者，那么到了 18 世纪，权力又增添了一种新的功能，即"将社会作为保健、健康以及理想中的长寿的背景环境加以处置的功能"①。这种功能被称为"治安"（police），它要维持公共秩序，监督公共卫生，最终保障人口的健康与安全。由此，政治和权力将作为一个集合概念的"人口"纳入到日常的管理之中，在此意义上，这种治理被称为"生命政治"。对工人住房的改善，对城市居民公共空间的投资与拓展，乃至具体到对公园的规划与设计，都是这种生命政治的重要组成部分。在其同年写成的《认知的意志》（《性经验史》第一卷，1876）中，福柯认为，由于拥挤、污染、流行病（比如 1832 年的霍乱）等社会冲突，资产阶级最终承认了"无产阶级的身体和性经验"，它为此设立了"一整套的行政与技术机构"，包括学校、居住政策、公共卫生、各种救济与保险制度、人口的普遍医疗化等，确立起一种控制技术，由此来对无产阶级的身体和性经验进行监督。② 在此意义上，公园就是资产阶级监督并规范无产阶级的身体、性行为的重要公共空间。③

在中国，这种由权力功能之转变而衍生的现代都市之产物却被附加

---

① ［法］米歇尔·福柯：《18 世纪的健康政治》（1876），载汪民安编《什么是批判：福柯文选Ⅱ》，北京大学出版社 2016 年版，第 150—151 页。

② ［法］米歇尔·福柯：《性经验史》（增订版），佘碧平译，上海世纪出版集团 2005 年版，第 83 页。

③ 在中国，电影《东宫西宫》（1996）可谓政府在公园空间内监督民众身体与性经验的典型文本。1991 年，北京政府以"健康调查"名义清理市内同性恋人士，该片即以此事件为蓝本。"东宫""西宫"分别暗指劳动工人文化宫与中山公园，这是早年两处著名的同性恋聚集场所。

了殖民主义的色彩。在晚清之前，中国只有官家或私家园林，畅春园、圆明园、颐和园属于前者，后者则如袁枚的随园，胡恩燮之愚园，盛康（盛宣怀之父）之留园，普通人外出旅游则主要是观山水古迹、逛寺庙名胜。1868 年 8 月，英美租界工部局在上海苏州河与黄浦江交界处的滩地上修建外滩公园，它被公认为是近代中国最早的公园。最初，外滩公园授令巡捕，禁止下层华人入内，"门禁甚严，故华人鲜有问津者"①，后来又在《游览须知》中明确规定，"华人无西人同行，不得入内"②，遂将华人被限范围进一步明确。《申报》曾为此刊登外滩公园照片，标题即为"不准华人入内之上海公园"（1909 - 01 - 27），意在表达不满。事实上，迟至 1928 年之前，许多由外国人在津沪等地所建的公园都或明确、或含糊地规定了华人不得入内，如上海法租界的顾家宅公园（即法国公园，1909 年 8 月开放），该公园章程的第一条第一项便明文规定，"不许中国人入内，但是照顾外国小孩的阿妈，加套口罩为条件"③。当空间策略被用来无条件地支持西方人对公园的准入权而严格限制华人对这一公共空间的使用权时，这种非正义的区隔与排斥就激起了国人的愤怒和屈辱感。颇具反讽意义的是，作为新鲜事物，外滩公园最初被国人称为"公家花园"（public park）。

1887 年，为纪念维多利亚女王继位五十周年，英国工部局在天津英租界整理并正式开放维多利亚花园，供租界内居民消遣娱乐。大英帝国的荣耀烛照至其各殖民属地，该公园的问世本身即表征其所在空间的支配者，彰显出强烈的殖民色彩。④ 不过，最初该公园的管理条例并没有对华人入园有过多限制，只是要求华人服装整洁，需着长袍，这在一

---

① 黄式权：《淞南梦影录：卷三》，载葛元熙等《沪游杂记·淞南梦影录·沪游梦影》，上海古籍出版社 1989 年版，第 133 页。

② 商务印书馆编译所：《上海指南：卷八·园林》，商务印书馆 1909 年版。转引自陈蕴茜《日常生活中殖民主义与民族主义的冲突——以中国近代公园为中心的考察》，《南京大学学报》（哲学与人文科学版）2005 年第 5 期，第 87 页。

③ 德麟：《顾家宅公园》，《上海生活》1940 年第 8 期。参阅陈蕴茜《日常生活中殖民主义与民族主义的冲突——以中国近代公园为中心的考察》，《南京大学学报》（哲学与人文科学版）2005 年第 5 期，第 87 页。

④ 印度的维多利亚火车站亦是为纪念维多利亚女王继位 50 周年而建。

定程度上同样限制了底层华人的进入权。但是随着租界内的中国居民日渐增多，加之该园环境优美、演出活动频繁，影响日卓，于是在英侨与华人之间就公园的使用权发生了一系列的冲突，后者甚至让前者产生了一定的苦恼和恐惧之心。① 为此，1895 年 8 月，英国工部局发布如下公告：

> 查本局花园之体原为供西国官商游玩休息之所，而华国官商亦可藉此来游玩。如近来华人观览者有日多一日之势，故西国官商大有地窄人稠之叹。为此特示：自西历（即公历）八月初一即华历（即农历）六月十一日起，凡来游玩之华国人应于前一日由达本局外事房著名同游几人，以使领取准票，届时方可进园，外除者不准擅入并不准携带他人，以示。本园每日下午五点以后华人概不准进园，宜恪守。此谕。②

这样的新规虽不如上海外滩和顾家宅公园那般苛刻，但也将更多身在天津的华人排斥在公园围栏之外。由此，这些租界公园虽名义上属于公共空间，但在面临殖民者与被殖民者冲突之时，却毫不犹豫地将其缩减为"半公共空间"，而此时正值国人的民族主义情绪日渐觉醒与升温之际，由此公园在 19 世纪末 20 世纪初成为中西社会冲突的一个聚焦点。

在殖民主义、西方文化不断渗入中国腹地之时，越来越多的中国人像王韬一样走出国门，他们或出使，或旅游，或留学，或经商，至 20世纪初，经由这些见识了西方现代都市景观的游历人员，特别是留日学生在报纸期刊上的宣传，现代都市的文明形象尤其是"公园"的概念和理念已经深入人心。而当时的北京城是什么样子呢？民间流传着"无风三尺土，有雨一街泥，西北风一刮，沙起地搬家"的说法——1903 年生于北京的梁实秋日后将其中的前两句写入其散文《北平的街

---

① Another mother. "The Public Gardens". *Peking and Tientsin Times*, 1895 – 07 – 06（6）.
② 孙媛、青木信夫、张天洁：《天津维多利亚公园历史进程与造园风格探析》，《建筑学报》2012 年第 S1 期，第 38 页。

道》——正是对其环境脏乱差、基础设施落后之惨象的概括。至于普通民众的游乐场所，就更是严重匮乏，当时普通北京市民的游玩之所只有城北什刹海和城南陶然亭等有限的几处，但它们离市区较远，也缺乏现代的游览设施。与比邻的通商口岸天津相比，偌大一个北京城竟然迟迟没有修建一座公共花园，由此屡遭国人和西人批评。但实际上这种滞后并不奇怪，与晚清政府在甲午之后终于开始大举修建铁路线却迟迟不肯将车站修到北京城类似，公园、车站等公共空间呈现的是一种对外开放、拓展之姿态，它们总是要面向更多的社会阶层、更多的人群乃至更多的异质性，而封建政权却总是更倾向于内敛、封闭、区隔，因此对这类公共空间总是表现出犹豫不决之态。

颇具标志性的转折点发生在 1906 年，端方、戴鸿慈等最后一批出洋考察大臣归国。他们在阐明欧美、日本政治制度，敦促清政府仿行西方先进强国实现君主立宪制度的同时，专折上奏，建议由学部、警部主持，先以京师首善之区为试点，随后在全国依次建立图书馆、博物馆、动物园、公园四项文化设施，以"开民智""化民俗"，由此在精神文化和民风民俗方面向欧美先进国家靠拢。[1] 这被认为是中国官方仿照西方，普及公共文化设施的起点。在陈述建公园之必要时，他们介绍说，各国重视公园建设，"城市村镇亦无不有之，大抵悉就原埠空旷之区，讲求森林种植之学，与植物园为一类，而广大过之。如法、德、奥诸国，布置尤为井井，林木蓊翳，卉叶荣敷，径路萦回，车马辐辏，都人士女，晨夜往游。其空气既可以养生，其树艺亦可资研究，此其足以导民者四也"[2]。这些在专制体系中驯养出来的大臣或许已经意识到，全体民众（而非只有统治阶级）的身心健康、科学研究精神乃是国家强盛的基石，而这些连同民风民俗、民众素养等均可经由公园、图书馆等公共文化空间得到一定程度的提升，这就是当时最早得见西方城市规划和物质文明、精神文明建设的先进人士所达成的共识。

此后由官方提倡并出资，各地渐兴修建公园之热潮。除了西方人所

---

① 闵杰：《近代中国社会文化变迁录》（第 2 卷），浙江人民出版社 1998 年版，第 493 页。

② 同上书，第 495 页。

造的租界公园——上海有外滩公园、虹口公园、法国公园、德国公园等；天津作为"九国租界"，英、日、法、俄、意等国都各自兴建了体现本国文化特色的公园；大连则有俄国人建的西公园（今劳动公园）、北公园（今北海公园），等等——中国人自己建设的公园也纷纷问世。1907年，天津首先建成劝业会场[①]、天津植物园，保定则将昔日名胜莲花池改建为公园；次年，奉天公园、常州公园等相继开放。甚至一些偏远的县城，如四川雅安、湖南安源、江苏常熟等地，也都渐渐有了本地的公园。[②] 可以说，随着殖民势力的推进，西方对中国的军事侵略早已辅之以更趋深入的文化殖民、文化控制，此时晚清政府对公园、博物馆等公共文化设施的扶持一定程度上或可标志着对殖民者所属文化的顺从与认可。

辛亥革命之后，为了表明中华民国已经位居现代国家之列，北洋政府对兴建公共设施表现出很大的热情。经由政府推动、民间呼吁、开明人士资助，公园在全国各地蔚然而生，成为较为普及的都市旅游娱乐场所。而与普通公园相伴而生、同具休憩游乐性质的动物园[③]则更以研究动物习性之名，欲意引导民众培养科学思维。由此，在殖民主义文化的渗透下，这些公共文化设施的出现既在一定程度上体现了西学中"治安"的现代意义，又被晚清和民国政府寄予了开启民智、富国强民的政治期望。

在此意义上，或许可以引用王行坤在《公园、公地与共同性》一

---

① "劝业会场"可以说是由袁世凯促成的。清朝末年，天津的爱国实业界人士积极倡导以国家民族工业来拯救清朝疲弱的国力，为显示天津工业发展状况，他们在建造"劝工陈列厅"的同时，亦筹建了一个向外开放的公家园林，称为"劝业会场"。袁世凯趁机以该会场为范例，向清廷劝说推行他主理的"新政"，为自己仕途迈进一步。当时这个公园陈列了很多中国的工业、工艺产品。1912年，"劝业会场"更名为"天津公园"，不久又称为"河北公园"。在北伐成功后，更名为中山公园，并将原来公园北边的大经路改称为中山路。

② 陈蕴茜：《论清末民国旅游娱乐空间的变化——以公园为中心的考察》，《史林》2004年第5期，第94—95页。

③ 动物园最初被这些出洋考察大臣称为"万牲园"，与公园并列为四大公共文化设施。"各国又有名动物院、水族院者，多畜鸟兽鱼鳖之属，奇形诡状，并有兼收，乃狮虎之伦，鲸鳄之族，亦复在圈在沼，共见共闻，不徒多识其名，且能徐驯其性。德国则置诸城市，兼为娱乐之区，奥国则阑入禁中，一听刍荛之往，此其所以导民者三也。"参阅闵杰《近代中国社会文化变迁录》（第2卷），浙江人民出版社1998年版，第495页。

文中的论断作为结论，"英国的现代公园所面对的是新兴的工人阶级，是缓和阶级斗争的装置；而中国的现代公园因为殖民统治，从最开始面对的是作为国民的全体中国人，其任务是激发中国人的民族主义热情，为争取民族独立而斗争"①。但如纵向、客观考察中国现代公园的发展史，这种对比稍嫌粗略，因为它忽视了在近代中国语境中公园发展状况的多样性与异质性。

二　"过有太阳的生活"：中山公园

（一）民族主义的生产空间

1914年，时任民国交通部总长兼京都市政督办的朱启钤提出，应当开放京畿名胜，以求实现"与民同乐"②。经袁世凯批复，原先专用于国家祭典的社稷坛、先农坛分别被改造为中央公园、先农坛公园，先行向公众开放。皇权余威让步于现代国家追求的普遍平等理念，中央公园于是被定位为"京都人士游息之所"，其开放宗旨为"共谋公众卫生，提倡高尚娱乐，维持善良风俗"③。可见，一方面，公众卫生、公众道德已被民国政府列为重要的治理内容；另一方面，针对现代公众这样一个集体性对象，公园成为政府对其实现治理目标的重要媒介。因此，从一开始，公园就是一个承载了政治意图的公共空间。

此后，故宫、地坛、北海、颐和园、天坛、中南海、雍和宫等皇家园林，乃至位于东北地区的皇家陵寝，亦相继迎来平民之踏足，原先被帝王独享的皇家空间经历了前所未有的公有化变革。尤其是故宫，在溥仪出宫的第二年即1925年，就向社会各界开放了部分宫殿，一度引得万人空巷、人满为患。正如亨利·列斐伏尔所言，"空间是政治的、意识形态的"④，各种政治势力往往喜欢通过将空间神秘化、封闭化、距

① 王行坤：《公园、公地与共同性》，《新美术》2016年第2期，第108页。
② 《朱总长请开放京畿名胜》，《申报》1914年6月2日。参阅陈蕴茜《论清末民国旅游娱乐空间的变化——以公园为中心的考察》，《史林》2004年第5期，第100页。
③ 《中央公园二十五周年纪念刊》（1939年，朱启钤主持出版），参阅姜振鹏《辉煌的历程——北京中山公园建园九十周年巡礼》，《北京园林》2004年第4期，第48页。
④ ［法］亨利·列斐伏尔：《空间政治学的反思》，载包亚明编《现代性与空间的生产》，上海教育出版社2003年版，第62页。

离化，进而赋予其不可挑衅的政治权力。也正是在这个意义上，或许可以说，故宫门禁被彻底打开之日（民国十四年四月二十日），方才意味着皇权被彻底推翻，从此，存在了两千余年的王公贵族与普通平民之间的等级霄壤、不可调和之对立关系才真正走向土崩瓦解。从这一角度而言，中西方在发展公园的过程中的确在某种程度上促成了不同社会阶层的接触与融合，① 虽然两者在社会阶级关系上的差异较大。

朱启钤虽身负兴建现代交通（如铁路事业）之使命，本人却极推崇中国古典建筑学。相对而言，西方公园在空间布局上一般讲究视野开阔、舒适明朗，普遍以草地、绿树、花卉、喷泉及西式凉亭为主要景观，有的还设有球场、运动场、游泳池、动物园等；而中国人的官私园林却追求精巧、雅致，一般都要建构充满古典韵味的亭台、楼阁、荷池、花坞等，有的还辅之以假山和小岛，力图体现天人合一之精神。因此在改造社稷坛的过程中，朱启钤仍遵中国传统园林的格局布置，不仅将社稷坛、拜殿（即今中山堂）和墙垣保持原貌，而且对新建的石坊、长廊、水榭、亭台、荷池、房屋以及栽种的植物，无不令其彰显民族特色。于是，这种由皇家园林改建而成的中国本土花园就与当时在津沪、大连、青岛等地出现的西式花园形成了鲜明对照，在此意义上，昔日皇权专制之特享空间竟然反转成民族特色存留与标记之地。到 20 世纪 30 年代，中国建筑界更是掀起一股文化复兴思潮，一些公园亦开始恢复传统风格，如青岛若愚公园建成古典式、中间高两边低的三开间飞檐入门牌坊，这是正宗的中国传统风格。② 王韬虽喜英国公园之便利，唯"惜少亭榭可蔽骄阳"③，可见他对中国特色的园林亦是不能割舍的。

在利用公园作为"民族主义空间"进行生产或再生产的过程中，大概没有比中山公园更为典型的了。1925 年 3 月 12 日，孙中山先生在

---

① 比如始建于 1695 年的德国夏洛登堡皇宫花园，就在 19 世纪末向公众开放，成为普通人日常休闲、娱乐之地。

② 徐飞鹏、堀内正昭等：《中国近代建筑总览·青岛篇》，中国建筑工业出版社 1992 年版，第 190 页。

③ 王韬、李圭等：《漫游随录·环游地球新录·西洋杂志·欧游杂录》，岳麓书社 1985 年版，第 100 页。

北京因病逝世，社会各界为"民丧国父""党失导师"而共哀。为了将对中山先生的纪念常态化、永久化，一些团体和个人提出修建中山纪念堂或中山公园这类永久性纪念场所，比如在同年 3 月 15 日，就有陈冰伯发起在上海建中山公园：

> 吾人纪念中山之法，莫过于沪滨国土集资开中山公园、立中山遗像、镌中山遗言、高标三民主义……瞻仰伟迹，不免有人亡神存之感，而起悲昂奋发之思，即外人园游睹迹，亦知委靡之中国，尚有独立之精神在也。……惟最要者，园宜建诸华界，即吾人所谓国土者。费用不稍借重外资，庶符先生生前独立不依之精神，而扫近代假借外力之恶习。[①]

以修建不借外债的中山公园促国人奋发图强，同时让西方列强意识到中国人具有奋争与独立精神。无疑，国人兴建中山公园之初衷即已超越纪念孙中山本人之考量，而试图将其升华为民族主义之象征空间，这也是后来国民党能够全面推广孙中山崇拜运动的根本基础。陈冰伯等人的这类提议得到社会与政府的广泛支持。于是在 20 世纪 20 年代中期以后，大大小小的中山公园在全国各地蔚然涌现。有学者根据民国时期各地出版的建设报告、档案资料、地方志、旅游指南及新方志、文史资料进行了初步统计，估测民国时期全国（包括光复后的台湾）大致建有 267 座中山公园。[②] 这个数字毫无疑问是相当惊人的。即使在今天，中山公园依然是世界上数量最多、分布最广的同名公园，"内地及港澳台地区的中山公园共有 89 座，美国、加拿大、日本、新加坡等国家也有

---

① 《发起在沪建中山公园》，《申报》1925 年 3 月 17 日。转引自陈蕴茜《空间重组与孙中山崇拜——以民国时期中山公园为中心的考察》，《史林》2006 年第 1 期，第 2 页。

② 陈蕴茜：《空间重组与孙中山崇拜——以民国时期中山公园为中心的考察》，《史林》2006 年第 1 期，第 5 页。另参阅《中山公园——世界上数量最多的同名公园》，人民网，http://ah.people.com.cn/n/2015/0312/c227142 - 24131082.html。中山公园"是世界上数量最多、分布最广的同名纪念性公园。据中国中山公园联谊会的统计，目前全球共有 75 个中山公园，其中中国有 70 个，其他国家有 5 个（美国 2 个，加拿大 2 个，日本 1 个）"。

中山公园。目前，全球同名的中山公园共有 95 座"①。

除了一般位于城市的中心、中轴线上，或闹市区的边缘，中山公园的政治色彩还可从其内部空间规划及建筑的设计部署得窥一端。一般来说，除极少数例外（宁波中山公园采用西式园门），中山公园的正门大多是具有民族特色的，普遍采用中式牌坊式样，"这一方面是受传统园林门楼、牌楼形式的影响，另一方面是为突出孙中山民族主义精神领袖地位"②。同时，门楼上的"中山公园"四个大字"一般由通晓书法的地方长官或驻军将领题写，也有部分为书法家题写"，如谭延闿、胡汉民及蒋介石等人均曾为之亲自题写相关匾额，③ 由此更为其增添了政治严肃性。

关于其内部建筑，一般会竖孙中山像、纪念碑，或建中山纪念亭，个别还会增建中山纪念堂及其他建筑、纪念物。试举几例加以说明：

例一，汉口中山公园（1929）。在初建过程中原名"汉口第一公园"，在全民纪念孙中山先生的氛围中，特为此更为现名，甚至其正式开放日也选在辛亥革命纪念日当天。该公园专门修建了中山纪念堂，堂内祭奠总理遗像，又造中山亭及纪念孙中山奉安大典的奉安纪念碑，这些建筑及其空间格局充分营造了对这位伟人的纪念氛围，以至"游人至此无不动景仰之忱"④。

例二，宁波中山公园（1929）。它由宁波旧道署和后乐园改建而成，其主轴线首座主体建筑即是"遗嘱亭"，亭内建总理遗嘱碑，园内另有"民主亭"和"中山亭"，这种同样已经"中山化"的空间规划格局于是处处彰显孙中山个人及其党派之精神。

例三，北京中山公园（1914）。其前身即是由社稷坛而改造的中央公园，"尔时，稷坛尚存原形，如皇帝经行之御道、祭品之陈列尚——

① 《北京中山公园纪念开放百年》，中国新闻网，http：//www. bj. chinanews. com/news/2014/1015/41535. html。

② 陈蕴茜：《空间重组与孙中山崇拜——以民国时期中山公园为中心的考察》，《史林》2006 年第 1 期，第 8 页。

③ 同上。

④ 《汉口市政概况》（1930），湖北水灾善后委员会编《工赈专刊》（1933 年 8 月），参阅胡昌明《汉口中央公园曾经有"中山"》，《武汉文史资料》2002 年第 4 期，第 63 页。

如旧"①。根本性的变化发生在 1925 年，孙中山先生的灵柩在其拜殿停放，遂在 1928 年更名为中山公园，拜殿随之改为中山堂。由于这座公园紧邻故宫、天安门等重要建筑，地理位置本身即具较强的政治特殊性；如今，北京中山公园依然延续民国政府的传统，每年 3 月 12 日和 11 月 12 日都要隆重举行孙中山先生的忌辰（演化为植树节）和诞辰活动，这些活动与中山公园的修建共同表达了对先生的追念和记忆，只是代表了不同时期的政治意志与愿望。②

例四，天津中山公园（1907）。其前身先后为"劝业会场"、天津公园、河北公园，因孙中山先生在 1912 年两次北上并亲自在园内巡视演讲而得名，但其园内还为大革命时期牺牲的英雄竖起纪念碑，孙中山先生本人的铜像却是 2006 年 11 月方才落成的。这种有中山公园之名却无纪念标志，或者多年之后再添塑像的例子并不少见。可见中山公园承载的政治意义是多重的、复杂的，其符号性意义有时要胜于其实质性。

总之，在接近一百年的发展过程中，中山公园这一几乎遍及全国的公园早已成为一种多义的文化符号，其所指非常丰富：第一，民众深切缅怀孙中山作为个体的伟大人格，尊崇孙中山先生毕生坚持的革命精神，以及他为之呕心沥血的"三民主义"理论。第二，国民党时期，中山公园多建于城区的中心位置，它既体现了孙中山的至尊政治地位，这种尊崇逐渐被演化为一种个人崇拜，同时也是国民党渗透其意识形态教育的场所。汉口中山公园正门口曾立一座蒋介石全副武装的戎装铜像，其中隐含的政治意图不言而喻。第三，抗战时期，"三民主义"精神中的"民族主义"被格外突出，中山公园被寄予争取民族独立、反抗殖民侵略之政治期望，汉口中山公园更在 1945 年 9 月 18 日见证了日军对国民政府的投降仪式，并为此专门将纪念张之洞的张公祠改称受降堂。第四，在其他阶段，中山公园被赋予了与时代相应的政治意义。事

---

①　《中央公园二十五周年纪念刊》（1939 年，朱启钤主持出版），参阅姜振鹏《辉煌的历程——北京中山公园建园九十周年巡礼》，《北京园林》2004 年第 4 期，第 48 页。

②　参阅陈蕴茜《崇拜与记忆——孙中山符号的建构与传播》，南京大学出版社 2010 年版；余春旺《抗战前国民政府纪念孙中山活动研究》，硕士学位论文，华中师范大学，2008 年。

实上，自 20 世纪 30 年代以后，中山公园就已经成为"民国时期全国各地最为普及，且最具政治色彩的市政公用工程之一"①。近代公园与国家政治、民族尊严之关系如此密切，大概也非中山公园莫属了。

（二）安适、免费的娱乐空间

但是，既为公园，中山公园就应首先满足民众享受娱乐休闲、锻炼养生之需求。对此，曾在 1927 年、1929 年两度出任汉口市长的留法博士刘文岛（1893—1967）有非常明确的认识，他提出，"市政要务，首在建设，如衣食住行四大需要，皆需求其安适，以谋市民之福利"②。在此，他以"市民"统称各阶层民众，以市民日常生活之"安适"作为市政建设应当实现的目标，最终旨在谋求的又是全体市民的福利。可以说，这种"安适"观充分体现了一种现代治理观念。

历经武昌起义、北伐胜利之洗礼，新成立的汉口市政府已然确立了现代城市体制和专家治市的格局。当时的那批城市管理者大都拥有欧美留学经历，风华正茂，思想开放而民主。由他们组成的市政当局认为，越来越多的市民长时间处在高强度的工厂和狭小拥挤又嘈杂的居所之间，他们必然会企盼离开这种紧张而令人厌倦的氛围，到大自然中放松调整；而"公园于都市中如沙漠之泉源"，通过设置公园，"市民能得健全之游戏，健全之消遣，其身体可以日强，精神可以日振"③。这种初衷不禁令人想起一百年前英国现代花园之缘起。

汉口中山公园正是在此呼吁之中问世的，它的主要设计者是留英归国的工程师吴国柄。④ 他惊诧于武汉三镇的人们与他出国前没甚差别，每日尽是"抽鸦片、打牌，白天睡觉，没有公园、树木，百姓甚至春、夏、秋、冬四季都不晓得"，这里主要的批评对象当是有钱人，他们拥有相当的社会财富，却因各种不健康的生活方式而呈现出萎靡不振的衰

---

① 陈蕴茜：《空间重组与孙中山崇拜——以民国时期中山公园为中心的考察》，《史林》2006 年第 1 期，第 5 页。

② 汪志强、胡俊修、闵春芳：《近代市政设施中的公共管理之难》，《湖北行政学院学报》2007 年第 6 期，第 82 页。

③ 汉口市政府工务局：《汉口特别市工务计划大纲》，1930 年版，第 13 页。

④ 1898—1987 年，其弟吴国桢在 1932—1936 年间担任汉口市市长。

败之气。值得注意的是，这种"终年不出户庭"的封闭式生存状态却绝不仅限于武汉，而似乎是全国性的。比如，早先在清末时期，成都市民"或终年不出户庭，如郊外之名胜，私家之园林，非因令节，绝难往顾，是以相聚烦嚣，病疫时出，卫生之道既乖，人民之体质日弱"①。而在 20 世纪二三十年代的重庆北碚地区，著名爱国实业家卢作孚积极倡议、发动公众建起平民公园、街心花园等公共娱乐场所，也主要是针对当时北碚人除了打麻将而缺少其他健康生活方式的现实状况。

吴国柄痛切地看到，"所有的大官都抽鸦片、打麻将；中等阶级的人，忙着做生意或教书；贫民在城市里做苦力，女的在人家里帮佣，男的拉车。整个城市没有夜生活，晚上大多用油灯，很少有电灯"②。各阶级生存状态差异明显，又相互隔膜，缺乏共处、共通之渠道，他们集中代表了张伯苓先生所言的中华民族"愚、弱、贫、散、私"之五大病态。吴国柄由此提出，当务之急乃是"先要百姓出来见天日，过有太阳的生活"③，通过建公园的方式，让民众重新亲近自然，增强体魄。以自己在西方的学习与生活经历，吴国柄主张，"在公园里种树栽花，有运动场可以打球，游泳池也可以游泳，大湖可以划船，让人人都可以锻炼身体"④。注重公园的规模，讲究视野开阔，重在为民众休闲健身提供公共空间，吴国柄对现代公园的这些构想与当时西人在华所造的租界花园大致相似。如果说，以鲁迅等为代表的知识分子期望通过文学作品中的形象塑造或杂文、小品文等直言形式来批判国民之劣根性，最终实现国人精神品格之更新，那么吴国柄所做的就是"把在欧洲社会上看到的搬回中国"⑤，即借助复制西方的物质环境、城市景观，来重塑萎靡不振的落后国民，让他们既拥有健康的身体，又能再造出健康的心理与精神。一定程度上，我们似乎可以说，吴国柄的这种思路是一种典

---

① 杨吉甫、晏碧如等编：《成都市市政年鉴》1928 年第 1 期。参阅李珊珊《重庆中央公园：一个城市公共空间》，硕士毕业论文，重庆大学，2013 年，第 21 页。
② 姚倩：《武汉市综合公园发展历程研究》，硕士学位论文，华中农业大学，2012 年。
③ 同上书，第 123 页。
④ 同上。
⑤ 同上书，第 125 页。

型的物质决定精神论。很难说，鲁迅、吴国柄所代表的这两种改造方式其功效孰高孰低，但显然，前者基本上还是一种个体行为、文字实践，而后者本质上却是现代政府的治理行为，它是在有相当规模的空间范围内发生的实实在在的物质改造与建筑实践。

由此，吴国柄的规划与实践迥然有别于讲求精雅、目的在于内省养性的中国传统园林。他为汉口中山公园设计了广阔的运动场地，辟有儿童运动场、溜冰场、游泳池、骑马场、足球场、篮球场、排球场、网球场等，并配备了看台、休息室和男女西式、中式厕所若干。儿童运动场内布置了秋千、滑梯、跷跷板、木马、浪桥等多种器具，以提倡儿童运动。1933 年，又在公园东北部的空地添建一座足球场和一座有 400 米跑道的田径场，使园地面积增大一倍。继东部扩建后，原来的普通运动场被吴改建成小型高尔夫球场。这些运动场所在当时都颇为超前而现代，由此使得汉口中山公园迅速成为当时"亚洲第一个综合花园"①。而之所以能将这些运动场地一一完善，也的确有赖于武汉当时开放的市政风气与发展理念。孙中山先生生前在《建国方略》中曾屡屡提及武汉，他对未来武汉的定位是如伦敦、纽约那般的"世界最大都市中之一"②，当是基于他对彼时欣欣向荣之武汉的预言。

某种程度上可以说，这些运动或游戏设施将一座被寄予政治诉求的中山公园还原为鼓励人们积极从事健身和有组织休闲活动的场所。"健身"这个在传统园林中从未表达过的诉求，在国民政府时期的汉口中山公园内得到了非常全面的体现，而这正是西方意义上公园建立的重要初衷之一。不过，在当时的语境下，这些健身设施的配备与推广毫无疑问被寄予了提高国民整体体质的民族主义情怀。如果再联系到自 1935 年始，国民党将体育运动纳入"新生活运动"二十一项年度中心工作之一，那么这些运动场地在各地公园的普及就有了更为广泛的时代与空间背景。

最重要的是，在经历了最初小段时间的实验性收费之后，1929 年

---

① 姚倩：《武汉市综合公园发展历程研究》，硕士学位论文，华中农业大学，2012 年，第 26 页。

② 孙中山：《建国方略》，张小莉、申学锋评注，华夏出版社 2002 年版，第 171 页。

10 月 10 日正式开放后的汉口中山公园取消了门票。之后建成的普通运动场地、公共设施也基本实现了免费开放，所以阶层之间的空间区隔一定程度上被打破，而普通民众也在进入公园、享受这一公共空间的过程中不自觉地接受了作为现代公民礼仪的教育。比如，政府为宣传禁食鸦片，指令公园在醒目处悬挂禁烟图；为倡导崇尚体育的习惯，政府在公园组织市运动会、溜冰比赛等公共体育竞赛活动；政府还借公园礼堂举行集体婚礼，提倡新式婚姻习俗，倡导节约，力反浪费；在公园内建图书馆，搞文化展览活动，等等。总之，通过公园这一公共空间，举办各种公益活动，宣传并推广"新生活运动"的思想与实践，如此，国民政府就能对民众的日常生活加以管理与规范，因此，在一个颇为有限的时间段内，这样的治理理想在一定程度上得以实现，"有钱的人坐茶馆，身体好的到运动场运动，花没人摘，没人随地大小便了，人民接受日常生活教育，井井有条"①。

可以说，当政府明确意识到公园对民众的生理健康、精神气质、伦理道德、政治经济等方面产生了促进作用，那么它自然会充分利用这一公共空间来尽可能地满足民众对休闲、健身、娱乐、教育等多方面的需求，在此过程中对其道德伦理、公共卫生观念、民族国家意识等加以塑造与强化，从而实现国家对人民的治理与动员。所以，尽管中山公园的出现不可避免地附加了国民政府的意识形态渗透，这其实可被视为中国政治现代化的一个重要组成部分，但是它们依然深刻地改变了中国近代都市居民的生活方式，拓展了民众的日常活动空间，并在很大程度上推动了都市休闲文化的发展。

值得一提的是，这种免费入园的管理方式并非汉口中山公园首创，上海的外滩公园、天津的维多利亚公园等均实行免费制，上海张园曾经短暂地实行过收费制，但免费方式在其开放伊始就已确立，后来也就很快得以恢复。新中国成立以来尤其是改革开放以后，国内大多数公园恢复门票制，汉口中山公园亦不例外，直到 2001 年该公园重新免费开放，

---

① 吴国柄：《江山万里行（六）——游学归国后的工作与生活》，《中外杂志》1979 年第 1 期，第 125 页。

因此影响深远。① 事实上，在进入 21 世纪的最初十年中，国内很多城市包括厦门、西宁、兰州、杭州、北京、天津等地都展开了是否实行免费公园的争论。这些争议大多围绕市政职能、"还园于民"或以人为本等话题，但是很少有人意识到，公园免票制既是百余年前公园作为新生事物问世之初国际（包括中国）通行的惯例，也是作为纳税人本应享有的城市权利之一。目前，国内很多区级、市级的城市公园得以恢复免费入园制，这当是城市规划在文化正义方面取得的最大成果之一。

三 公园作为一种城市权

某种程度上可以说，公园是清末以来中国现代都市旅游娱乐空间发生重大变化的一个缩影。它既是殖民主义入侵中国的产物，又促成了中西文化之交融；它既是濒临灭亡的晚清政府努力追赶西方、渴慕现代文明的最后挣扎，也是民国政府意欲督促民众增强体质、提升道德修养，最终实现其治理目标之公共空间；它构成了现代人生活方式的重要内容，也表征着近现代中国从传统农业社会向现代工业社会乃至消费社会的转型。但是，中国地广人多，由此构成各地公园发展的差异性。沿海与内陆，政治中心与边缘地区，城市与农村，富人区与贫民窟，老城区与郊区，等等，都构成了休闲娱乐空间发展并不均衡的重要原因。

从社会阶层区隔来看，中央公园（1925 年后更名为北京中山公园）一度是北京各界名流最重要的公共空间。这里被"当作休息、闲谈、看书、写东西、会朋友、洗尘饯别、订婚、结婚宴请客人的好地方"②。美国学者杜威的 60 岁生日宴（1919）、英国哲学家罗素访华结束前的饯行宴（1920）、"文学研究会"的成立（1921）等活动都在这所公园内部的"来今雨轩"进行。鲁迅、冰心、萧乾、林徽因、朱自清、老舍、刘半农、徐志摩、张恨水等文化人士亦曾在此休憩、会友、进餐或写作。但是，当时中山公园的门票是五分钱，抵得上六七个鸡蛋。也就是说，要去公园内部饭馆吃饭，还得先买门票。朱启钤曾经的秘书刘宗

---

① 贺琳：《汉口中山公园免费开放过程》，《武汉文史资料》2011 年第 5 期，第 19—23 页。

② 邓云乡：《鲁迅与北京风土》，文史资料出版社 1982 年版，第 95—98 页。

汉回忆说，这对普通百姓来说可不算便宜。①

在某些特殊时期，特殊权力阶层或个人会剥夺大众享受公共空间的权利。1971 年 2 月，北海、景山公园突然关闭，变成江青、王洪文等人的专属私园，直至 1978 年 3 月 1 日方才重新对外开放，而关闭之事很多民众其实并不知晓。值得一提的是，公园的重新开放亦非易事，据相关学者考证，乃是经华国锋、邓小平等最高层领导多次作出重要批示才得以实现的，② 可见当时民众对公共空间的享用权仍然必须依附于政府权力本身。

从空间分布来说，在沿海地区、政治中心、城市核心地区，公园的分布数量、质量一般都要优于内陆地区、政治边缘区、郊区及农村。毫无疑问，如北京、上海、南京、武汉、广州、深圳等大城市，拥有诸多历史悠久、景色优美的公园，且分布密度很高，它们既是重要的旅游消费场所，又可成为一座城市的文化地标，如北京之中山公园、颐和园、圆明园，南京之中山陵公园、玄武湖公园，武汉之汉口中山公园、东湖公园，深圳之莲花山公园。在此列举的这些著名的城市公园目前基本都没有实现免费，只是通过一些优惠政策让部分群体优惠入园，如办理年卡者可无限次入园，让部分群体半价入园，包括大中小院校学生、6 周岁以上的儿童、60—64 周岁的老人，对军人、残疾人则基本免费，而对 65 周岁以上老人却要求其本地性，这种本地性的凭据就是政府根据其常住户口证明开具的老年人优待证。诸如此类的针对非本地人进行的区别政策由此催生了当地旅游产业中一笔重要的外来收入，这也是文化资源尚未能实现正义分配的不争事实。

更明显、更广泛的公园分布不均衡发生在城市与农村之间。学者陈蕴茜提出，"公园等新兴旅游项目集中于城市或县城，当城市旅游娱乐空间拓展时，近代中国农村普遍贫困化的状况，使农村仍保持传统娱乐

---

① 刘畅、刘领群：《北京中山公园穿越百年》，人民网，http：//society. people. com. cn/n/2015/0220/ c1008－26584197. html。

② 雷颐：《公园背后的故事》，《文史天地》2015 年第 5 期，第 25 页。

空间，近代旅游娱乐与他们无缘"①。促成这种不均衡的根本原因正是近代工业社会导致的城市主导型发展模式。政府对城市各类建筑的统一规划、集中布置，尤其是普通市民居住空间的狭小，催生出市民对开阔公共空间的强烈需求，而小农经济由于地域辽阔，与自然天然地有密切而频繁的接触，因此对公共空间并未表现出较强的认知与意识。同时，进入现代社会以来，农村一改美丽、浪漫、淳朴的乌托邦形象，经常被视为落后、肮脏之地，或懒惰、无能者自我逃避之空间，而公园、城市、文明在某种程度上却是同一的。

因此，应该看到，尽管一百多年来中国公众的日常休闲娱乐空间已经得到很大的拓展，诸如由社会阶层造成的区隔或许已经不复存在，但仍然存在诸多不正义的分配事实。当我们将公园视为必要的日常娱乐空间时，应该意识到实际上很多地区尚未拥有一座最起码的公园。甚至在一个城市内部，各行政区内部公园的分配数量、可达性也是极不平衡的。

以天津为例，虽然该市的现代公园建设在时间上要早于国内绝大多数城市，数量也相对较多，但就其行政区划来看，大多数公园集聚于历史形成久远的和平区、河西区、南开区、河北区，如著名的中心公园（原法国花园）、中山公园、水上公园（被誉为"北方西湖"）。滨海新区虽然后起，但因属国家重点扶持的开发区，公园建设速度亦相对较快。② 与之相对，西青区设于 1992 年，其地理面积几乎相当于和平区等老区的 50 余倍，但目前登记在册的公园却只有四个，免费公园更是只有梅江公园一个（见下表）。究其原因，笔者认为，其一，西青区所辖街道和乡镇多数乃是农民回迁安置区，相关部门进行住宅规划时并未考虑到这些失去土地却依然保留农村户口的民众对公共休闲娱乐空间的

---

① 陈蕴茜：《论清末民国旅游娱乐空间的变化——以公园为中心的考察》，《史林》2004年第 5 期，第 100 页。

② 津滨轻轨 9 号线是市区与滨海新区间的通勤大动脉，受 2015 年天津"8·12"大爆炸事故影响，该线一度中断，已于 2016 年 12 月 31 日全线恢复运营。在目前的规划中，原东海路站区以东的爆炸区域将改建为城市公园，供市民休闲娱乐之用。东海路站修复后，东侧的出入口可通往海港生态公园。

需求；其二，在西青区所辖范围中，南河镇、李七庄街均濒临南开区，被视为城市中心之延伸空间，其中一部分建成大学城（天津理工大学、天津师范大学、天津工业大学齐聚于此），因此大学校园可作为附近居民的休闲之地；还有一部分开辟为商贸城、购物中心，如天津著名的百年商业街市"万隆大胡同商业中心"（与北京动物园批发市场相类）就已将部分商户改迁到大学城附近。另外，在小区住宅密度非常高的李七庄街区，一个集办公、居住、餐饮、娱乐于一体的名为"大津城"的全功能商业广场计划于 2016 年开业；与此同时，在其超过 30 分钟的步行范围内，商场附近的诸多居民却没有一座公共花园，只能在各自小区狭小的中心广场进行有限的休闲活动，而外来务工人员因为缺乏认同感，又自觉地被排斥在一个个有保安看守的堡垒式社区之外。在当代社会，城市空间完全成为商品，资本以巨大的利益诱惑、征服和占有空间，将其用作实现价值增值的最重要方式。毫无疑问，众多"大津城"的崛起会成为当地津津乐道的新的经济增长点，而人们也将在美轮美奂的购物中心中忘记他们对自然园林、免费休闲娱乐之户外空间的真实需求，忘记他们对空间商品化的反抗义务。[1]

天津下辖主要行政区及各区公园数量

行政区	面积 （平方公里）	人数（万）	公园数量	主要公园
和平区	9.98	40.28	6	中心公园、睦南公园、儿童公园
河东区	40	88.98	8	河东公园、中山门公园、二宫公园、河滨公园
河西区	42	98	14	人民公园、珠江公园、大沽路公园
南开区	40.64	101.81	9	水上公园、南翠屏公园、天津动物园、南开公园、长虹公园

---

[1]　从当地居民向天津西青区政府办公室的咨询来看，人们更多关注的是大津城何时开业，有何超市、娱乐、快餐，地铁站能否直接设在大津城门口，而非是否应在附近配备公园等休闲健身设施。

续表

行政区	面积 （平方公里）	人数（万）	公园数量	主要公园
河北区	32	64	12	北宁公园、中山公园、海河音乐公园、海河中心广场公园
红桥区	21.31	53	5	西沽公园、桃花园
东丽区	460	56.99	3	东丽公园、钢管公园
西青区	570.8	80.94	4	天津热带植物观光园、杨柳青森林公园、峰山药王庙公园、梅江公园（西青郊野公园在建，侯台湿地公园因缺乏投资而暂停）
滨海新区	2270	297.01	18	滨海公园、泰达公园、大沽口炮台遗址公园

资料来源：天津政务网。

如果说，移动性、居住权、迁移权应当构成现代公民的基本权利，那么，能够近距离免费享用一座令人赏心悦目的公园，同样也应当构成现代公民的又一项基本权利。而缺少公园这类公共文化设施即为一种空间分配的不正义，目前这种不健全的城市规划已经造成了诸多后果。首先，小区的中心广场被迫成为居民唯一的休闲娱乐场所，广场舞、日常锻炼、儿童娱乐等多种休闲行为共聚在同一块狭小的空间，由此引发广场舞扰民等诸多社会冲突。广场舞被想当然地认为是迟暮之年的"大妈"与努力拼搏、堪为社会中坚的年轻人之间围绕休息权而爆发的冲突，但实际上它更是谋求利益最大化的城市规划有意忽视了现代都市居民之公共空间休憩权的直接恶果。另一种后果则是百年前的启蒙先驱所绝不愿意看到的，那就是，更多的现代市民重新整日"宅"在室内，不接触新鲜空气，不愿意强身健体，虽然他们不再吸食鸦片，但是埋头于手机、电脑、电视等现代电子交流设备。在这些设备提供的虚拟空间中，他们可能时时刻刻在工作——如哈特和奈格里所言，当下的生产空间已不再是工厂，而是城市；剥削的对象也不再是工人的剩余时间，而是人在社会中的生命时间①——也可能时时刻刻在娱乐。这种虚拟的娱乐在某种意义上是退出城市公共生活的娱乐，借用政治科学家伊凡·麦肯基（Evan Mackenzie）的术语，是一种囿于"私托邦"（privatopias）的娱乐。可怕的是，"低头族"不仅限于大学生、白领、知识分子，还有在智能时代越发早熟聪慧的儿童、人到中年的父母、年轻的"新工人"等这些最应该保有健康身体的社会群体。吴国柄等先驱对公园寄予的强国健民之期望被房产开发商和为消费幻景而迷惑的民众共同抛弃。

或许，让城市处处是公园、让城市整体环境公园化，将成为解决现有公共绿地分配不均的可行手段。自 1997 年以来，"拆墙透绿"在郑州、大同、长治、廊坊、咸阳、驻马店、西安、喀什、酒泉、锦州、邢台、石家庄、郴州、长沙等城市相继出现。最初，拆墙透绿是指将公园的围墙拆除，改造成透空式栏杆或栅栏式花墙，同时取缔园内的非园林建筑及低档、陈旧的娱乐项目。② 石家庄政府则将这种拆除的对象范围扩大化，2008 年发布的《关于印发石家庄市城区拆墙透绿实施方案的通知》规定，"所有文化、体育、公园、绿地等公共设施的实体围墙和透空围墙全部拆除"，同样改为透空栏杆或绿篱围挡，由此增辟开敞空间、扩增城市绿地。最"慷慨"的或许要属长沙市政府，它在 2015 年提出，长沙市所辖城区（包括长沙县、望城区、浏阳市、宁乡县）的市、区（县）两级机关大院都要进行"拆墙透绿增绿"工作，市民可以走进机关大院，与政府干部共享绿地、运动场、自行车停靠点、停车场和卫生间等公共设施。应该说，至少在目前，国内绝大多数政府大院都是禁止闲人入内的，而长沙市的诸多机关大院却真正变成了名副其实的"社区公园"③。

---

① ［美］迈克尔·哈特、［意］安东尼奥·奈格里：《大同世界》，王行坤译，人民大学出版社 2015 年版，第 194 页。
② 尹姮：《郑州市公园、广场绿地率先免费向公众开放》，《中国园林》2000 年第 2 期，第 6 页。
③ 《拆墙透绿：满园春色出墙来》，长沙市政府门户网站，http://www.changsha.gov.cn/xxgk/szfgbmxxgkml/szfgzbmxxgkml/sghj/gzdt_8515/201605/t20160518_912048.html。

这只是众多实施"拆墙透绿"的几个城市案例。姑且不言这种行政命令是否过于专断，是否剥夺了各单位的隐私权，破坏了有价值的文物，或者是否引发部分民众的生存危机感，它带来的最直接的改观是免费公园更多更广，不属于公园的绿地也实现了公共化，市民在城市中的视觉愉悦感增强，人的阶层、地位差异或将在各准入门槛消失的同时得以忽略。由此，公园作为公共空间的重要性被空前提升，而整座城市则被想象为一个巨大的公园，或者说，城市被公园化，所以当公园要向最大多数的公民无条件地、无限制地开放之时，城市同样应该将其最美丽的风景毫无保留地向所有民众一视同仁地展开，这在一定程度上可被视为哈特与奈格里所言的"共同性"的回归。当舆论在鼓吹"建设没有围墙的城市，是现代化城市建设的潮流"① 之际，继续保有不可侵犯、不可一览无余之围墙就隐喻了封闭、保守、专制、不安全等语义，就与至少在话语表述中渴望成为真正意义的公共空间，追求开放、包容之空间正义的现代都市发展趋势形成对立。

不过，哈特与奈格里所言的"共同性"还不止于此。英国资产阶级的圈地运动曾经持续数个世纪，因此，部分转化为公园的土地或可对那些由失地农民转化为无产阶级的民众发挥一种安抚性的力量。但这种力量如果仅限于精神安慰、身体放松，而不涉及其生计权、生存权，或许并不能长久维持社会安定，因为"任何权利一旦脱离作为社会权利的生计权，都会变成一种空洞权利"②。因此，只是让公园开放，让所有人共享，或者说让整座城市公园化，显然并不足以承担实现"共同性"的任务。

四　通往"田园城市"？

英国城市学家、风景规划与设计师埃比尼泽·霍华德在其《明日：一条通向真正改革的和平道路》（*To-morrow: A peaceful Path to Real Reform*）中规划了一种城乡一体的新社会结构形态，这种新的社会结构在

---

① 周柏平、黎欣刚：《拆墙透绿：满园春色出墙来——"干部要干事为官要有为"长沙实践系列报道之四》，《长沙晚报》2016年5月13日第A01版。

② 王行坤：《公园、公地与共同性》，《新美术》2016年第2期，第111页。

该著作于 1902 年再版时明确为"田园城市"（Garden Cities）[1]。1919年，经与霍华德本人协商，英国城市规划协会将"田园城市"定义为："田园城市是为安排健康的生活和工业而设计的城镇；其规模要有可能满足各种社会生活，但不能太大；被乡土带包围；全部土地归公众所有或者托人为社区代管。"[2]

城市必须被农村所环绕，周围的农业地带永久性保留，如此，城市生活的生动活泼与乡村田园的美丽、愉悦就可以和谐地组合在一起，成为一种有吸引力的"磁铁"。这种理论被后人想当然地理解、转化为花园城市、绿色城市。在今日中国，霍之理论在某种意义上启发了房产商纷纷推出"公园地产"项目，他们或直接依托市政公共公园，将房地产开发与公园建设结合起来，比如上海长宁区的"兆丰嘉园"就紧靠有百年历史的上海中山公园；[3] 或推出一些跟公园有关系的地产项目，比如跟旅游相关的主题公园项目、旅游地产项目等，三亚的诸多地产可归为此类。总之，公园地产被作为城乡特征结合的典范，成为很多开发商极力宣扬的特色、卖点及他们用来提升楼盘价格的重要砝码。

由此引发了一些值得正视的问题，因为打着城市规划的幌子，与政府内部工作人员合谋利用公园空间以中饱私囊的例子竟然比比皆是。

比如说，拆迁公园周边的违章建筑，开发商给钱，决策者赠地。报上宣扬"公园大扫除，收复失地"，不过"其中一小部分用于兴建与公园'环境互养'的高档住宅"；开发商则竖起广告，以"公园里的家"招揽顾客。好一个"环境互养"，开发商和决策者如愿以偿，"高档居民"安家公园，真是"三赢"。[4]

于是，在一些具体的案例中，高档住宅、顶级会所堂而皇之地占据

---

① 该书标题相应地被改为 *Garden Cities of To-Morrow*。

② 金经元：《译序》，参阅［英］埃比尼泽·霍华德《明日的田园城市》，金经元译，商务印书馆 2000 年版，第 18 页。

③ 莉红：《公园住宅：住宅中的新生代》，《沪港经济》2002 年第 7 期，第 54—55 页。上海中山公园的前身是 1914 年英人开辟的兆丰公园，之前该地曾为兆丰洋行私家园林。1942年，为纪念孙中山先生，将公园改为现名。

④ 金经元：《译序》，载［英］埃比尼泽·霍华德《明日的田园城市》，金经元译，商务印书馆 2000 年版，第 15 页。

了本应属于城市全体公众的公园用地，将良好的空气、视野、沙滩等公共资源据为己有。①

　　种种怪现状反映出，当城市畸形膨胀、人口极度拥挤之时，空间日渐成为稀有商品，因此像公园这样的公共资源在消费社会语境下也会被资本擅加利用，成为其增值获利的工具。在这个意义上，"寻求空间正义首当其冲在于捍卫公共空间免遭商业化、私有化及政府干预"，而这种捍卫的过程在爱德华·索亚看来就是一种维护自身城市权的正义行为，最终通过人们的共同努力，能够真正实现包括公园在内的公共资源共享。对顶级会所"占海占江占湖"现象的报道本身就是一种对空间不正义的反抗方式。

　　另外，现代人对公园的渴求很大程度上也可被理解为对传统田园生活的怀旧之心。这种怀旧之情自进入工业社会以来就绵延不绝。因此在霍华德的规划中，城市的发展规模不能太大，它的周围一定要有农村，如此既能保证新鲜农产品的就近供应，又能随时享受到"美丽的景色、高雅的园林、馥郁的林木、清新的空气和潺潺的流水"，后者事实上就是一种更为广义、不设门禁的自然公园。这样的规划因此是城乡一体的，这样的城市被霍华德称为"社会城市"，这种提法要比"田园城市"更具一种积极而深刻的社会变革意义；但随后在西方世界普遍出现的"卫星城""新城"，及中国当代很多大城市正在进行的"大饼式"拓展并非霍氏之所愿，最终造成的后果即是城乡两种物质空间的深度脱节，前者畸形发展、人口拥堵，后者却衰退、停滞，甚或消失。这或许是当代中国面临的最严重、最亟待解决的空间不正义。

　　从艳羡西方的开放式公园，到晚清以降中国各地开始大规模兴建有民族特色的公园；从以中山公园等空间为载体传达政府的意志与合法性，对民众进行意识形态教化，针对各个年龄阶段的社会群体开展相关的文化教育活动，到回归公园本身，让其真正成为免费舒适、轻松愉悦的公共休闲健身之场所；从鼓励人们利用公园强身健体，走出封闭狭窄

----

① 《顶级会所私家沙滩所占竟是公园用地》，新华每日电讯，http：//news. xinhuanet. com/mrdx/ 2015－04/28/ c_ 134190658. htm。

的"小家"，到公园被资本有意拓展为新的消费空间，部分群体因此被剥夺了享用公园的合法权利……百年公园发展史浓缩的不仅有中国政治、经济的复杂变迁，亦有文化、思想与政治、经济的相互渗透，它因此相应地折射出复杂的政治正义、经济正义与文化正义等问题，值得深思与进一步探讨。

第四节　小结

把城市规划好、建设好、管理好，相信应该是历代政府不约而同的共同诉求，虽然其效果不一。在城镇化建设快速推进的今天，如何保证城市健康、科学、平稳发展，是城市规划管理必然要考虑的内容。在《关于进一步加强城市规划建设管理工作的若干意见》中，中共中央、国务院明确提出城市规划的指导思想："牢固树立和贯彻落实创新、协调、绿色、开放、共享的发展理念，认识、尊重、顺应城市发展规律，更好发挥法治的引领和规范作用，依法规划、建设和管理城市，贯彻'适用、经济、绿色、美观'的建筑方针，着力改变当前城市的发展方式，着力塑造城市特色风貌，着力提升城市环境质量，着力创新城市管理服务，走出一条中国特色城市发展道路。"

也正是在这样的思路指引下，本章着力探讨文化正义与城市规划之间的关系。作为政治、经济、物质、精神、资本、文化、时尚等多元素共生的集合体，城市规划必然要考虑到对历史文化的继承与保留，对城市文化环境的影响及公共文化产品的服务等问题。而与经济正义、政治正义相比，受制于经济实力或所属社会阶层，文化资源分配、消费不均，这些属于文化正义框架内的问题与冲突可能并不为人重视。有鉴于此，本章择取天津文化中心、公园两个问题作为个案进行阐述。首先，将天津文化中心为代表的规模性文化场馆建设视为城市文化规划的一个典型个案。当前，文化规划在西方正方兴未艾，并逐渐发展为一种全球共识。不过，针对近年来在很多大城市涌现的修建大规模文化场馆群的现象，应该采取辩证分析的视角，一方面，它们集中满足了平民大众对文化资源的多样化需求；另一方面，因过于求大、求全，导致城市重复建设现象突出，同时由于可达性受限、消费群体阶层差异等因素，文化中心发挥的普及文化功能尚有待观望。其次，以公园问题串联起近代中国百余年的城市规划发展史。在中国这个特殊语境中，公园的设立既反映了国民、国家的民族独立、自强、文明之诉求，体现着鲜明的反殖民主义情结，又表达了现代知识分子、普通市民对健康生活方式的追寻与探索，从而逐步被延伸为现代公民城市权的重要内容。不止于此，围绕公园而产生的噪音、地产、不均衡分配等冲突还表现出资本对城市空间的高密度、高强度渗透，昭示出资本力量介入城市规划后造成的大面积硬化的状况，完全违背了当下人们对城市应该"更自然、更生态、更有特色"的要求；同时也推动人们去思考埃比尼泽·霍华德的"田园城市"理论对今日城市规划的启示。"绿色"既是一种建筑方针，更是一种发展理念。由此，公园建设问题逐渐抽离其政治教化之色彩，但在全球化的今天，它又在很大程度上成为城市是否健康、生态、开放的试金石，可以说，一个城市的人均公园绿地面积和城市建成区绿地率越高，这座城市所拥有的生态价值、经济价值就越发珍贵。而当整座城市都向着公园化方向发展时，或许那时才会有望实现城乡一体、城乡均质。

在城市规划框架内，从文化正义角度来展开分析的文化问题还有很多，本章所选个案仅为冰山一角。比如还有大学城，它们通常设在同一城市的郊区，众所周知的有位于北京昌平的沙河高教园区、良乡大学城，位于济南长清的济南大学科技园，位于天津西青区、津南区的两座大学城，等等；如今的深圳特区则吸引了清华大学、中山大学、哈尔滨工业大学、北京理工大学、北京大学等知名学府，政府大力投资搞大学城建设，这又是城市规划渗入教育、文化之后的一个时代产物。至于这种超大规模的大学城，能产生多少文化效益、经济效益，存在多少不足、文化非正义，希望未来能有机会对此展开深入研究。

参考文献

［美］阿尔君·阿帕杜莱主编：《全球化》，韩许高、王珺、程毅、高薪译，江苏人民出版社 2016 年版。

［英］埃比尼泽·霍华德：《明日的田园城市》，金经元译，商务印书馆 2000 年版。

［美］爱德华·索亚：《后现代地理学——重申批判社会理论中的空间》，王文斌译，商务印书馆 2004 年版。

［英］安德鲁·哈塞：《巴黎秘史》，邢利娜译，商务印书馆 2012 年版。

［法］保罗·维纳主编：《古代人的私生活——从古罗马到拜占庭》，李群等译，三环出版社 2006 年版。

包亚明编：《现代性与空间的生产》，上海教育出版社 2003 年版。

［美］彼得·马库塞等主编：《寻找正义之城》，贾荣香译，社会科学文献出版社 2016 年版。

［法］波德莱尔：《恶之花·巴黎的忧郁》，钱春绮译，人民文学出版社 1991 年版。

［古希腊］柏拉图：《理想国》，郭斌和、张竹明译，商务印书馆 1986 年版。

［美］C. 沃伦·霍莱斯特：《中世纪欧洲简史》，陶松寿译，商务印书馆 1988 年版。

陈蕴茜：《崇拜与记忆——孙中山符号的建构与传播》，南京大学出版社 2010 年版。

程树德：《论语集释》（全四册），中华书局 1990 年版。

［美］大卫·哈维：《希望的空间》，胡大平译，南京大学出版社 2006 年版。

［美］大卫·哈维：《巴黎，现代性之都》，黄文煜译，群学出版社 2007 年版。

［美］戴维·哈维：《后现代的状况》，阎嘉译，商务印书馆 2003 年版。

［美］戴维·哈维：《正义、自然和差异地理学》，胡大平译，上海人民出版社 2010 年版。

［法］费尔南·布罗代尔：《形形色色的交换》，顾良译，生活·读书·新知三联书店 1993 年版。

［美］福格尔森：《下城》，上海人民出版社 2010 年版。

葛元熙等：《沪游杂记·淞南梦影录·沪游梦影》，上海古籍出版社 1989 年版。

郭黛姮、高亦兰、夏路编：《一代宗师梁思成》，中国建筑工业出版社 2006 年版。

［德］哈贝马斯：《公共领域的结构转型》，曹卫东等译，学林出版社 1999 年版。

［德］汉诺–沃尔特·克鲁夫特：《建筑理论史——从维特鲁威到现在》，王贵祥译，中国建筑工业出版社 2005 年版。

［德］汉斯–维尔纳·格茨：《欧洲中世纪生活：7—13 世纪》，王亚平译，东方出版社 2002 年版。

何建华：《经济正义论》，博士学位论文，复旦大学，2004 年。

［德］黑格尔：《通信集》，荷夫麦斯特本第 1 卷，1952 年版。

［法］亨利·勒菲弗：《空间与政治》，李春译，上海人民出版社 2008 年版。

［比利时］亨利·皮郎：《中世纪欧洲经济社会史》，乐文译，上海人民出版社 2001 年版。

［比利时］亨利·皮雷纳：《中世纪的城市》，陈国樑译，商务印书馆 2006 年版。

胡毅、张京祥：《中国城市住所更新的解读与重构——走向空间正义的空间生产》，中国建筑工业出版社 2015 年版。

黄鹤：《文化规划：基于文化资源的城市整体发展策略》，中国建筑工业出版社 2010 年版。

黄其洪：《爱德华·索亚：空间本体论的正义追寻》，《马克思主义与现实》2014 年第 3 期。

[美] 简·雅各布斯：《美国大城市的死与生》，金衡山译，译林出版社 2006 年版。

[美] 凯文·林奇：《城市形态》，林庆怡、陈朝晖、邓华译，华夏出版社 2001 年版。

[美] 凯文·林奇：《城市意象》，方益萍、何晓军译，华夏出版社 2001 年版。

康晓光、冯利主编：《中国第三部门观察报告（2012）》，社会科学文献出版社 2012 年版。

[法] 柯布西耶：《明日之城市》，李浩译，中国建筑工业出版社 2000 年版。

[英] 科林·琼斯：《巴黎城市史》，董小川译，东北师范大学出版社 2008 年版。

[法] 克琳娜·库蕾：《古希腊的交流》，邓丽丹译，广西师范大学出版社 2005 年版。

郎云鹏：《当代文化中心建造——复合型城市文化生活的创造》，硕士学位论文，天津大学，2007 年。

[英] 雷蒙·威廉斯：《文化与社会：1780—1950》，吴松江、张文定译，北京大学出版社 1991 年版。

李德华主编：《城市规划原理》，中国建筑工业出版社 2001 年版。

李珊珊：《重庆中央公园：一个城市公共空间》，硕士学位论文，重庆大学，2013 年。

李翔宁：《想象与真实：当代城市理论的多重视角》，中国电力出版社 2008 年版。

刘士林：《中国城市规划的空间问题与空间正义问题》，《中国图书评论》2016 年第 4 期。

[美] 刘易斯·芒福德：《城市发展史：起源、演变和前景》，宋俊岭、

倪文彦译，中国建筑工业出版社 2005 年版。

［美］刘易斯·芒福德：《城市文化》，宋俊岭、李翔宁、周鸣浩译，中国建筑工业出版社 2008 年版。

吕途：《中国新工人：迷失与崛起》，法律出版社 2013 年版。

吕途：《中国新工人：文化与命运》，法律出版社 2015 年版。

［美］马克·戈特迪纳：《城市空间的社会生产》，任晖译，江苏凤凰教育出版社 2014 年版。

［德］马克思、恩格斯：《马克思恩格斯选集》第 1 卷，中央编译局译，人民出版社 1972 年版。

［德］马克思、恩格斯：《共产党宣言》，中央编译局译，人民出版社 1997 年版。

［德］马克思、恩格斯：《马克思恩格斯全集》第 44 卷，中央编译局译，人民出版社 2001 年版。

［德］马克斯·韦伯：《非正当性的支配——城市的类型学》，康乐、简惠美译，广西师范大学出版社 2005 年版。

［美］马歇尔·伯曼：《一切坚固的东西都烟消云散了》，周宪、许钧主编，商务印书馆 2003 年版。

［英］迈克·费瑟斯通：《消费文化与后现代主义》，刘精明译，译林出版社 2000 年版。

［美］迈克尔·哈特、［意］安东尼奥·奈格里：《大同世界》，王行坤译，人民大学出版社 2015 年版。

毛勒堂：《论经济正义的四重内蕴》，《吉首大学学报》（社会科学版）2003 年第 4 期。

毛勒堂：《经济正义：经济生活世界的意义追问》，博士学位论文，复旦大学，2004 年。

毛勒堂：《马克思的经济正义思想》，《思想战线》2004 年第 4 期。

毛勒堂：《西方经济正义思想的历史脉动》，《云南师范大学学报》2005 年第 3 期。

毛泽东：《建国以来毛泽东文稿》（1—7 册），中央文献出版社 1988 年版。

毛泽东：《毛泽东文集》（1—8 册），人民出版社 1999 年版。

［法］米歇尔·福柯：《性经验史》（增订版），佘碧平译，上海世纪出版集团 2005 年版。

闵杰：《近代中国社会文化变迁录》，浙江人民出版社 1998 年版。

［美］诺齐克：《无政府、国家与乌托邦》，中国社会科学出版社 1991 年版。

［美］帕克等：《城市社会学——芝加哥学派城市研究文集》，宋俊岭等译，华夏出版社 1987 年版。

［法］帕特里斯·伊戈内：《巴黎神话》；喇卫国译，商务印书馆 2013 年版。

潘毅、卢晖临等编著：《我在富士康》，知识产权出版社 2012 年版。

乔洪武、师远志：《经济正义的空间转向——当代西方马克思主义的空间正义思想探析》，《哲学研究》2013 年第 12 期。

［法］让－诺埃尔·罗伯特：《古罗马人的欢娱》，王长明、田禾、李变香译，广西师范大学出版社 2005 年版。

任平：《空间的正义——当代中国可持续城市化的基本走向》，《城市发展研究》2006 年第 5 期。

［美］莎朗·佐京：《购买点：购物如何改变美国文化》，梁文敏译，上海书店出版社 2011 年版。

上官燕：《游荡者，城市与现代性：理解本雅明》，北京大学出版社 2014 年版。

［美］史蒂芬·柯克兰：《巴黎的重生》，郑娜译，社会科学文献出版社 2014 年版。

［澳］斯科特·麦奎尔：《媒体城市：媒体、建筑与都市空间》，邵文实译，江苏教育出版社 2013 年版

（汉）司马相如：《司马相如集校注》，金国永校注，上海古籍出版社 1993 年版。

［美］斯皮罗·科斯托夫：《城市的形成——历史进程中的城市模式和城市意义》，单皓译，中国建筑工业出版社 2005 年版。

［美］Soja, Edward W.：《第三空间——去往洛杉矶和其他真实和想象

地方的旅程》，陆扬等译，上海教育出版社 2005 年版。

[美] Soja, Edward W.：《后大都市——城市和区域的批判性研究》，李钧等译，上海教育出版社 2006 年版。

孙诒让：《周礼正义（全 7 册）》，中华书局 2013 年版。

孙中山：《建国方略》，张小莉、申学锋评注，华夏出版社 2002 年版。

[美] 汤普逊：《中世纪经济社会史（300—1300 年)》（上下册），耿淡如译，商务印书馆 1997 年版。

[德] 瓦尔特·本雅明：《巴黎，19 世纪的首都》，刘北成译，上海人民出版社 2006 年版。

王军：《梁陈方案的历史考察——谨以此文纪念梁思成诞辰 100 周年并悼念陈占祥逝世》，《城市规划》2001 年第 6 期。

汪民安编：《生产》（第 1 辑），广西师范大学出版社 2004 年版。

汪民安：《现代性》，广西师范大学出版社 2005 年版。

汪民安、陈永国、张云鹏编：《现代性基本读本》，河南大学出版社 2005 年版。

汪民安编：《生产》（第 6 辑），广西师范大学出版社 2008 年版。

汪民安、陈永国、马海良主编：《城市文化读本》，北京大学出版社 2008 年版。

汪民安编：《福柯文选》（三卷），北京大学出版社 2016 年版。

王韬、李圭等：《漫游随录·环游地球新录·西洋杂志·欧游杂录》，岳麓书社 1985 年版。

王挺之、刘耀春：《欧洲文艺复兴史：城市与社会生活卷》，人民出版社 2008 年版。

王行坤：《公园、公地与共同性》，《新美术》2016 年第 2 期。

[德] 维尔纳·桑巴特：《奢侈与资本主义》，王燕萍、侯小河译，上海人民出版社 2005 年版。

[古罗马] 维特鲁威：《建筑十书》，高履泰译，北京大学出版社 2012 年版。

吴宁：《日常生活批判——列斐伏尔哲学思想研究》，人民出版社 2007 年版。

肖特：《城市秩序》，上海人民出版社 2011 年版。

解云光：《古典时期的雅典城市研究》，中国社会科学出版社 2006
年版。

［英］休谟：《道德原则研究》，曾晓平译，商务印书馆 2000 年版。

徐飞鹏、堀内正昭等：《中国近代建筑总览》，中国建筑工业出版社
1992 年版。

许强、罗德远、陈忠村主编：《2008 中国打工诗歌精选》，上海文艺出
版社 2009 年版。

［英］亚当·斯密：《国民财富的性质和原因的研究》（下卷），郭大
力、王亚南译，商务印书馆 1983 年版。

［古希腊］亚里士多德：《政治学》，吴彭寿译，商务印书馆 1983 年版。

［古希腊］亚里士多德：《尼各马可伦理学》，廖申白译注，商务印书馆
2003 年版。

姚倩：《武汉市综合公园发展历程研究》，硕士学位论文，华中农业大
学，2012 年。

姚云帆：《阿甘本"牲人"概念研究》，博士学位论文，北京外国语大
学，2013 年。

姚云帆：《理解"事件"的两条路径：论福柯、德勒兹和巴丢思想中的
事件概念》，《文化研究》2014 年第 18 辑。

［德］尤尔根·哈贝马斯、米夏埃尔·哈勒：《作为未来的过去》，章国
峰译，浙江人民出版社 2001 年版。

余春旺：《抗战前国民政府纪念孙中山活动研究》，硕士学位论文，华
中师范大学，2008 年。

于雷：《空间公共性研究》，东南大学出版社 2005 年版。

［英］约翰·伦尼·肖特：《城市秩序：城市、文化与权力导论》，郑
娟、梁捷译，上海人民出版社 2015 年版。

［美］约翰·罗尔斯：《正义论》，何怀宏等译，中国社会科学出版社
1988 年版。

［美］詹姆斯·E. 万斯：《延伸的城市——西方文明中的城市形态学》，
凌霓、潘荣译，中国建筑工业出版社 2007 年版。

张慧瑜：《当代中国的文化想象与社会重构》，中山大学出版社 2014
年版。

张京祥编著：《西方城市规划思想史纲》，东南大学出版社 2005 年版。

张京祥、胡毅：《中国城市住宅区更新的解读与重构——走向空间正义
的空间生产》，中国建筑工业出版社 2015 年版。

张天勇、王蜜：《城市化与空间正义》，人民文学出版社 2015 年版。

赵金平：《雷蒙·威廉斯共同文化思想研究》，博士学位论文，黑龙江
大学，2015 年。

朱涛：《新中国建筑运动与梁思成的思想改造：1952—1954 阅读梁思成
之四》，《时代建筑》2012 年第 6 期。

朱涛：《新中国建筑运动与梁思成的思想改造：1955 阅读梁思成之五》，
《时代建筑》2013 年第 1 期。

朱涛：《梁思成和他的时代》，广西师范大学出版社 2014 年版。

朱永春：《梁思成〈中国建筑史〉对伊东忠太的超越——兼评〈梁思成
与他的时代〉，《建筑学报》2016 年第 6 期。

［法］左拉：《巴黎的肚子》，金镗然、骆雪涓译，文化艺术出版社
1991 年版。

Agamben, Giorgio. *The Kingdom and the Glory*：*For a Theological Genealogy
of Economy and Government.* Stanford University Press, 2011.

Arendt, Hannah. *The Human Condition.* Chicago：University of Chicago
Press, 1998.

Aristotle. *The Politics.* Trans. T. A. Sinclair. Harmpndsworth：Penguin
Books, 1980.

Aufenanger, Jörg. *Heinrich Heine in Paris.* Munich：Deutscher Taschenbuch
Verlag, 2005.

Benjamin, Walter. *Gesammelte Schriften V.* Frankfurt am Mainz：Suhrkamp
Verlag, 1979.

Benjamin, Walter. *Charles Baudelaire*：*A Lyric Poet in the Era of High Capi-
talism.* Trans. Harry Zohn. London：Verso, 1983.

Benjamin, Walter. *The Arcades Project.* Trans. Howard S. Eiland and Kevin

McLaughlin. Cambridge, MA: Harvard University Press, 1999.

Benjamin, Walter. *Selected Writings. Volume 2, Part 1, 1927 – 1930*. Eds. Michael W. Jennings, Howard Eiland, and Gary Smith. Cambridge, MA: Harvard University Press, 1999.

Benjamin, Walter. *Selected Writings. Volume 3, 1935 – 1938*. Eds. Howard Eiland and Michael W. Jennings. Cambridge, MA: Harvard University Press, 2002.

Bourdieu, Pierre. *Distinction: A Social Critique of the Judgment of Taste*. Trans. Richard Nice. London: Routledge, 2010.

Bromberg, Ava, et al.. "Editorial Note: Why Spatial Justice?" *Critical Planning* 14 (2007).

Burton, Richard D. E. *The Flâneur and His City: Patterns of Daily Life in Paris 1815 – 1851*. Durham: University of Durham Press, 1994.

Chan, K. Wing. "The Global Financial Crisis and Migrant Workers in China: 'There is No Future as a Labourer; Returning to the Village has No Meaning'". *International Journal of Urban and Regional Research* 34. 3 (2010).

Chatterton, Paul. "Seeking the Urban Common: Furthering the Debate on Spatial Justice." *City* 14. 6 (2010).

Crang, Mike. andZhang Jie. "Transient Dwelling: 'Trains as Places of Identification for the Floating Population of China'". *Social & Cultural Geography* 13. 8 (2012).

Dahl, Robert A. "The City in the Future of Democracy." The American Political Science Review, 61 (1967).

Deleuze, Gilles, and Felix Guattari. *Milles Plateux*. Paris: Minuit, 1980.

Dikeç, Mustafa. "Justice and the Spatial Imagination." *Environment and Planning A*, 33 (2001).

Edwards, Tim. *Contradictions of Consumption: Concepts, Practices and Politics in Consumer Society*. Buckingham: Open University Press, 2000.

Farrell, James J.. *One Nation under Goods: Malls and the Seduction of Ameri-*

can Shopping. Washington: Smithsonian Books, 2003.

Featherstone, Mike. *Consumer Culture and Postmodernism.* London: Sage Publications, 1991.

Fogelson, Robert M. *Big-City Police.* Cambridge, MA: Harvard University Press, 1977.

Fogelson, Robert M. *The Fragmented Metropolis: Los Angeles,* 1850 – 1930, Vol. 3. Berkeley: University of California Press, 1993.

Fogelson, Robert M. *Downtown: its Rise and Fall,* 1880 – 1950. New Haven: Yale University Press, 2003.

Foucault, Michel. *Psychiatric Power: Lectures at the College de France,* 1973 – 1974. New York : Palgrave Macmillan, 2008.

Foucault, Michel. *Security, Territory, Population: Lectures at the Collège de France* 1977 – 1978, Vol. 4. New York : Palgrave Macmillan, 2009.

Friedberg, Anne. *Window Shopping: Cinema and Postmodern.* Berkeley: University of California Press, 1993.

Habermas, Jürgen. *The Structural Transformation of the Public Sphere: An Inquiry into a Category of Bourgeois Society.* Trans. Thomas Burger and Frederick Lawrence. Cambridge, Massachusetts: The MIT Press, 1991.

Harvey, David. "Voodoo Cities". *New Statesman and Society* 1, 17 (1988): 33 – 35.

Harvey, David, *Social Justice and the City.* Oxford: Basil Blackwell, 1988.

Harvey, David. *Justice, Nature and the Geography of Difference.* Oxford: Blackwell, 1996.

Harvey, David. *Spaces of Hope.* Berkeley: University of California Press, 2000.

Harvey, David, "The Right to the City", *International Journal of Urban and Regional Research* 27, 4 (2003).

Harvey, David. *Paris, Capital of Modernity.* New York and London: Routledge, 2003.

Harvey, David, "The Right to the City", *New Left Review* 53 (2008).

Haussmann, Georges-Eugène. *Mémoires du Baron Haussmann.* Vol. 2. Paris: Victor-Harvard, 1890.

Higonnet, Patrice. *Paris: Capital of the World.* Trans. Arthur Goldhammer. Cambridge, MA: Harvard University Press. 2002.

Iris, Marion Young. *Justice and the Politics of Difference.* Princeton: Princeton University Press, 1990.

Iveson, Kurt. "Seeking Spatial Justice: Some Reflections from Sydney." *City* 14, 6 (2010).

Jayne, Market. *Cities and Consumption.* London and New York: Routledge, 2006.

Kostof, Spiro. *The City Assembled: The Elements of Urban Form through History.* London: Thames and Hudson, 2005.

Lawson, V. "Arguments within Geographies of Movement: The Theoretical Potential of Migrants' Stories". *Progress in Human Geography* 24.2 (2000).

Lefebvre, Henri. *Everyday Life in the Modern World.* Trans. Sacha Rabinovitch. New York: Harper & Row, 1971.

Lefebvre, Henri. "Space: Social Product and Use Value." *Critical Sociology: European Perspective.* Ed. J. Freiberg. New York: Irvington Publishers, 1979.

Lefebvre, Henri. *The Production of Space.* Trans. Donald Nicholson-Smith. Oxford: Blackwell, 1991.

Lefebvre, Henri. *Writings on Cities.* Trans. & Ed. Eleonore Kofman and Elizabeth Lebas. Oxford: Blackwell, 1996.

Lefebvre, Henri. *The Urban Revolution.* Trans. Robert Bononno. Minneapolis: The University of Minnesota Press, 2003.

Léger, Louis. *Nicolas Gogol.* Paris: Bloud et Cie, 1914.

Malcolm Miles, et al. eds. *The City Culture Reader.* London and New York: Routledge, 2004.

Marcuse, Peter, et al. eds. *Searching for the Just City: Debates in Urban*

Theory and Practice. . London: Routledge, 2009.

Marx, Karl. *Writings of the Young Marx on Philosophy and Society.* Trans. & Ed. Loyd D. Easton and Kurt H. Guddat. New York: Doubleday &Company, 1967.

Mercier, Louis-Sébastien. *Tableau de Paris.* Hamburg: Virchaux et Compagnie, 1781.

Mumford, Lewis. *The Highway and the City: Essays.* New York: Harcourt, Brace & World, 1963.

Mumford, Lewis. *The City in History: Its Origins, Its Transformations, and Its Prospects.* San Diego: Harcourt Brace & Company, 1989.

Owens, E. J.. *The City in the Greek and Roman World.* London and New York: Routledge, 1998.

Petronius, Arbiter. *The Satyricon of Petronius Arbiter.* New York: Horace Liveright, 1927.

Philo, Chris . and Gerry Kearns. "Culture, History, Capital: A Critical Introduction to the Selling of Places" . *Selling Places: The City as Cultural Capital, Past and Present.* Eds. Gerry Kearns, Chris Philo. Oxford: Pergamon Press, 1993.

Pirie, G. H. "On Spatial Justice." *Environment and Planning A*, 15 (1983) .

Said, E. *Culture and Imperialism.* New York: Vintage, 1994.

Scholem, Gershom. *Walter Benjamin: The Story of a Friendship.* Trans. Harry Zohn. New York: Schocken Books, 1981.

Sennett, Richard. *The Fall of Public Man.* Cambridge: Cambridge University Press, 1976.

Sennett, Richard. *The Conscience of the Eye: The Design and Social Life of Cities.* New York: Alfred A. Knopf, 1990.

Sennett, Richard. *Flesh and Stone: The Body and the City in Western Civilization.* New York: W. W. Norton & Company, 1994.

Sennett, Richard. *The Spaces of Democracy.* Ann Arbor: University of Michigan , 1998.

Soja, Edward W.. *Thirdspace : Journeys to Los Angeles and Other Real-and-I-magined Places*. Oxford: Blackwell, 1996.

Soja, Edward W. *Postmetropolis: Critical Studies of Cities and Regions*. Oxford: Basil Blackwell, 2000.

Soja, Edward W.. "Taking Space Personally". *The Spatial Turn: Interdisciplinary Perspectives*. Eds. Barney Warf and Santa Arias. New York: Routledge, 2009.

Soja, Edward W.. *Seeking Spatial Justice*. Minneapolis: University of Minnesota Press, 2010.

Stobart, Jon, Andrew Hann, and Victoria Morgan. *Spaces of Consumption: Leisure and Shopping in the English Town, 1680 – 1830*. New York: Routledge, 2007.

Veyne, Paul. *Le Pain et le Cirque: Sociologiehistorique d' un Pluralismepolitique*. Paris: Le Seuil, 1976.

Veyne, Paul. *L' Empiregréco-romain*. Paris: Le Seuil, 2014.

Vila, Marie-Christine. *Paris Musique*. Paris: Parigramme, 2007.

Voltaire. "Des Embellissements de Paris". *Oeuvres complètes de Voltaire*, Vol. 38, Paris: DelangleFrères, 1827.

Waller, Philip, ed. *The English Urban Landscape*. Oxford &New York: Oxford University Press, 2000.

Weber, Max. *Economy and Society: An Outline of Interpretive Sociology. Volume Two*. Eds. Guenther Roth and Claus Wittich. Berkeley and Los Angeles: University of California Press, 1978.

Weightman, Gavin . and Steven Humphries. *The Making of Modern London 1815 – 1914*. London: Sidgwick & Jackson, 1985.

Williams, Raymond. *Keywords: A Vocabulary of Culture and Society*. New York: Oxford University, 1983.

Williams, Raymond. *The Long Revolution*. Harmondsworth: Penguin Books, 1965.

Williams, Raymond. *The Country and the City.* New York: Oxford University Press, 1973.

Wycherley, R. E.. *How the Greeks Built Cities.* London: Macmillan and Conpany Limited, 1962.

Young, Iris Marion. *Justice and the Politics of Difference.* Princeton, N. J.: Princeton University Press. 1990.

后　记

　　本著作是北京市科技创新暨首都师范大学文化研究院 2015 年度重大项目"空间正义与城市规划"（ICS－2015－A－03）的最终成果。它的出版既是对我个人长久以来迷恋城市研究的小结，也是与彦军、云帆和张杰三位志同道合的朋友多年友谊的见证，感谢他们一直以来对我的信赖和全心全意对这一项目的付出。这本著作的完成还得益于汪民安教授、戴阿宝研究员和张跣教授的精心指导，感谢他们在项目开题会上的宝贵建议，感谢张凯、郭峰、栾志超和蒋雯为项目开题会所做的一切，感谢李楠、赵文、杜玉生、邰蓓和郝强在太原会议上让人受益匪浅的讨论，感谢陈月红、杨冰峰、庞红蕊和何磊对本书出现的术语翻译给出的中肯建议，感谢首都师范大学文化研究院组织的"空间正义与城市规划"香山会议，这次会议吸引了 70 位来自城市规划和文史哲等诸多学科的专家学者，为本著作所涉及的课题提供了一个极具启发意义的讨论空间。

　　本著作中的少量章节曾以论文、专著中的章节等形式公开发表过，此次成书，这些部分或者经过了重新改写，或者保持了原样，在此不一一列明。本著作的具体分工如下：

　　导论：上官燕

　　第一章：上官燕

　　第二章：姚云帆

　　第三章：王彦军

　　第四章：张杰

最后要感谢中国社会科学出版社的李炳青编辑，她对本选题的认同、强烈的责任心和高效的工作让这部作品的面貌焕然一新，并以这样的形式呈献给了它的读者。

上官燕

2016 年 10 月 26 日